普通高等教育新工科机器人工程系列教材

机器人工程基础

徐 东 岳昊嵩 编

机械工业出版社

本书全面系统地论述了机器人开发设计的工程基础理论和知识。全书共 8 章,内容包括:机器人的定义、发展历史、分类、功能和构成;刚体系统的基本运动学、力学方程;机器人关节、连杆机构、D-H 建模方法和运动学、动力学方程;机器人常用驱动电动机的工作原理和控制方法;机器人内部传感器、外部传感器、传感器的融合设计;机器人控制器的功能、结构、控制系统的通信;机器人操作系统的体系结构、核心概念、应用方法和典型实例;以机器人操作系统作为开发平台的协作机器人仿真模型建立、仿真开发和物理环境实验。

本书适合机器人工程专业的高年级本科生和研究生学习,同时也可作为机器人方向的研发者及工程师的参考资料。

图书在版编目(CIP)数据

机器人工程基础/徐东,岳昊嵩编. —北京:机械工业出版社,2023.9
普通高等教育新工科机器人工程系列教材
ISBN 978-7-111-73393-5

Ⅰ.①机… Ⅱ.①徐… ②岳… Ⅲ.①机器人工程-高等学校-教材 Ⅳ.
①TP24

中国国家版本馆 CIP 数据核字(2023)第 115512 号

机械工业出版社(北京市百万庄大街 22 号 邮政编码 100037)
策划编辑:余 皞   责任编辑:余 皞 章承林
责任校对:闫玥红 李 杉 封面设计:张 静
责任印制:任维东
北京中兴印刷有限公司印刷
2023 年 9 月第 1 版第 1 次印刷
184mm×260mm · 14 印张 · 342 千字
标准书号:ISBN 978-7-111-73393-5
定价:48.00 元

电话服务   网络服务
客服电话:010-88361066   机 工 官 网:www.cmpbook.com
        010-88379833   机 工 官 博:weibo.com/cmp1952
        010-68326294   金 书 网:www.golden-book.com
封底无防伪标均为盗版   机工教育服务网:www.cmpedu.com

前　言

机器人的发展是从工业应用开始的，因此被称为"制造业皇冠顶端的明珠"。科学家和企业家们不断致力于拓展机器人的应用领域，使机器人能为人类提供更多的服务。工业机器人从传统的重复作业的机器，向与人协作的智能化方向发展；医疗手术机器人可以和专业医生优势互补，进行更精确、创伤更小的各种手术；扫地机器人作为家用机器人的一个成功应用案例走进了千家万户；军用机器人的研究也进展迅速，先进的人形机器人能够完成跑跳、翻跟头等高难度动作……科技的进步为机器人应用的"百花盛开"奠定了基础，世界人口老龄化促使各个国家加强了机器人领域的战略部署，机器人工程专业是顺应机器人的发展趋势、加大机器人技术人才培养力度而设立的一个新兴专业。

机器人工程学科是以控制科学与工程、机械工程、计算机科学与技术、材料科学与工程、生物医学工程和认知科学等学科中涉及的机器人科学技术问题为研究对象，综合应用自然科学、工程技术、社会科学、人文科学等相关学科的理论、方法和技术，研究机器人的智能感知、优化控制与系统设计、人机交互模式等学术问题的一个多领域交叉的前沿学科。机器人工程学科的描述直接体现了该学科所涉及的宽广的工程基础，也给每一位想要投身于机器人领域的科技人员提出了挑战。

机器人的发展目标是在不同领域为人类服务。为了实现这一目标，如何汇集、融合、应用各项技术就是机器人工程专业的研究内容和发展方向。面对多学科宽广知识的交叉融合，机器人工程专业的学生和机器人领域的技术人员，需要掌握机器人开发设计的工程基础知识。因此，梳理机器人工程知识结构，介绍机器人工程基础知识，就是撰写本书的目的。

机器人的设计来源于对人类的仿生，这种设计理念可以帮助我们梳理机器人工程的知识结构。通过将机器人与人类躯体的结构、肌肉、感知和控制做类比，本书把机器人的工程基础知识主要划分为：机械机构、驱动方法、传感感知、控制系统，并围绕这几个方面介绍机器人设计开发的相关工程基础知识。

本书的主要内容编排如下：

第1章是机器人工程基础的介绍。从机器人的定义和发展历史入手介绍机器人的基本概念；进而介绍机器人的分类方法，并针对不同的分类，介绍具有代表性的机器人产品。分析机器人的功能和构成，概述了后续章节的主要内容。

第2章讲述了空间刚体系统的基本描述方法和基本数学公式。三维空间的位置和姿态的描述方法是机器人设计的重要内容。以三维空间描述方法为基础，讨论了刚体的线速度、线加速度、角速度、角加速度在三维坐标系中的描述方法。刚体动力学描述的公式是牛顿

（Newton）方程和欧拉（Euler）方程，除了速度和加速度之外，其中的参数还包括质量和惯性张量。

第 3 章讨论机器人的机构和运动。介绍了机器人机构设计中的主要传动机构，引出并讨论了连杆、关节、自由度的概念。围绕机械臂的构型，采用 D-H 方法论述了机械臂的正运动学和逆运动学，采用 Newton-Euler 递推方法建立机器人动力学方程，并给出了典型机械臂的示例。

第 4 章的内容是机器人的驱动方法。驱动是机器人能够实现运动的重要内容，就像人类的肌肉一样。相比于液压和气动驱动，电驱动是机器人的主要驱动方式。因此主要介绍有刷直流电动机、步进电动机和永磁同步电动机的驱动原理和控制方法。舵机作为很多机器人中常用的驱动模块，对其结构、原理和参数进行专门介绍。

第 5 章介绍了机器人工程设计中常用的传感器。包括内部传感器和外部传感器。其中内部传感器介绍了位置和角度、速度和角速度、加速度和角加速度、姿态以及世界坐标位置的测量传感器；外部传感器类比人类的感知能力，介绍了常用的视觉、触觉、力觉、距离的测量方法，以及听觉、味觉、嗅觉这些特殊传感器的原理。最后讨论了多传感器融合的硬件设计示例。

第 6 章探讨了机器人控制器的功能和结构。在控制器中的机器人编程和与之相关的轨迹规划是这一章的重点内容。通信技术是机器人控制器分布式设计的基础，这里介绍了机器人控制系统中常用的几种通信方式。

第 7 章讨论了机器人操作系统的相关内容。机器人操作系统是机器人开发的资源公用平台。本章首先介绍了机器人操作系统的产生背景、特点和发展历程；之后以一个简单的例子介绍了机器人操作系统的基本概念和使用方法；然后进一步讨论了机器人操作系统的一些关键概念；最后介绍了机器人操作系统的编程应用方法。

第 8 章采用应用示例的方式介绍了机器人建模仿真和运行应用的主要方法。以 AUBO-i5 协作机械臂为例，实现了机器人的运动控制和基于视觉的抓取任务。

本书的内容适合高年级本科生或低年级研究生作为机器人工程课程教材学习使用，也可以作为机器人工程技术人员的参考书籍。

非常感谢协助我们完成本书的很多人。研究生郿禾阳同学，在协作机械臂实验平台上开发了机器人运动和控制的多项实验内容，其中关于机器人操作系统和机械臂仿真控制的工作为本书相关内容做了有力支撑。遨博（北京）智能科技有限公司为我们开展教学工作提供了机械臂实验平台，并在开发应用中提供了大力支持。在此表示真诚的感谢！

由于编者水平有限，书中不妥与错误之处在所难免，恳请广大读者批评指正。

编　者

目 录

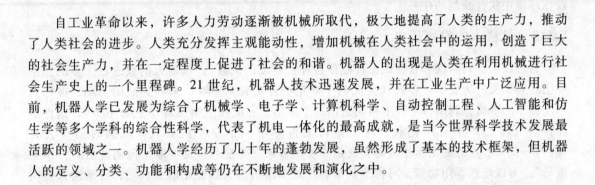

第 1 章

概述

自工业革命以来，许多人力劳动逐渐被机械所取代，极大地提高了人类的生产力，推动了人类社会的进步。人类充分发挥主观能动性，增加机械在人类社会中的运用，创造了巨大的社会生产力，并在一定程度上促进了社会的和谐。机器人的出现是人类在利用机械进行社会生产史上的一个里程碑。21 世纪，机器人技术迅速发展，并在工业生产中广泛应用。目前，机器人学已发展为综合了机械学、电子学、计算机科学、自动控制工程、人工智能和仿生学等多个学科的综合性科学，代表了机电一体化的最高成就，是当今世界科学技术发展最活跃的领域之一。机器人学经历了几十年的蓬勃发展，虽然形成了基本的技术框架，但机器人的定义、分类、功能和构成等仍在不断地发展和演化之中。

1.1 机器人的定义和发展历史

1.1.1 机器人的定义

在学习机器人工程前，首先要知道什么是机器人？给出机器人这个名词的定义是一个难题，目前没有哪家权威的机构给出了机器人的确切定义，能够涵盖目前大家在各个领域所使用的机器人。对于机器人（robot）的定义至今依然如盲人摸象，仁者见仁，智者见智。究其原因，主要是因为机器人是"模仿人"的，而"人"是什么则是自古以来的一个哲学命题，且近年来又成为现代科学的命题之一；"模仿"什么，从哪些方面"模仿"，也没有一个清晰的范畴。

在给机器人下定义之前，先从词源方面加以考察。"机器人"是 20 世纪出现的一个新名词。1920 年，捷克斯洛伐克作家卡雷尔·恰佩克在科幻小说《罗萨姆的机器人万能公司》中首次造出了具有"奴隶机器"含义的新词 robot。随着科技的不断进步，机器人逐渐被赋予了各种含义。

机器人被认为是包括一切模拟人类行为、思想或模拟其他生物的机械（如机器狗、机器猫等）。从这个基本的定义出发，机器人的概念发生了很多变化和拓展，同时也引起了一些争议，比如，有些计算机程序也被称为机器人是不是合适。

在现代工业中，机器人指能自动执行任务的人造机器装置，用以取代或协助人类工作，一般会是机电装置，由计算机程序或电子电路控制。这是维基百科中对于机器人的定义。

机器人是自动执行工作的机器装置。它既可以接受人类指挥，又可以运行预先编排的程序，也可以根据人工智能技术制定的原则纲领行动。它的任务是协助或取代人类进行工作，例如生产业、建筑业，或是危险的工作。这是百度百科中机器人词条的定义。

机器人的发展缘于工业机器人，国际标准化组织（ISO）对于工业机器人的定义是：可自动控制、可重复编程的多功能机械手，可以在三个或更多个轴上编程，其可以固定就位或移动以用于工业自动化应用。

借鉴机器人的各种定义，我们这样描述作为本书研究对象的机器人：机器人是一种机电设备；具有一定运动灵活性和自主工作能力；依靠人类的编程或者是机器人自己的智能，可以在环境中执行预期的任务。

1.1.2 机器人的发展历史

自古以来，人们就一直尝试设计制作各种"自动的机器"，机器人的概念在人类的想象中已经有很长的历史了。春秋（公元前 770 年—公元前 467 年）末期到战国初期，被称为木匠鼻祖的鲁班，利用竹子和木料制造出一个木鸟，它能在空中飞行"三日不下"，这件事在古书《墨经》中有所记载，这可称得上世界第一个空中机器人。三国时期（公元221 年—263 年）的蜀汉丞相诸葛亮既是一位军事家，又是一位发明家。他创造出的"木牛流马"，可以运送军用物资，可称为最早的陆地军用机器人。公元前 2 世纪，古希腊人发明了一个机器人，它用水、空气和蒸汽压力作为动力，能够动作，会自己开门，可以借助蒸汽唱歌。这样的历史示例我们不一一列举，但既然要讨论机器人的发展史，我们就从机器人这个名词的诞生开始，给它一个历史的起点。

1920 年，捷克斯洛伐克作家卡雷尔·恰佩克在科幻小说《罗萨姆的机器人万能公司》中首次提到 robota（捷克文"苦工，劳役"）和 robotnik（波兰文，原意为"工人"），创造出 robot（机器人）这个词。

1942 年，美国科幻巨匠阿西莫夫提出"机器人三定律"。第一定律：机器人不得伤害人类个体，或者目睹人类个体将遭受危险而袖手不管；第二定律：机器人必须服从人给予它的命令，当该命令与第一定律冲突时例外；第三定律：机器人在不违反第一、第二定律的情况下要尽可能保护自己的生存。

1948 年，诺伯特·维纳出版《控制论》，提出以计算机为核心的自动化工厂的发展概念。

上述事件是机器人思想发展和理论准备阶段的里程碑。此后，机器人在工业中开始被逐步应用，经历了三个技术发展阶段。第一阶段是可编程机器人。这类机器人一般可以根据操作员所编的程序，完成一些简单的重复性操作。这一代机器人从 20 世纪 60 年代后期开始投入使用，目前仍在工业界广泛应用。第二阶段是感知机器人，即自适应机器人，它是在第一代机器人的基础上发展起来的，具有不同程度的"感知"能力。第三阶段机器人将具有识别、推理、规划和学习等智能机制，它可以把感知和行动智能化结合起来，因此能在非特定的环境下作业，故称之为智能机器人。目前，智能机器人蓬勃发展，逐步实用化。这三个阶段是从技术特点区分，并没有明显的时间界限，相关的产品也是交替协同发展，这个过程经历了如下的一些标志性事件。

1954 年，美国人乔治·德沃尔制造出世界上第一台可编程的机器人，并注册了专利。

1959 年，德沃尔与美国发明家约瑟夫·英格伯格联手制造出第一台工业机器人，成立了 Unimation 机器人公司。

1968 年，美国斯坦福研究所公布他们研发成功的机器人 Shakey。它带有视觉传感器，能根据人的指令发现并抓取积木，不过控制它的计算机有一个房间那么大。Shakey 可以算是世界上第一台智能机器人。

1969 年，日本早稻田大学加藤一郎实验室研发出第一台以双脚走路的机器人。加藤一郎长期致力于研究仿人机器人，被誉为"仿人机器人之父"。日本专家一向以研发仿人机器人和娱乐机器人的技术见长，后来更进一步，催生出本田公司的 ASIMO 机器人和索尼公司的 QRIO 机器人。

1973 年，机器人和小型计算机第一次携手合作，诞生了美国 Cincinnati Milacron 公司的机器人 T3。

1978 年，美国 Unimation 公司推出通用工业机器人 PUMA（图 1.1），这标志着工业机器人技术已经完全成熟。

1984 年，英格伯格推出机器人 Helpmate，这种机器人能在医院里为病人送饭、送药、送邮件。

1998 年，丹麦乐高公司推出机器人 Mind-storms 套件，让机器人制造变得和搭积木一样，相对简单又能任意拼装，使机器人开始走入个人世界。

1999 年，日本索尼公司推出犬型机器人爱宝（AIBO），从此娱乐机器人成为机器人迈进普通家庭的途径之一。

图 1.1 PUMA560 机械臂

2000 年，本田公司推出了经典仿人机器人 ASIMO，它被设计为个人助理，可以理解语音指令、手势，并与周围环境交流。

同年，以麻省理工学院研发的机器人外科手术技术为基础，经 Intuitive Surgical、IBM、麻省理工学院和 Heartport 公司联手进一步开发推出达芬奇机器人手术系统。达芬奇机器人手术系统是一种高级机器人平台，其设计的理念是通过使用微创的方法，实施复杂的外科手术。美国食药监局批准将达芬奇机器人手术系统用于成人和儿童的普通外科、胸外科、泌尿外科、妇产科、头颈外科以及心脏手术。

2002 年，丹麦 iRobot 公司推出了吸尘机器人 Roomba。它能避开障碍，自动设计行进路线，还能在电量不足时，自动驶向充电座。Roomba 是目前世界上销量最大、最商业化的家用机器人。

2006 年，微软公司推出 Microsoft Robotics Studio，机器人模块化、平台统一化的趋势越来越明显，比尔·盖茨预言，家用机器人很快将席卷全球。

2012 年，"发现号"航天飞机（Discovery）的最后一项太空任务是将如图 1.2 所示的首台人形机器人送入国际空间站。这位机器宇航员被命名为"R2"，它的活动范围接近于人类，可以执行那些对人类宇航员来说太过危险的任务。

2013 年，Baxter 工业机器人由 Rethink Robotics 公司研发，这是一款与传统工业机器人不同的人机互动机器人，而且其成本远低于工业机器人，具有很强的适应性和安全性。它不需要专门的编程人员和编程系统，只需要工人带动它的手臂运动，就可以完成一次简单编程，并用于工业生产。

2014 年，奥尔德巴伦机器人研究公司潜心两年研发成功类人形机器人 Pepper。

2016 年，波士顿动力以其令人惊艳的 Atlas 人形机器人（图 1.3a）以及 Big Dog 机器狗

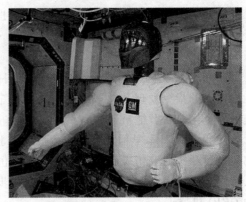

图 1.2   机器宇航员 R2

（图 1.3b）展现了仿生机器人的最高运动水平，同年该公司开始销售四足机器人。

a)   b)

图 1.3   波士顿动力公司的机器人 Atlas 和 Big Dog

1.2   机器人的分类

根据国际机器人联合会（IFR）的分类，机器人可分为工业机器人和服务机器人。与 IFR 的分类不同，我国将机器人划分为工业机器人、服务机器人、特种机器人三类。两种分类方法各有利弊。第一种方法，因为工业机器人的包含比较清晰，其他机器人统一划分为服务机器人，不会出现归类不清楚的情况，但这种分类有些笼统。把除工业机器人之外的机器人也进行分类，分类更细，但会有一些机器人归类不好确定。本书采用如图 1.4 所示的我国机器人分类方法介绍机器人。

1.2.1   工业机器人

工业机器人是"制造业皇冠顶端的明珠"，其研发、制造、应用是衡量一个国家科技创

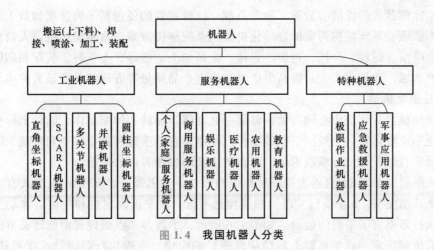

图1.4 我国机器人分类

新和高端制造业水平的重要标志。我国工业机器人定义和国际标准化组织（ISO）相同。工业机器人根据机械结构的不同，可分为直角坐标机器人（包括笛卡儿机器人和龙门机器人）、圆柱坐标机器人、并联机器人、多关节机器人等类型，广泛应用于搬运（上下料）、焊接、喷涂、加工和装配等领域。

1. 直角坐标机器人

直角坐标机器人是用伺服电动机、步进电动机为驱动单元，以滚珠丝杠、同步带、齿轮齿条为常用的传动方式架构起来的机器人系统，可以遵循可控的运动轨迹到达 xyz 三维坐标系中任意一点。

直角坐标机器人用三个相互垂直的直线运动实现了一个长方体工作空间，采用运动控制系统实现驱动及编程控制，直线、曲线等运动轨迹的生成为多点插补方式，操作及编程方式为引导示教编程方式或坐标定位方式。直角坐标机器人有悬臂式、龙门式、天车式3种结构，如图1.5所示。

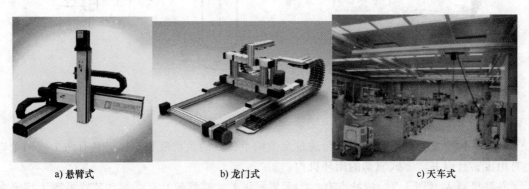

a) 悬臂式   b) 龙门式   c) 天车式

图1.5 直角坐标机器人

直角坐标机器人的 xyz 轴运动独立，运动方程可以单独处理。直线运动易于实现全闭环的位置控制，直角坐标机器人空间轨迹易于求解，可达到很高的位置精度；并且精度和位置分辨率不随工作场合变化。由于可以两端支撑，对于给定的结构长度，其刚性最大。

但是，直角坐标机器人的工作空间相对于机器人的结构尺寸是比较小的。因此，为了实现一定的运动空间，直角坐标机器人的结构尺寸要比其他类型的机器人的结构尺寸大得多。

直角坐标机器人的性能参数除了额定负载,比较重要的还包括平均速度和最大速度。作为一种成本低廉、系统结构简单的自动化机器人系统解决方案,直角坐标机器人被应用于点胶、滴塑、喷涂、码垛、分拣、包装、焊接、金属加工、搬运、上下料、装配和印刷等常见的工业生产领域,在替代人工、提高生产率和稳定产品质量等方面都具备显著的应用价值。

2. 圆柱坐标机器人

圆柱坐标机器人可绕中心轴转动,臂部可做升降、回转和伸缩动作。圆柱坐标机器人结构简单,便于位姿运算,一般用于组装工作。缺点是它的手臂可达空间受到限制,不能靠近立柱或地面;直线驱动部分难以密封,存在防尘及防腐蚀方面的问题。

图1.6所示的SCARA机器人是一种典型的圆柱坐标机器人。SCARA机器人有3个旋转关节和1个移动关节。3个旋转关节的轴线相互平行,在平面内定位和定向;移动关节用于完成末端执行器垂直于平面的运动。如图1.6所示,手腕参考点的位置由旋转关节的角度及移动关节的位移决定。这类机器人的结构轻便、响应快,末端执行器运动速度可达10m/s,比一般关节式机器人快数倍。

SCARA机器人在x、y方向上具有顺从性,而在z轴方向具有良好的刚度,此特性特别适合装配工作,例如将一个圆头针插入一个圆孔。SCARA机器人首先大量用于装配印刷电路板和电子零部件。SCARA机器人的另一个特点是其串接的两杆结构,类似人的手臂,可以灵活伸进有限空间中作业,适合搬动和取放物件。SCARA机器人最常见的工作半径为100~1000mm,机器人的净载质量为1~200kg。

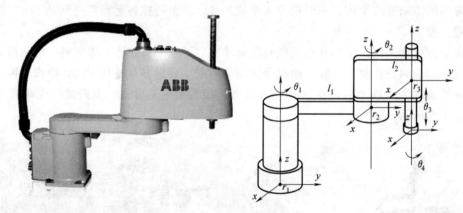

图1.6   圆柱坐标机器人

3. 并联机器人

并联机构定义:动平台和定平台通过至少两个独立的运动链相连接,具有两个或两个以上自由度,且以并联方式驱动的闭环机构。

并联机器人(图1.7)的特点有:①无累积误差,精度较高;②驱动装置可置于定平台上或接近定平台的位置,这样运动部分重量轻、速度高、动态响应好;③结构紧凑、刚度高、承载能力大;④完全对称的并联机构具有较好的各向同性;⑤工作空间较小。根据这些特点,并联机器人在需要高刚度、高精度或者大载荷而无须很大工作空间的领域内得到了广泛应用。

从运动形式上并联机构可分为平面机构和空间机构。细分可分为平面移动机构、平面移动转动机构、空间纯移动机构、空间纯转动机构和空间混合运动机构。

图 1.7　并联机器人

　　并联机构还可按自由度数分类，从 2 自由度到 6 自由度，种类很多。典型的应用结构有 2 自由度并联机构和 3 自由度并联机构。①2 自由度并联机构有 5-R、3-R-2-P（R 表示转动副，P 表示移动副）等机构，其中平面 5 杆机构是最典型的 2 自由度并联机构。这类机构一般具有 2 个移动自由度。②3 自由度并联机构形式较复杂。一般有以下形式：平面 3 自由度并联机构，如 3-RRR 机构，它们具有 2 个移动副和 1 个转动副；空间 3 自由度并联机构，如 Delta 并联机器人。这类机构属于欠秩机构，在工作空间内不同的点具有不同的运动形式。

4. 多关节机器人

　　多关节机器人，也被称为关节机械手臂，是当前工业领域中应用最为广泛的机器人构型之一。多关节机器人以 6 自由度关节机器人最为常见，它的关节分布参考人体手臂设计，以与地面垂直的腰部旋转轴为主轴、带动大臂旋转的大臂旋转轴、带动小臂的肘部旋转轴以及小臂前端的手腕部分，手腕部分通常拥有 2~3 个自由度。

　　如图 1.8a、b 所示的典型的 6 自由度机械臂多采用 6 个旋转关节的结构。机器人后 3 个关节轴线相交于一点，为腕关节的原点。机器人作业时，前 3 个关节确定腕关节原点的位置，后 3 个关节确定末端执行器的姿态。这种"解耦"结构简化了运动学的解算。第 6 个关节预留适配接口，可以安装不同的工具（如手爪）以适应不同的作业任务要求。多关节机器人的优点主要有两个：一是可通过连续控制实现复杂的运动轨迹，二是可通过各关节配

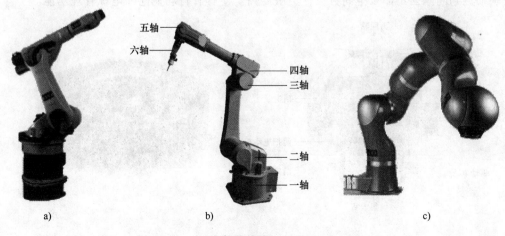

五轴
六轴
四轴
三轴
二轴
一轴

a)　　　　　　　　b)　　　　　　　　c)

图 1.8　多关节机器人

合获得多种末端姿态。

要实现三维空间的位置和姿态，一般来说有 6 个自由度就够用了。但是机械臂的结构本身会造成运动的限制，机械臂的构型也会使一些位置和姿态不能到达。特别是在工作环境有障碍物时，机械臂的运动会更困难。因此，如图 1.8c 所示采用 7 个自由度的冗余机械臂受到了广泛的关注，也有一些产品问世。7 自由度机械臂因其冗余的特性具有更灵活的运行能力，同时也因为结构和算法的复杂化，带来了更高的使用成本。

1.2.2 服务机器人

服务机器人主要包括家庭作业、娱乐休闲、养老助残和应用于农业、金融、物流、教育等公共场合为人类提供服务的机器人。根据不同的应用领域，目前服务机器人主要分为个人（家庭）服务机器人及商用服务机器人两大类。个人（家庭）服务机器人包括扫地机器人、人形机器人、娱乐陪伴教育机器人等；商用服务机器人则包括送餐机器人、迎宾机器人、酒店机器人、商场导购机器人、银行柜台机器人和巡检机器人等。此外，应用于医疗领域的医疗机器人也被归为服务机器人。

1. 扫地机器人

扫地机器人是一种可移动的、具有真空吸尘功能的自动化装置，是目前推广应用比较成功的个人（家庭）服务机器人。扫地机器人以圆盘形为主，使用充电电池供电，用遥控器或机器上的面板操作，能凭借一定的智能，在房间内完成地板清理工作。扫地机器人一般采用刷扫和真空吸尘方式，将地面杂物吸入自身的集尘室，完成地面清理的功能。

如图 1.9 所示，扫地机器人箱体采用框架式结构，一般从下至上分隔成三个空间：第一层装配各运动部件的驱动电动机、传动机构；第二层为垃圾存储空间；第三层装配机器人控制系统、接线板、电源电池和开关等。

扫地机器人的主要特点有：①驱动机构一般采用驱动轮加万向轮的方式。②清扫和集尘装置是机器人的作业部件，清扫的模式集成了清扫、吸尘和擦地等方式。③障碍监测采用红外线传感器或超声波传感器，前方有感应器可侦测障碍物并自行转弯。红外线传感器传输距离远，但对使用环境要求较高，浅色或深色的家居物品会造成反射困难。超声波传感器采用声波来侦测判断家居物品及空间方位，灵敏度高。④具有自动充电和电源管理功能。

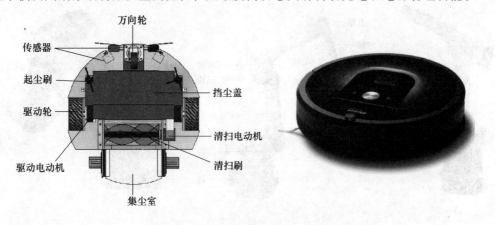

图 1.9　扫地机器人

2. 人形机器人

人形机器人是一种旨在模仿人类外观和行为的机器人。如图1.10所示，日本本田技研工业株式会社研制的身高1.3m，体重48kg的ASIMO是一款代表性产品。ASIMO和人类一样，有髋关节、膝关节和足关节。它拥有26个自由度，分散在身体的不同部位，其中脖子有2个自由度，每条手臂有6个自由度，每条腿也有6个自由度。腿上自由度的数量是根据人类行走，上下楼梯所需要的关节数设计的。ASIMO的第二代有34个自由度，第三代则增加到57个自由度。

图1.10 人形机器人ASIMO

ASIMO的行走速度能达到9km/h。早期的机器人如果直线行走时突然转向，必须先停下来，看起来比较笨拙。而ASIMO就灵活得多，它可以实时预测下一个动作并提前改变重心，进行诸如"8"字形行走、下台阶、弯腰等各项"复杂"动作。自2000年10月31日诞生后，ASIMO不断进步，除具备了行走功能、各种人类肢体动作之外，更具备了基本的记忆与辨识能力，能依据人类的声音、手势等指令做出相应的动作。

3. 娱乐陪伴教育机器人

娱乐陪伴教育机器人以供人娱乐、陪伴和儿童教育为目的，外形可以像人或动物。机器人的功能一般包括行走、动作、语言和感知等。这类机器人主要使用人工智能技术，通过语音、声光、动作及触碰反应等与人交互。

日本索尼公司的狗形机器人AIBO（图1.11a）会像真狗一样做出各种有趣的动作，支持语音指令，具有图像识别功能。在它的控制芯片里面，还设定了它成长的过程，会自主学习一些知识。

桌面型机器人也是一类娱乐机器人（图1.11b）。机器人的外形比较可爱，不具备运动能力，其产品实现了人脸追踪、表情识别、物体识别等差异化功能，应用于幼儿启智教育、智能家居控制、远程监控、智能信息提醒、健康管理等领域。

a)   b)

图1.11 娱乐陪伴教育机器人

4. 医疗机器人

医疗机器人是指用于医疗或辅助医疗的机器人，主要用于伤病员的手术、救援、转运和康复。医疗机器人是一种智能型服务机器人，它能独自编制操作计划，依据实际情况确定动作程序，然后把动作变为操作机构的运动。医疗机器人的代表性产品是达芬奇机器人手术系统。

图 1.12 所示的达芬奇机器人手术系统是一种高级机器人平台，其设计的理念是通过使用微创的方法，实施复杂的外科手术。达芬奇机器人手术系统成功应用于成人和儿童的普通外科、胸外科、泌尿外科、妇产科、头颈外科，以及心脏手术，主要由控制台、床旁机械臂系统和成像系统三部分组成。

图 1.12　医疗机器人

主刀医生坐在控制台，位于手术室无菌区之外，使用双手操作两个主控制器、用脚操作踏板，控制器械和一个三维高清内窥镜实现手术过程。床旁机械臂系统是医疗机器人的操作部件，助手医生在无菌区内的床旁机械臂系统边工作，负责更换器械和内窥镜，协助主刀医生完成手术。为了确保患者安全，助手医生比主刀医生对于床旁机械臂系统的运动具有更高优先控制权。成像系统内装有核心处理器以及图像处理设备，在手术过程中位于无菌区外。机器人内窥镜为高分辨率三维镜头，对手术视野具有 10 倍以上的放大倍数，能为主刀医生带来患者体腔内的三维立体高清影像，帮助主刀医生把握操作距离和辨认解剖结构，提升手术精确度。

1.2.3　特种机器人

特种机器人是指除工业机器人、服务机器人以外的机器人，是应用于专业领域，辅助和（或）代替人执行任务的机器人，包括极限作业，应急救援和军事应用三种类型。目前常见的特种机器人有军用移动机器人、空中机器人和水下机器人。

1. 军用移动机器人

波士顿动力公司为美国军方开发的如图 1.13 所示的移动机器人，代表了目前移动机器人的最高技术水平。他们开发的机械狗长 1m、高 0.7m、重 75kg，是一种用液压驱动的动力平衡四足机器人。其机械腿上面有各种传感器，能识别关节位置和接触地面的压力。该移动机器人还有一个激光回转仪，以及一套立体视觉系统，目前能够负载 154kg 的重量，以

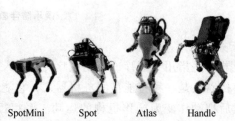

SpotMini　　Spot　　Atlas　　Handle

图 1.13　波士顿动力公司的机器人产品

5.3km/h 的速度穿越复杂地形，爬行 35°的斜坡。此后，该公司开发的 Spot 和 SpotMini 也采用了四足的结构，但体型更小。

Atlas 机器人是为美国国防部开发的双足人形机器人，其采用航空级铝和钛等材料，身高约 1.75m，重达 82kg。它专门用于户外和建筑物内部移动操纵，非常擅长在各种地形上行走。Atlas 机器人使用身体和腿部的传感器保持平衡；其头部安装有光学雷达和立体传感器，以避免障碍物、评估地形、帮助导航和操纵对象。Atlas 能够熟练运用躯干和四肢完成一系列动作，如蹲下、倒立、连续翻跟头、跳跃、360°空中转体，整套动作非常连贯。

Handle 是一款两轮人形机器人，用动力系统将轮子和腿的力量结合起来，能够在重载、下蹲和跨越障碍物时一直保持平衡。

2. 空中机器人

空中机器人是利用无线电遥控设备和自备的程序控制操纵的无人飞行器。空中机器人从技术角度可以分为：固定翼无人机、多旋翼无人机、垂直起降无人机、无人飞艇、无人直升机、无人伞翼机等，如图 1.14 所示。多旋翼无人机的代表性生产商是深圳市大疆创新科技有限公司。

图 1.14　固定翼无人机和多旋翼无人机

3. 水下机器人

水下机器人也称无人遥控潜水器，是一种工作于水下的极限作业机器人（图 1.15）。水下环境恶劣危险，人的潜水深度有限，所以水下机器人已成为开发海洋的重要工具。典型的遥控潜水器是由水面设备（包括操纵控制台、电缆绞车、吊放设备、供电系统等）和水下设备（包括中继器和潜水器本体）组成。潜水器本体在水下靠推进器运动，本体上装有观测设备（摄像机、照相机、照明灯等）和作业设备（机械臂、切割器、清洗器等）。仿生机器鱼是一种模仿鱼类推进方式的水下机器人。

a) 遥控潜水器　　　　　　　　　　b) 仿生机器鱼

图 1.15　水下机器人

1.3　机器人的功能和构成

1.3.1　机器人的功能

机器人的主要功能包括操作和移动。

（1）操作功能　操作功能可以通过机械臂和末端执行器实现。

1）机械臂。相当于机器人的胳膊，由两个以上的连杆和关节构成。在操作时用于改变末端执行器的位置和姿态。

2）末端执行器。直接进行操作作业的部分。其具体形式有很多，工业机器人中的末端执行器多采用2个手指；而在拟人机器人中，大多采用3个手指或5个手指。

（2）移动功能　随着使用环境的不同，机器人的移动机构也是多种多样的，例如车轮移动机构、腿机构、空中和水中用的螺旋桨机构等。在工业机器人中还有轨道运动机构。

1）车轮和履带移动。由于车轮移动方式具有效率高、易于实现高速运动等优点，所以在机器人上获得了广泛的应用。履带移动方式主要用于在不平整路面行走。

2）腿和脚移动。车轮和履带与移动面之间属于连续接触方式，而腿和脚与移动面之间则属于非连续接触方式。从机构来看，既有模仿人或动物，利用旋转关节组成的机械腿；也有旋转关节和滑动关节组合而成的机械腿。根据腿的数量来分，有2腿、4腿、6腿及6腿以上机器人。

3）特殊移动。特殊移动方式中，有模仿蛇的爬行移动、模仿鱼的水中游动，还有模仿鸟的飞行运动等。

从上述机器人功能可以看出，机器人的设计是从对人的仿生中获得的灵感。机器人的功能也是模拟人而来，机器人的设计实现如果要划分成几个结构，也可以从仿生学的角度来类比划分。

1.3.2　机器人的构成

人能够操作、能够移动，首先是有一个形体结构；这对应的是机器人的机构。人能够做各种运动，需要肌肉产生驱动力；机器人同样需要有驱动产生运动的动力。人有听觉、嗅觉、触觉、视觉和味觉五种感官来感知外界环境，才可能形成有效地对环境的操作，才能够不断积累提高自己的智能；机器人也要有类似的传感系统来感知环境。人最重要的器官是大脑，实现对上述所有模块的协调控制，完成各种任务；机器人也要有控制系统，协调各个部分来完成操作任务。下面就展开来介绍一下机器人的构成。

1. 机器人的机构

机构学是机器人工程的基础，它包括机构分析（analysis of mechanism）和机构综合（synthesis of mechanism）。在构成机构的要素中，不存在相对运动的部分称为构件（link），两个以上构件相互约束且能够相对运动时，就形成了运动副（kinematic pair）。运动副自由度的定义为：能够确定两个构件相对位置的最小输入的个数。在机械臂中，运动副被称为关节，包括移动关节、转动关节、圆柱关节、球关节等，其自由度分别为 1、1、2、3。这些关节的不同组合方式即可构成各种各样的机器人。

不受外部约束的刚体具有 6 个自由度。当刚体的位置和姿态在三维空间中用直角坐标来表示时，图 1.16 中的 6 个自由度分别为 x 轴、y 轴、z 轴 3 个移动自由度和绕各轴的 3 个旋转自由度 α、β、γ（称为横摇、俯仰、偏航）。如果用机械臂来调整刚体的位置和姿态，则末端执行器应该具有 6 个自由度。在实际工作中，由于作业对象受到夹具的约束，即使机械臂的自由度小于 6，仍然可以完成预定的工作。当关节自由度之和大于机械臂的自由度时，机器人具有冗余自由度。

机器人机构的研究过程中，坐标系定义是很重要的基础工作。其中，固定在地面上的坐标系称为世界坐标系，即图 1.17 中的 $O_0 x_0 y_0 z_0$；固定在安装面上的坐标系称为基坐标系，即图中的 $O_1 x_1 y_1 z_1$。对于固定安装的机器人，当安装完成后，两个坐标系之间的对应关系唯一确定，它们之间的变换很容易进行。图中的坐标系 $O_m x_m y_m z_m$ 固定在安装末端执行器的机械接口处，称为机械接口坐标系。该坐标系与末端执行器坐标系 $O_t x_t y_t z_t$（图中未给出）具有对应关系。

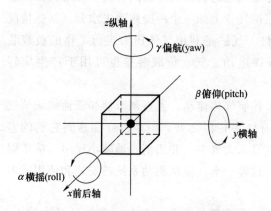

图 1.16 刚体在空间中的 6 个自由度

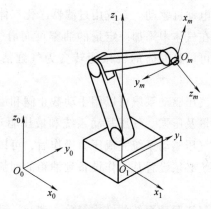

图 1.17 世界坐标系、基坐标系和机械接口坐标系

对于移动机器人来说，基坐标系和世界坐标系不具有一一对应的关系。由于移动机器人与地面接触，它的运动自由度受到限制，而地面的平整度和强度等也对机器人的运动精度产生影响，因而难以实现实时高精度的坐标变换。随着机械臂作业范围的扩大和自由度的增加，机械臂与移动机构的结合成为一个发展趋势。因此，基于环境地图的位置辨识和路径标记法将在机器人领域中具有广阔的应用前景。

2. 机器人的驱动

机器人需要依靠动力才能实现各种运动。机器人的移动和操作，需要一些单元作为机器人的驱动系统。机器人的驱动方式，按动力源可分为液压、气压和电机三大类。根据需要也可由这三种基本类型组合成复合驱动系统。这三类基本驱动各有特点。

（1）液压驱动 液压驱动通过高精度的缸体和活塞完成压力到运动的转换。它具有动力大、力（或力矩）与惯量比大、响应快速、易于实现直接驱动等特点。在机器人的三种驱动系统中，液压驱动系统能够承受并移动最大的负载，这也是液压驱动系统被广泛应用的原因。因为驱动功率大，可省去减速装置直接与被驱动的杆件相连，所以液压驱动系统的结构紧凑、刚度好、响应快、具有较高的精度。

液压驱动也存在明显的缺点：①液压驱动系统需要把电能转换成液压能，速度控制多数情况下采用节流调速，效率比电动驱动系统低。②液压驱动系统的液体泄露会对环境产生污染，工作噪声也较高。因这些缺点，负荷为100kg以下的机器人往往使用的是电动驱动系统。但对于使用电动系统很可能会发生危险的喷涂行业，液压驱动系统却非常适用。

液压驱动使用时应该注意：①选择适合的液压油；②防止固体杂质混入液压驱动系统，防止空气和水入侵液压驱动系统；③机械作业要柔和平顺，否则会产生冲击负荷，容易造成机械故障，大大缩短其使用寿命；④要注意气蚀和溢流噪声，如果液压泵出现气蚀噪声，经排气后不能消除，应查明原因排除故障后才能使用；⑤液压驱动系统的工作温度一般控制在 $30 \sim 80℃$ 。

(2) 气压驱动   气压驱动用压缩空气作为传递运动和动力的媒介。气压驱动系统在工业应用中通常用来为手工工具提供动力，并在加工过程中夹持和提升零件。气压驱动系统包含一个电动压缩机、一个储气罐以及将空气从压缩机输送到使用设备的管道。压缩机由内燃机或电动机驱动。系统用过滤器净化气体，并在排气管上加一个冷凝阀除去水分。某些情况下，在气体中添加一定量的油雾可润滑气动部件。气缸是利用气体压力进行工作的负载装置，可以将气体的机械能转变为气缸活塞的直线运动。气动负载装置也可用于产生旋转运动。

气压驱动系统可以用手动截止阀和溢流阀来控制气体流动，通过调节器和三通阀调节气体流量及压强。气压驱动系统和液压驱动系统有许多相似之处，但是也应注意到它们的差别。气压驱动系统完成压力操作后，可以把空气排入大气中，并用消音器减小噪声。液压驱动系统必须设置从操作设备到油箱的回流管路，这样一来，液压驱动系统的安装和使用成本更高。

气压驱动系统的结构简单、清洁、动作灵敏，具有缓冲作用。但与液压驱动系统相比，功率较小、刚度差、噪声大、速度不易控制。基于这些特点，气压驱动多用于实现有限点位控制的中、小机器人中，控制装置目前多数选用可编程控制器（PLC），在易燃、易爆场合下可采用气动逻辑元件组成控制装置。

(3) 电机驱动   电机驱动是现代工业机器人的一种主流驱动方式。电机驱动装置可分为直流（DC）伺服电动机驱动、交流（AC）伺服电动机驱动和步进电动机驱动。因为有刷直流电动机电刷易磨损，且易形成火花，所以无刷直流伺服电动机和交流伺服电动机得到了越来越广泛的应用。步进电动机驱动多为开环控制，控制简单但功率不大，多用于低精度小功率机器人系统。电动驱动系统在技术上已日趋成熟，已具有传统传动装置无法比拟的优越性能，可以适应高速和低速应用需求，因其具有高加速度、高精度、结构简单等特点曾在机器人的驱动中被广泛应用。

3. 机器人的感知

为使机器人具有一定的适应能力，传感器是不可或缺的。机器人的感知来源于对人类的视觉、触觉、听觉、味觉和嗅觉的仿生，在技术条件限制下演化成了适用于机器人的传感器。传感器可分为内部传感器和外部传感器。前者用于检测关节角度、速度以及机器人自身倾角等，后者包括视觉传感器和触觉传感器等。机器人的感知将机器人各种内部状态信息和环境信息从信号转变为机器人自身或者机器人之间能够理解和应用的数据信息。

下面简要了解一下典型的机器人传感器。

1）视觉传感器在机器人中的应用包括测量和认知两个方面。测量是将视觉信息直接转换为数值并进行处理，而认知则是对视觉信息背后所包含的意义进行分析。前者主要用于形状、环境、自身位置等的测定，后者主要用于文字、平面图形、三维立体形状、人脸等的识别。

2）触觉传感器是感知与外界接触的传感器。采用压敏导电橡胶的触觉传感器已经实用化，可作为单点测量的限位开关或用于分布压力的信息采集等。在今后人与机器人共存的环境中，通过面、线接触对外部环境进行识别的高性能触觉传感器将是必不可少的。

3）接近觉传感器用于检测机器人与目标物之间的接近程度。其典型代表是红外线传感器和超声波传感器。

4）力/力矩传感器一般安装于机器人的腕部、腿部或手指处，用于检测来自操作对象的反作用力/力矩。通过这种传感器实现的力控制已广泛应用于工业机器人领域。

4. 机器人的控制

机器人的作业要在控制器的协调下完成。机器人各个关节的运动是独立的，为了实现末端执行器的运动轨迹，需要多关节的运动协调。所以，其控制系统要比普通的控制系统复杂得多，具有以下几个特点：

1）机器人的控制与结构运动学及动力学密切相关。机器人手爪的状态可以在各种坐标下描述，可根据需要选择不同的参考坐标系并做适当的坐标变换。

2）要求解机器人运动的正问题和逆问题，除此之外还要考虑惯性力、外力（包括重力）、科里奥利力、离心力的影响。

3）一个简单的机器人至少有 3~5 个自由度，比较复杂的机器人则有十几个，甚至几十个自由度。每个自由度一般包含一个伺服机构，它们必须协调起来，组成一个多变量控制系统。

4）把多个独立的伺服系统有机地协调起来，使其按照人的意志行动，甚至赋予机器人一定的智能，这个任务只能是由计算机来完成。因此，机器人控制系统必须是一个计算机系统。

5）描述机器人状态和运动的数学模型是一个非线性模型，随着状态的不同和外力的变化，其参数也在变化，各变量之间还存在耦合。

6）机器人的运动可以通过不同的方式和路径完成，因此，存在一个"最优"的问题。较高级的机器人可以用人工智能的方法，用计算机建立起庞大的信息库，借助信息库进行控制和决策。

工业机器人的控制系统具有机器人控制的典型组成部分，以完成工业环境的工作任务。系统的基本功能有：记忆功能、示教功能、与外围设备联系的功能、坐标设置功能、人机接口、传感器接口、位置伺服功能、故障诊断安全保护功能。

思 考 题

1. 你认为最准确的机器人的定义是什么？

2. 怎么理解机器人的三定律？如果不遵循这三定律会有什么样的后果？

3. 机器人技术虽然取得了长足的发展和进步，但和模仿人类的目标还有很大差距。查阅相关资料，试分析一下 10 年之后机器人会达到什么样的水平。

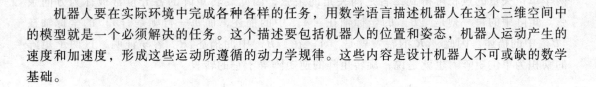

第 2 章

机器人数学基础

机器人要在实际环境中完成各种各样的任务，用数学语言描述机器人在这个三维空间中的模型就是一个必须解决的任务。这个描述要包括机器人的位置和姿态，机器人运动产生的速度和加速度，形成这些运动所遵循的动力学规律。这些内容是设计机器人不可或缺的数学基础。

2.1 描述和变换

2.1.1 位置和姿态的描述

研究机器人要在三维空间中研究物体运动，需要表达零件、工具以及机构本身的位置和姿态。我们需要建立关于物体位姿的描述，这些描述作为以后学习机器人建模、正逆运动学及动力学的基础。为了描述空间物体的位姿，一般先将物体置于一个空间坐标系 $\{A\}$，即参考系中，如图 2.1 所示。机器人的每一个关节，比如末端执行器，它的位置和姿态怎么在这个参考坐标系统表示，是位姿描述的最基本问题。

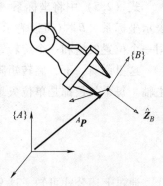

图 2.1　空间的坐标系

把末端执行器看作一个刚体，在刚体上固定一个笛卡儿坐标系 $\{B\}$，用一个矢量 $^A\boldsymbol{P}_{BORG}$ 表示坐标系 $\{B\}$ 的原点在坐标系 $\{A\}$ 中的位置，也就表示了刚体在 $\{A\}$ 中的位置。我们约定，左上标说明在哪个坐标系中表示。

$$^A\boldsymbol{P}_{BORG} = \begin{bmatrix} p_x \\ p_y \\ p_z \end{bmatrix} \qquad (2.1)$$

接下来描述刚体的姿态。坐标系 $\{B\}$ 固定在刚体上，坐标系 $\{B\}$ 相对于 $\{A\}$ 的描述就足以表示出刚体的姿态。用 $\{A\}$ 作为参考坐标系，$^A\hat{\boldsymbol{X}}_B$、$^A\hat{\boldsymbol{Y}}_B$、$^A\hat{\boldsymbol{Z}}_B$ 表示坐标系 $\{B\}$ 主轴方向的单位矢量在 $\{A\}$ 中的描述，将这三个单位矢量按照 $^A\hat{\boldsymbol{X}}_B$、$^A\hat{\boldsymbol{Y}}_B$、$^A\hat{\boldsymbol{Z}}_B$ 的顺序组成

一个 3×3 的矩阵，我们称这个矩阵为旋转矩阵，用 $^A_B\boldsymbol{R}$ 表示，这个旋转矩阵是 $\{B\}$ 相对于 $\{A\}$ 的表示。

$$^A_B\boldsymbol{R} = \begin{bmatrix} ^A\hat{\boldsymbol{X}}_B & ^A\hat{\boldsymbol{Y}}_B & ^A\hat{\boldsymbol{Z}}_B \end{bmatrix} = \begin{bmatrix} \hat{\boldsymbol{X}}_B \cdot \hat{\boldsymbol{X}}_A & \hat{\boldsymbol{Y}}_B \cdot \hat{\boldsymbol{X}}_A & \hat{\boldsymbol{Z}}_B \cdot \hat{\boldsymbol{X}}_A \\ \hat{\boldsymbol{X}}_B \cdot \hat{\boldsymbol{Y}}_A & \hat{\boldsymbol{Y}}_B \cdot \hat{\boldsymbol{Y}}_A & \hat{\boldsymbol{Z}}_B \cdot \hat{\boldsymbol{Y}}_A \\ \hat{\boldsymbol{X}}_B \cdot \hat{\boldsymbol{Z}}_A & \hat{\boldsymbol{Y}}_B \cdot \hat{\boldsymbol{Z}}_A & \hat{\boldsymbol{Z}}_B \cdot \hat{\boldsymbol{Z}}_A \end{bmatrix} \tag{2.2}$$

矩阵内用到点积运算。点积表示的是矢量的投影，比如，$\hat{\boldsymbol{X}}_B \cdot \hat{\boldsymbol{X}}_A$ 表示的是 $\hat{\boldsymbol{X}}_B$ 在 $\hat{\boldsymbol{X}}_A$ 上的投影。实现点积运算的两个矢量要在同一个坐标系中描述。矩阵中点积运算的各对矢量都在坐标系 $\{A\}$ 中描述。因此，列矢量就是 $\{B\}$ 的主轴在 $\{A\}$ 中的表示。从运算的角度，两个单位矢量的点积可得到二者之间夹角的余弦，因此旋转矩阵的各分量常被称为方向余弦。矩阵中的每一列是 $\{B\}$ 的坐标轴在 $\{A\}$ 中的描述，而每一行则是 $\{A\}$ 的坐标轴在 $\{B\}$ 中的描述。因此，$^A_B\boldsymbol{R}$ 的转置就是 $\{A\}$ 在 $\{B\}$ 中的描述 $^B_A\boldsymbol{R}$。容易证明，这两个矩阵的乘积为单位矩阵。也就是说，旋转矩阵的逆矩阵等于它的转置。

$$^A_B\boldsymbol{R} = \begin{bmatrix} ^A\hat{\boldsymbol{X}}_B & ^A\hat{\boldsymbol{Y}}_B & ^A\hat{\boldsymbol{Z}}_B \end{bmatrix} = \begin{bmatrix} ^B\hat{\boldsymbol{X}}_A^{\mathrm{T}} \\ ^B\hat{\boldsymbol{Y}}_A^{\mathrm{T}} \\ ^B\hat{\boldsymbol{Z}}_A^{\mathrm{T}} \end{bmatrix} \tag{2.3}$$

$$^A_B\boldsymbol{R} = {}^B_A\boldsymbol{R}^{-1} = {}^B_A\boldsymbol{R}^{\mathrm{T}} \tag{2.4}$$

在机器人学中，位置和姿态经常成对出现。用矢量 $^A\boldsymbol{P}_{BORG}$ 表示指端位置，而另外三个矢量 $^A_B\boldsymbol{R}$ 表示姿态。把这四个矢量组合成一个矩阵，则表示了位置和姿态信息。

$$\{B\} = \{^A_B\boldsymbol{R}, {}^A\boldsymbol{P}_{BORG}\} \tag{2.5}$$

式（2.5）中将坐标系 $\{B\}$ 的原点位置和三个主轴的方向在坐标系 $\{A\}$ 中描述，可表示坐标系 $\{B\}$（可以表示和它固连的刚体）的位姿。也就是说，一个坐标系可以等价地用一个位置矢量和一个旋转矩阵来描述。

这里说明一下，旋转矩阵写成三个列矢量，这三个矢量是参考坐标系中某坐标系的单位主轴。每个矢量都是单位矢量，且相互垂直，所以旋转矩阵的 9 个元素有 6 个约束：

$$\boldsymbol{R} = \begin{bmatrix} \hat{\boldsymbol{X}} & \hat{\boldsymbol{Y}} & \hat{\boldsymbol{Z}} \end{bmatrix} \tag{2.6}$$

$$|\hat{\boldsymbol{X}}| = |\hat{\boldsymbol{Y}}| = |\hat{\boldsymbol{Z}}| = 1 \tag{2.7}$$

$$\hat{\boldsymbol{X}} \cdot \hat{\boldsymbol{Y}} = \hat{\boldsymbol{X}} \cdot \hat{\boldsymbol{Z}} = \hat{\boldsymbol{Y}} \cdot \hat{\boldsymbol{Z}} = 0 \tag{2.8}$$

通过上述公式可知，这 9 个元素中只有 3 个元素是独立的。工程应用中常用欧拉角、固定坐标系旋转角度等方法描述姿态。这些描述方法参数少，易于应用。这些方法所使用的描述参数和旋转矩阵的 9 个元素可以互相转换，这里不再展开论述。

2.1.2　坐标系映射

坐标系之间的映射要解决怎样在不同坐标系中表示同一个量的问题。映射描述一个坐标系到另一坐标系的变换，是非常重要的概念。进行坐标系的映射，所描述的点或者说矢量本身没有改变，只是它的描述改变了。

（1）平移坐标系映射　在图 2.2 中，我们用矢量 $^B\boldsymbol{P}$ 表示一个点的位置。当 $\{A\}$ 与

{B} 的姿态相同时, 我们希望在坐标系 {A} 中表示这个点。{B} 不同于 {A} 的只是平移, 用矢量 $^A\boldsymbol{P}_{BORG}$ 表示 {B} 的原点相对于 {A} 的位置。

两个矢量所在的坐标系具有相同的姿态, 因此可用矢量相加的方法求点相对 {A} 的表示 $^A\boldsymbol{P}$。注意, 点本身没有变化, 只是从在 {B} 中的描述变换成了在 {A} 中的描述。

$$^A\boldsymbol{P} = {}^B\boldsymbol{P} + {}^A\boldsymbol{P}_{BORG} \qquad (2.9)$$

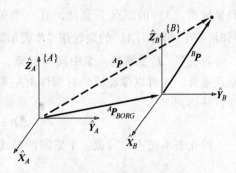

图 2.2 平移坐标系映射

(2) 旋转坐标系映射 已知矢量 $^B\boldsymbol{P}$ 是一个矢量相对于某坐标系 {B} 的描述, 想求矢量相对另一个坐标系 {A} 的描述。如图 2.3 所示, 这两个坐标系的原点重合。如果 {B} 相对于 {A} 的姿态描述是已知的, 那么这个计算是可行的。一个旋转矩阵 $^A_B\boldsymbol{R}$ 为三个一组的列矢量或三个一组的行矢量, 列矢量为 {B} 的坐标轴单位矢量在 {A} 中的描述, 行矢量为 {A} 的坐标轴单位矢量在 {B} 中的描述。

$$^A_B\boldsymbol{R} = \begin{bmatrix} {}^A\hat{\boldsymbol{X}}_B & {}^A\hat{\boldsymbol{Y}}_B & {}^A\hat{\boldsymbol{Z}}_B \end{bmatrix} = \begin{bmatrix} {}^B\hat{\boldsymbol{X}}_A^{\mathrm{T}} \\ {}^B\hat{\boldsymbol{Y}}_A^{\mathrm{T}} \\ {}^B\hat{\boldsymbol{Z}}_A^{\mathrm{T}} \end{bmatrix} \qquad (2.10)$$

要计算 $^A\boldsymbol{P}$, 就是计算该矢量在参考系 {A} 坐标轴单位矢量方向的投影。投影是由矢量点积计算的。$^B\hat{\boldsymbol{X}}_A$、$^B\hat{\boldsymbol{Y}}_A$、$^B\hat{\boldsymbol{Z}}_A$ 是 {A} 坐标轴单位矢量在 {B} 中的描述, $^B\boldsymbol{P}$ 是要表示的矢量在 {B} 中的描述。这些矢量都是在坐标系 {B} 中描述的, 所以, $^A\boldsymbol{P}$ 在 {A} 坐标轴的投影分量计算如下

$$\begin{cases} {}^A p_x = {}^B\hat{\boldsymbol{X}}_A \cdot {}^B\boldsymbol{P} \\ {}^A p_y = {}^B\hat{\boldsymbol{Y}}_A \cdot {}^B\boldsymbol{P} \\ {}^A p_z = {}^B\hat{\boldsymbol{Z}}_A \cdot {}^B\boldsymbol{P} \end{cases} \qquad (2.11)$$

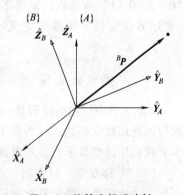

图 2.3 旋转坐标系映射

由于 $^B\hat{\boldsymbol{X}}_A$、$^B\hat{\boldsymbol{Y}}_A$、$^B\hat{\boldsymbol{Z}}_A$ 对应旋转矩阵 $^A_B\boldsymbol{R}$ 的行, 所以旋转映射用矩阵表示为

$$^A\boldsymbol{P} = {}^A_B\boldsymbol{R}\,{}^B\boldsymbol{P}$$

上述过程进行了一个映射, 它改变了矢量的描述: 将空间某点相对于 {B} 的描述转换成了该点相对于 {A} 的描述。我们使用的符号的好处是用前边矩阵的左下标正好消掉了后面变量的左上标。这种符号表示有助于跟踪映射过程和坐标系的变化。

(3) 一般映射 现在考虑映射的一般情况。在图 2.4 中, 坐标系 {B} 的原点

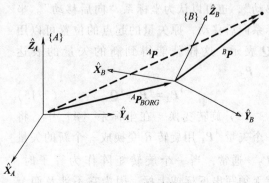

图 2.4 一般映射

和坐标系 $\{A\}$ 的原点不重合，有一个矢量偏移。确定 $\{B\}$ 原点的矢量用 $^AP_{BORG}$ 表示，同时 $\{B\}$ 相对 $\{A\}$ 的旋转用 ^A_BR 表示。^BP 已知，求 ^AP。

首先将 ^BP 变换到一个中间坐标系，这个坐标系和 $\{A\}$ 的姿态相同、原点和 $\{B\}$ 的原点重合。这可以像旋转映射那样由左乘矩阵 ^A_BR 得到。然后仍用简单的矢量加法将原点平移，并得到

$$^AP = {}^A_BR^BP + {}^AP_{BORG} \tag{2.12}$$

简化表示把上式写成一个紧凑的形式

$$^AP = {}^A_BT^BP \tag{2.13}$$

即用一个矩阵形式的算子 ^A_BT 表示从一个坐标系到另一个坐标系的映射。为了用矩阵算子的形式写出一般映射的数学表达式，定义一个 4×4 的矩阵算子并使用 4×1 位置矢量，这样一般映射就成为

$$\begin{bmatrix} ^AP \\ 1 \end{bmatrix} = \begin{bmatrix} ^A_BR & ^AP_{BORG} \\ 0 & 1 \end{bmatrix} \begin{bmatrix} ^BP \\ 1 \end{bmatrix} \tag{2.14}$$

换而言之，①在 4×1 矢量中增加的最后一个分量为"1"；②在 4×4 矩阵中增加的最后一行为"0 0 0 1"。

这个 4×4 矩阵被称为齐次变换矩阵。它用一个简单的矩阵形式表示了一般变换的旋转和平移。在其他研究领域，它可被用于进行投影和比例运算（当最后一行不是"0 0 0 1"或者旋转矩阵不是正交阵时）。正如用旋转矩阵定义姿态一样，我们用变换（常用齐次变换）矩阵来定义一个坐标系。坐标系 $\{B\}$ 相对于坐标系 $\{A\}$ 的变换描述为 ^A_BT。

2.1.3　平移旋转变换

2.1.2 节中讨论的映射是一个不变的量在不同坐标系中的描述。用于表示坐标系间点的映射的通用数学表达式称为算子，包括点的平移算子、矢量旋转算子和平移加旋转的算子。本节我们用这些算子，表示点或者矢量在同一个坐标下发生运动之后的描述，称之为变换。

（1）平移变换　对空间一点平移的描述仅与一个坐标系有关。空间中点的平移与此点向另一个坐标系的映射具有相同的数学描述，在图 2.5 中，当一个矢量相对于一个坐标系"向前移动"时，既可以认为是矢量"向前移动"，也可以认为坐标系"向后移动"。坐标系向后移动，原矢量的起点的位置可以用 ^AQ 表示，这样就能得到新的矢量的表达式 $^AP_2$。

$$^AP_2 = {}^AP_1 + {}^AQ \tag{2.15}$$

（2）旋转变换　在坐标系 $\{A\}$ 中，将一个矢量 $^AP_1$ 用旋转 R 变换成一个新的矢量 $^AP_2$。通常，当一个旋转矩阵作为算子时，就无须写出下标或上标，因为它不涉及两个

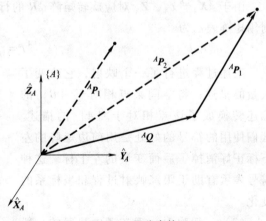

图 2.5　平移变换

坐标系。矢量经某一旋转 R 得到的旋转矩阵与一个坐标系相对于参考坐标系经某一旋转 R 得到的旋转矩阵是相同的。

$$^A\boldsymbol{P}_2 = \boldsymbol{R}^A\boldsymbol{P}_1 \tag{2.16}$$

可以这样分析：假设坐标系 $\{B\}$ 和 $\{A\}$ 重合，矢量和 $\{B\}$ 固连，对矢量和坐标系 $\{B\}$ 做同样的旋转。矢量在 $\{B\}$ 中描述和没有旋转变换前在 $\{A\}$ 中的描述相同，为 $^A\boldsymbol{P}_1$；旋转后，$\{B\}$ 在 $\{A\}$ 中的描述为 $_B^A\boldsymbol{R}$，则旋转后矢量的描述是 $_B^A\boldsymbol{R}^A\boldsymbol{P}_1$。可知，这里的旋转变换的矩阵 $\boldsymbol{R}$ 和坐标系的旋转矩阵 $_B^A\boldsymbol{R}$ 相同。

我们用另一个符号定义旋转算子，来明确地说明是绕哪个轴旋转的：$\boldsymbol{R}_K(\theta)$ 表示绕 K 轴旋转 θ 角度，则常用绕 X、Y、Z 轴旋转 θ 角度的旋转矩阵如下

$$\boldsymbol{R}_X(\theta) = \begin{bmatrix} 1 & 0 & 0 \\ 0 & \cos\theta & -\sin\theta \\ 0 & \sin\theta & \cos\theta \end{bmatrix} \tag{2.17}$$

$$\boldsymbol{R}_Y(\theta) = \begin{bmatrix} \cos\theta & 0 & \sin\theta \\ 0 & 1 & 0 \\ -\sin\theta & 0 & \cos\theta \end{bmatrix} \tag{2.18}$$

$$\boldsymbol{R}_Z(\theta) = \begin{bmatrix} \cos\theta & -\sin\theta & 0 \\ \sin\theta & \cos\theta & 0 \\ 0 & 0 & 1 \end{bmatrix} \tag{2.19}$$

（3）一般变换　在图 2.6 中，只涉及一个坐标系，所以符号 T 没有上下标。算子 T 将矢量 $^A\boldsymbol{P}_1$ 平移并旋转得到一个新的矢量 $^A\boldsymbol{P}_2$

$$^A\boldsymbol{P}_2 = \boldsymbol{T}^A\boldsymbol{P}_1 \tag{2.20}$$

式中，T 是和坐标系映射相同的矩阵算子。

至此，我们可以给出齐次变换矩阵的三种解释：

1）它是坐标系的描述。$_B^A\boldsymbol{T}$ 表示把坐标系 $\{A\}$ 作为参考系，坐标系 $\{B\}$ 在坐标系 $\{A\}$ 中的位姿。

2）它是坐标系之间的映射。$_B^A\boldsymbol{T}$ 是映射 $^B\boldsymbol{P}\rightarrow{}^A\boldsymbol{P}$，把在坐标系 $\{B\}$ 中的矢量在坐标系 $\{A\}$ 中描述。

3）它是变换算子。在同一个坐标系中，T 将一个矢量 $^A\boldsymbol{P}_1$ 变换成一个新的矢量 $^A\boldsymbol{P}_2$。

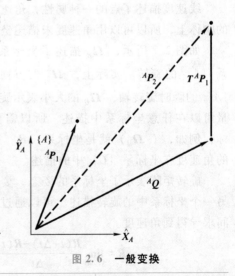

图 2.6　一般变换

2.2　线速度和角速度

在建立了刚体的位置和姿态的坐标系描述之后，进一步分析刚体的速度。

2.2.1 线速度

位置矢量的微分可以表示位置矢量描述的空间一点的线速度。线速度的计算见式（2.21），即矢量 $\boldsymbol{Q}$ 在坐标系 $\{B\}$ 中的描述对于时间的微分。例如，如果相对于坐标系 $\{B\}$，$\boldsymbol{Q}$ 不随时间变化，那么速度就为零，尽管在其他一些坐标系中 $\boldsymbol{Q}$ 是变化的。因此，必须说明一个矢量是相对于哪个坐标系求微分。

$$^{B}\boldsymbol{V}_Q = \frac{\mathrm{d}}{\mathrm{d}t}{}^{B}\boldsymbol{Q} = \lim_{\Delta t \to 0} \frac{{}^{B}\boldsymbol{Q}(t+\Delta t) - {}^{B}\boldsymbol{Q}(t)}{\Delta t} \tag{2.21}$$

通过微分计算速度，要确定参考坐标系，计算后得到一个速度矢量。在某个参考坐标系中计算得到的速度矢量，是能在任意坐标系中表示的，其参考坐标系可以用左上标注明。因此，如果在坐标系 $\{A\}$ 中表示上式的速度矢量，可以写为 $^{A}({}^{B}\boldsymbol{V}_Q)$。可以看出，在通常情况下，速度矢量都是与空间的某点相关的，而描述此点的速度要取决于两个坐标系：一个是进行微分运算的坐标系，另一个是描述这个速度矢量的坐标系。

速度矢量是自由矢量，和矢量作用点无关。因此，速度矢量在坐标系之间的变换是方向的变换，也就是使用旋转矩阵实现了速度坐标系变换。$^{B}\boldsymbol{V}_Q$ 是在参考坐标系 $\{B\}$ 中计算的矢量，同时也是在 $\{B\}$ 中表示的。左乘旋转矩阵 $_{B}^{A}\boldsymbol{R}$，得到的是这个速度在坐标系 $\{A\}$ 中的表示，见式（2.22）。

$$^{A}({}^{B}\boldsymbol{V}_Q) = {}_{B}^{A}\boldsymbol{R}{}^{B}\boldsymbol{V}_Q \tag{2.22}$$

2.2.2 角速度

线速度描述了点的一种属性，角速度描述了刚体的一种属性。坐标系总是固连在被描述的刚体上，所以可以用角速度来描述坐标系的旋转运动。

如图 2.7 所示，$^{A}\boldsymbol{\Omega}_B$ 描述了坐标系 $\{B\}$ 相对于坐标系 $\{A\}$ 的旋转。实际上，$^{A}\boldsymbol{\Omega}_B$ 的方向就是 $\{B\}$ 相对于 $\{A\}$ 的瞬时旋转轴，$^{A}\boldsymbol{\Omega}_B$ 的大小表示旋转速度。角速度矢量可以在任意坐标系中描述，所以需要附加另一个左上标，例如，$^{C}({}^{A}\boldsymbol{\Omega}_B)$ 就是坐标系 $\{B\}$ 相对于坐标系 $\{A\}$ 的角速度在坐标系 $\{C\}$ 中的描述。

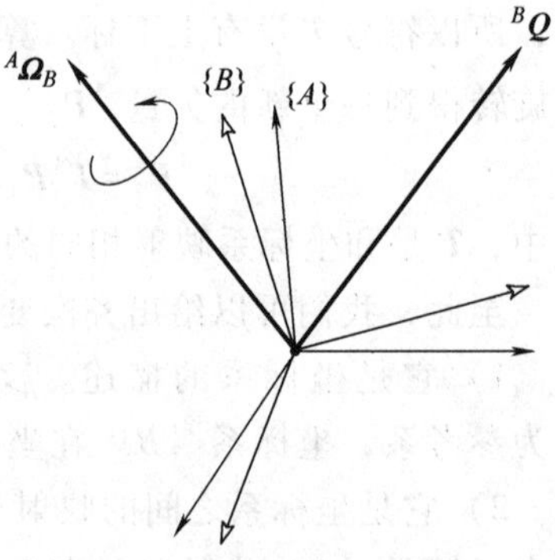

旋转矩阵表示了坐标系的姿态，姿态由一个坐标系在另一个坐标系中的旋转描述。可以通过旋转矩阵直接对时间求导得到角速度。

图 2.7 坐标系旋转的角速度

$$\dot{\boldsymbol{R}} = \lim_{\Delta t \to 0} \frac{\boldsymbol{R}(t+\Delta t) - \boldsymbol{R}(t)}{\Delta t} \tag{2.23}$$

经过推导，得到 $\boldsymbol{R}$ 的微分为

$$\dot{\boldsymbol{R}} = \begin{bmatrix} 0 & -k_z\dot{\theta} & k_y\dot{\theta} \\ k_z\dot{\theta} & 0 & -k_x\dot{\theta} \\ -k_y\dot{\theta} & k_x\dot{\theta} & 0 \end{bmatrix} \boldsymbol{R}(t) \tag{2.24}$$

记矩阵 $\dot{\boldsymbol{R}}\boldsymbol{R}^{-1}$ 为 $\boldsymbol{S}$，这个反对称矩阵表示出了旋转矩阵绕 $\boldsymbol{K}$ 轴［在参考坐标系中的表示为 $(k_x \quad k_y \quad k_z)^{\mathrm{T}}$］旋转的速度 $\dot{\theta}$。$\boldsymbol{S}$ 称为**角速度矩阵**。与这个 3×3 的角速度矩阵相对应的 3×1 矢量 $\boldsymbol{\Omega}$ 称为角速度矢量

$$\boldsymbol{S} = \dot{\boldsymbol{R}}\boldsymbol{R}^{-1} = \begin{bmatrix} 0 & -k_z\dot{\theta} & k_y\dot{\theta} \\ k_z\dot{\theta} & 0 & -k_x\dot{\theta} \\ -k_y\dot{\theta} & k_x\dot{\theta} & 0 \end{bmatrix} = \begin{bmatrix} 0 & -\Omega_z & \Omega_y \\ \Omega_z & 0 & -\Omega_x \\ -\Omega_y & \Omega_x & 0 \end{bmatrix} \tag{2.25}$$

$$\boldsymbol{\Omega} = \begin{bmatrix} \Omega_x \\ \Omega_y \\ \Omega_z \end{bmatrix} = \begin{bmatrix} k_x\dot{\theta} \\ k_y\dot{\theta} \\ k_z\dot{\theta} \end{bmatrix} = \dot{\theta}\boldsymbol{K} \tag{2.26}$$

角速度矢量 $\boldsymbol{\Omega}$ 的物理意义是，在任一时刻，旋转坐标系方位的变化可以看作是绕某个轴 $\boldsymbol{K}$ 的旋转。这个瞬时转动轴，可作为单位矢量，与绕这个轴的旋转速度标量 $\dot{\theta}$ 构成角速度矢量。

如果已知一个矢量 $^A\boldsymbol{P}$ 的角速度是 $^A\boldsymbol{\Omega}$，则线速度 $^A\boldsymbol{V}_P$ 采用二者的矢量积，也就是叉乘计算。角速度的叉乘计算，等于用角速度矩阵的左乘。

$$^A\boldsymbol{V}_P = {}^A\boldsymbol{\Omega} \times {}^A\boldsymbol{P} = \boldsymbol{S}^A\boldsymbol{P} \tag{2.27}$$

2.2.3　刚体的线速度和角速度

如图 2.8 所示，刚体固连一个坐标系 $\{B\}$。首先，$\{B\}$ 相对于 $\{A\}$ 的线速度为 $^A\boldsymbol{V}_{BORG}$，也就是 $\{B\}$ 的原点的速度。其次，$\{B\}$ 相对于坐标系 $\{A\}$ 的方位是随时间变化的，$\{B\}$ 相对于 $\{A\}$ 的旋转速度用矢量 $^A\boldsymbol{\Omega}_B$ 来表示。最后，已知矢量 $^B\boldsymbol{Q}$ 确定了坐标系 $\{B\}$ 中一个点的位置，该矢量的速度用 $^B\boldsymbol{V}_Q$ 表示。

现在，考虑一个重要的问题：从坐标系 $\{A\}$ 看坐标系 $\{B\}$ 中的矢量，这个矢量将如何随时间变化？可以得到从坐标系 $\{A\}$ 观测坐标系 $\{B\}$ 中矢量的速度普遍公式

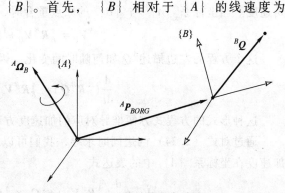

图 2.8　线速度和角速度

$$^A\boldsymbol{V}_Q = {}^A\boldsymbol{V}_{BORG} + {}^A_B\boldsymbol{R}^B\boldsymbol{V}_Q + {}^A\boldsymbol{\Omega}_B \times {}^A_B\boldsymbol{R}^B\boldsymbol{Q} \tag{2.28}$$

$^A\boldsymbol{\Omega}_B \times {}^A_B\boldsymbol{R}^B\boldsymbol{Q}$ 是矢量旋转产生的线速度。这三个速度都在 $\{A\}$ 中表示，然后做速度的求和，即可得到矢量 $^B\boldsymbol{Q}$ 在坐标系 $\{A\}$ 中的线速度。

坐标系间角速度的叠加。对应上述的刚体，$\{B\}$ 相对于 $\{A\}$ 的旋转速度用矢量 $^A\boldsymbol{\Omega}_B$ 来表示，则 $\{A\}$ 相对于 $\{U\}$ 的旋转速度用 $^U\boldsymbol{\Omega}_A$ 表示。那么，坐标系 $\{B\}$ 相对于 $\{U\}$ 的角速度用矢量求和的方法计算

$$^U\boldsymbol{\Omega}_B = {}^U\boldsymbol{\Omega}_A + {}^U_A\boldsymbol{R}{}^A\boldsymbol{\Omega}_B \tag{2.29}$$

2.3 刚体的加速度

在任一瞬时，线速度矢量和角速度矢量的导数分别称为线加速度和角加速度。即

$$^B\dot{\boldsymbol{V}}_Q = \frac{\mathrm{d}}{\mathrm{d}t}{}^B\boldsymbol{V}_Q = \lim_{\Delta t \to 0}\frac{{}^B\boldsymbol{V}_Q(t+\Delta t) - {}^B\boldsymbol{V}_Q(t)}{\Delta t} \tag{2.30}$$

和

$$^A\dot{\boldsymbol{\Omega}}_Q = \frac{\mathrm{d}}{\mathrm{d}t}{}^A\boldsymbol{\Omega}_Q = \lim_{\Delta t \to 0}\frac{{}^A\boldsymbol{\Omega}_Q(t+\Delta t) - {}^A\boldsymbol{\Omega}_Q(t)}{\Delta t} \tag{2.31}$$

同速度一样，当微分的参考坐标系为世界坐标系 $\{U\}$ 时，可用下面的符号表示刚体加速度，即

$$\dot{\boldsymbol{V}}_A = {}^U\dot{\boldsymbol{V}}_{AORG} \tag{2.32}$$

和

$$\dot{\boldsymbol{\Omega}}_A = {}^U\dot{\boldsymbol{\Omega}}_A \tag{2.33}$$

2.3.1 线加速度

假设坐标系 $\{B\}$ 下的 $^B\boldsymbol{Q}$ 的线速度为 $^B\boldsymbol{V}_Q$，$^A\boldsymbol{\Omega}_B$ 是坐标系 $\{B\}$ 在坐标系 $\{A\}$ 中的角速度。当坐标系 $\{A\}$ 与 $\{B\}$ 的原点重合时，速度矢量 $^A\boldsymbol{V}_Q$ 可表示为

$$^A\boldsymbol{V}_Q = {}^A_B\boldsymbol{R}{}^B\boldsymbol{V}_Q + {}^A\boldsymbol{\Omega}_B \times {}^A_B\boldsymbol{R}{}^B\boldsymbol{Q} \tag{2.34}$$

这个方程的左边描述 $^A\boldsymbol{Q}$ 如何随时间变化。因为原点是重合的，公式可以改写为

$$\frac{\mathrm{d}}{\mathrm{d}t}({}^A_B\boldsymbol{R}{}^B\boldsymbol{Q}) = {}^A_B\boldsymbol{R}{}^B\boldsymbol{V}_Q + {}^A\boldsymbol{\Omega}_B \times {}^A_B\boldsymbol{R}{}^B\boldsymbol{Q} \tag{2.35}$$

这种形式的方程式方便推导对应的加速度方程。

通过对式（2.34）两边同时求导，我们可以推出当 $\{A\}$ 与 $\{B\}$ 的原点重合时，$^B\boldsymbol{Q}$ 的加速度在坐标系 $\{A\}$ 中的表达式

$$^A\dot{\boldsymbol{V}}_Q = \frac{\mathrm{d}}{\mathrm{d}t}({}^A_B\boldsymbol{R}{}^B\boldsymbol{V}_Q) + {}^A\dot{\boldsymbol{\Omega}}_B \times {}^A_B\boldsymbol{R}{}^B\boldsymbol{Q} + {}^A\boldsymbol{\Omega}_B \times \frac{\mathrm{d}}{\mathrm{d}t}({}^A_B\boldsymbol{R}{}^B\boldsymbol{Q}) \tag{2.36}$$

现在对式（2.36）应用式（2.35），则式（2.36）的右侧成为

$$^A_B\boldsymbol{R}{}^B\dot{\boldsymbol{V}}_Q + {}^A\boldsymbol{\Omega}_B \times {}^A_B\boldsymbol{R}{}^B\boldsymbol{V}_Q + {}^A\dot{\boldsymbol{\Omega}}_B \times {}^A_B\boldsymbol{R}{}^B\boldsymbol{Q} + {}^A\boldsymbol{\Omega}_B \times ({}^A_B\boldsymbol{R}{}^B\boldsymbol{V}_Q + {}^A\boldsymbol{\Omega}_B \times {}^A_B\boldsymbol{R}{}^B\boldsymbol{Q}) \tag{2.37}$$

合并同类项，整理得到

$$^A_B\boldsymbol{R}{}^B\dot{\boldsymbol{V}}_Q + 2{}^A\boldsymbol{\Omega}_B \times {}^A_B\boldsymbol{R}{}^B\boldsymbol{V}_Q + {}^A\dot{\boldsymbol{\Omega}}_B \times {}^A_B\boldsymbol{R}{}^B\boldsymbol{Q} + {}^A\boldsymbol{\Omega}_B \times ({}^A\boldsymbol{\Omega}_B \times {}^A_B\boldsymbol{R}{}^B\boldsymbol{Q}) \tag{2.38}$$

最后，为了推广到原点不重合的情况，须增加一项表示坐标系 $\{B\}$ 的原点的线加速度，得到一般公式

$$^A\dot{\boldsymbol{V}}_Q = {}^A\dot{\boldsymbol{V}}_{BORG} + {}^A_B\boldsymbol{R}{}^B\dot{\boldsymbol{V}}_Q + 2{}^A\boldsymbol{\Omega}_B \times {}^A_B\boldsymbol{R}{}^B\boldsymbol{V}_Q + {}^A\dot{\boldsymbol{\Omega}}_B \times {}^A_B\boldsymbol{R}{}^B\boldsymbol{Q} + {}^A\boldsymbol{\Omega}_B \times ({}^A\boldsymbol{\Omega}_B \times {}^A_B\boldsymbol{R}{}^B\boldsymbol{Q}) \tag{2.39}$$

当 $^B\boldsymbol{Q}$ 是常量时

$$^B\boldsymbol{V}_Q = {}^B\dot{\boldsymbol{V}}_Q = \boldsymbol{0} \tag{2.40}$$

所以,式(3.39)简化为

$$^A\dot{\boldsymbol{V}}_Q = {}^A\dot{\boldsymbol{V}}_{BORG} + {}^A\boldsymbol{\Omega}_B \times ({}^A\boldsymbol{\Omega}_B \times {}_B^A\boldsymbol{R}^B\boldsymbol{Q}) + {}^A\dot{\boldsymbol{\Omega}}_B \times {}_B^A\boldsymbol{R}^B\boldsymbol{Q} \tag{2.41}$$

式(2.41)常用于计算旋转关节机械臂连杆的线加速度。当机械臂的连接为移动关节时,常用一般表达式(2.39)。

2.3.2 角加速度

假设 $\{B\}$ 以角速度 $^A\boldsymbol{\Omega}_B$ 相对于 $\{A\}$ 转动,而 $\{C\}$ 以角速度 $^B\boldsymbol{\Omega}_C$ 相对于 $\{B\}$ 转动。为了计算 $^A\boldsymbol{\Omega}_C$,在坐标系 $\{A\}$ 中进行矢量相加

$$^A\boldsymbol{\Omega}_C = {}^A\boldsymbol{\Omega}_B + {}_B^A\boldsymbol{R}^B\boldsymbol{\Omega}_C \tag{2.42}$$

对式(2.42)求导后得到

$$^A\dot{\boldsymbol{\Omega}}_C = {}^A\dot{\boldsymbol{\Omega}}_B + \frac{\mathrm{d}}{\mathrm{d}t}{}_B^A\boldsymbol{R}^B\boldsymbol{\Omega}_C \tag{2.43}$$

将式(2.43)右侧的末项展开,得到

$$^A\dot{\boldsymbol{\Omega}}_C = {}^A\dot{\boldsymbol{\Omega}}_B + {}_B^A\boldsymbol{R}^B\dot{\boldsymbol{\Omega}}_C + {}^A\boldsymbol{\Omega}_B \times {}_B^A\boldsymbol{R}^B\boldsymbol{\Omega}_C \tag{2.44}$$

式(2.44)常用于计算机械臂杆件的角加速度。

2.4 平动和转动的力学方程

刚体的运动可分解为质心的平动与绕质心的转动。质心的平动可用 Newton 方程描述,绕质心的转动可用 Euler 方程描述。对于刚体平动和转动的惯性度量参数分别是质量和惯性张量。

2.4.1 惯性张量

惯性张量是表示刚体相对于某一坐标系的质量分布的二阶矩阵,是由表示刚体质量分布的惯性矩和惯性积组成。

(1)惯性矩 惯性矩也被称为面积惯性矩,是刚体各个微元的质量与其到转轴垂直距离平方乘积的积分,表示刚体对于旋转运动的惯性,也就是刚体抵抗扭动、扭转的能力。

如图2.9所示,刚体绕 X、Y、Z 轴的惯性矩为

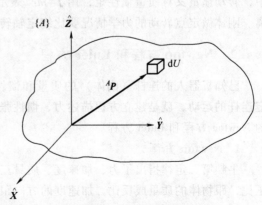

图2.9 刚体的惯量

$$\begin{cases} I_{xx} = \iiint_V (y^2 + z^2)\rho\mathrm{d}V \\ I_{yy} = \iiint_V (x^2 + z^2)\rho\mathrm{d}V \\ I_{zz} = \iiint_V (x^2 + y^2)\rho\mathrm{d}V \end{cases} \qquad (2.45)$$

式中，ρ 是刚体的密度；$\mathrm{d}m = \rho\mathrm{d}V$ 表示体积微元的质量，体积微元的位置由矢量 $^AP = \begin{bmatrix} x & y & z \end{bmatrix}^T$ 表示。

（2）惯性积　惯性积也被称为质量惯性积，是刚体各个微元的质量与其到两个相互垂直平面距离乘积的积分。均质刚体的惯性积为

$$\begin{cases} I_{xy} = \iiint_V xy\rho\mathrm{d}V \\ I_{xz} = \iiint_V xz\rho\mathrm{d}V \\ I_{yz} = \iiint_V yz\rho\mathrm{d}V \end{cases} \qquad (2.46)$$

对于给定的刚体，惯性积的值与参考坐标系的位置及方向有关，如果选择的坐标系合适，可使惯性积的值为零。当相对于某一坐标轴的惯性积为零时，该坐标轴被称为惯性主轴。显然，如果刚体本身具有几何对称性，那么它的对称轴就是它的惯性主轴。但是，即使是完全没有任何对称性的刚体也存在惯性主轴。

惯性张量是刚体做定点转动时转动惯性的一种度量，描述了刚体的质量分布，用包含惯性矩和惯性积的 9 个分量构成的对称矩阵表示。以坐标系 $\{A\}$ 为参考系，刚体相对于参考系 $\{A\}$ 的惯性张量为

$$^AI = \begin{bmatrix} I_{xx} & -I_{xy} & -I_{xz} \\ -I_{xy} & I_{yy} & -I_{yz} \\ -I_{xz} & -I_{yz} & I_{zz} \end{bmatrix} \qquad (2.47)$$

惯性张量的定义与坐标系的选取有关，如果选取的坐标系使各惯性积为零，则此坐标系下的惯性张量是对角矩阵，此坐标系的各坐标轴被称为惯性主轴。

与惯性张量不同，转动惯量是表示刚体绕定轴转动时转动惯性的一种度量。在经典力学中，转动惯量又称质量惯性矩，用 $J = mr^2$ 表示，其中 m 是质点的质量，r 是质点到转轴的距离。刚体做定点转动的力学情况要比绕定轴转动复杂。

2.4.2　Newton 方程和 Euler 方程

已知机器人的连杆（刚体）的质量和惯性张量，就确定了其质量分布特征。进而要确定连杆的运动，就是建立方程描述力、惯性张量和加速度之间的关系，需要描述平动和转动的 Newton 方程和 Euler 方程。

1. Newton 方程

牛顿第二定律指出了力、加速度、质量三者之间的关系：物体加速度的大小跟作用力成正比，跟物体的质量成反比，加速度的方向跟作用力的方向相同。

如图 2.10 所示，对于质量为 m 的刚性连杆，力 F 作用在连杆质心上使它做直线运动，

依据牛顿第二定律，可建立如下力平衡方程（Newton 方程）：

$$F = m\dot{v}_c \tag{2.48}$$

式中，$\dot{v}_c$ 为连杆质心的线加速度。

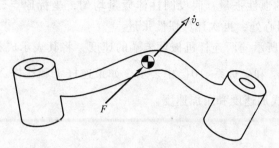

图 2.10 力 **F** 作用在刚体质心

2. Euler 方程

Euler 方程是 Euler 运动定律的定量描述，而 Euler 运动定律是牛顿运动定律的延伸。Euler 方程是建立在角动量定理的基础上描述刚体旋转运动时所受外力矩与角速度、角加速度之间的关系。

如图 2.11 所示，对于绕质心旋转角速度为 ω，角加速度为 $\dot{\omega}$ 的刚性连杆，可以建立如下的 Euler 力矩平衡方程：

$$N = {}^C I\dot{\omega} + \omega \times {}^C I\omega \tag{2.49}$$

式中，N 是作用在连杆质心上的合外力矩；${}^C I$ 为连杆在质心坐标系 $\{C\}$ 中的惯性张量，坐标系 $\{C\}$ 的原点位于刚体质心。

式（2.48）和式（2.49）组合起来被称为 Newton-Euler 方程，它是 Newton-Euler 动力学方法的基础。

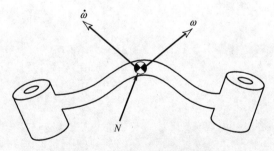

图 2.11 力矩 **N** 作用在刚体质心

思 考 题

1. 一个矢量 ${}^A P$ 绕 Z_A 轴旋转 θ，然后绕 Y_A 轴旋转 α，最后绕 X_A 轴旋转 β，求按照以上顺序旋转后得到的旋转矩阵。

2. 用一个齐次矩阵（旋转和平移变换）左乘与右乘同一个坐标系的描述矩阵，所得的结果是否相同？为什么？试举例作图说明。

3. 在什么条件下，表示有限旋转的两个旋转矩阵可交换？

4. 圆柱坐标系是描述空间一点的位置的一种方法。请查找资料，给出圆柱坐标系的表示方法；并用该方法描述笛卡儿坐标系的一个矢量 $^A\boldsymbol{P}$。

5. 求一个圆柱体的惯性张量，假设圆柱体质量均匀，坐标原点建立在质心。如果把坐标原点建立在底面的圆心处，再次计算惯性张量。

6. 计算如图 2.12 所示的两连杆机械臂末端的速度，将其表示成关节速度的函数，并且将该速度在坐标系 {3} 和坐标系 {0} 中表示。如果连杆 1 和连杆 2 的角加速度分别为 $\ddot{\theta}_1$ 和 $\ddot{\theta}_2$，请计算末端的线加速度和角加速度。

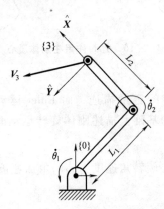

图 2.12　两连杆机械臂

第 3 章

机器人的机构和运动

机器人的机构是机器人运动的基础，它是决定机器人性能的重要因素，包括有效地利用驱动器输出动力的机构、变换运动方向的机构、用于约束运动的关节机构等。本章首先介绍构成这些机构的各种零件的原理和特性，然后介绍机械臂的构型，机械臂运动学的分析方法，正运动学和逆运动学的工程应用，动力学的分析和设计方法。

3.1 传动机构

把驱动器的运动转化成机器人的运动，除直接驱动以外，还需要运动速度的变换、运动方向的变换、连续运动与间歇运动的变换等。有时考虑机器人的机构设计，需要把驱动器的运动传递到距离很远的传动机构。本节主要介绍这些运动变换和传递所使用的零件。实际上机器人的运动传递就是将这些机构零件组合起来实现的。

3.1.1 齿轮传动

齿轮传动是近代机械传动中用得最多的传动形式之一。它不仅可用于传递运动，如各种仪表机构；而且可用于传递动力，如常见的各种减速装置。

齿轮的分类方法很多，按照两轴线的相对位置，可分为两类：平面齿轮传动和空间齿轮传动。

（1）平面齿轮传动　该传动的两轮轴线相互平行，常见的有直齿圆柱齿轮传动（图 3.1a），斜齿圆柱齿轮传动（图 3.1d），人字齿轮传动（图 3.1e）。此外，按啮合方式区分，齿轮传动又可分为外啮合传动（图 3.1a、d、e）、内啮合传动（图 3.1b）和齿轮齿条传动（图 3.1c）。

  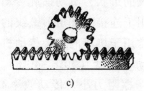  

a)　　　　　　b)　　　　　　c)　　　　　　d)　　　　　　e)

图 3.1　平面齿轮传动

（2）空间齿轮传动　两轴线不平行的齿轮传动称为空间齿轮传动，如直齿锥齿轮传动（图 3.2a）、交错轴斜齿轮传动（图 3.2b）和蜗杆传动（图 3.2c）。

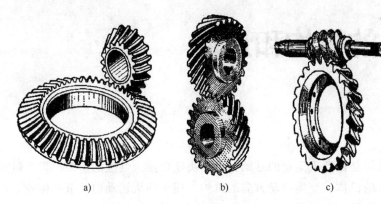

a)　　　　　　　　b)　　　　　　　　c)

图 3.2　空间齿轮传动

　　齿轮传动最基本的要求是其瞬时传动比必须恒定不变。否则当主动轮以等速度回转时，从动轮的角速度变化，因而产生惯性力，影响齿轮的寿命，同时也引起振动，影响其工作精度。要满足这一基本要求，齿轮的齿廓曲线必须符合一定的条件。图 3.3 所示为两啮合齿轮的齿廓 C_1 和 C_2 在 K 点接触，过 K 点作两齿廓的公法线 n—n 与两齿轮的中心连线 O_1O_2 交于 P 点，P 称为节点。为保证两齿轮连续和平稳地运动，齿廓的形状必须符合下述条件：不论齿廓在哪个位置接触，过接触点所作齿廓公法线均须通过节点 P。这就是齿廓啮合的基本定律。理论上，符合上述条件的齿廓曲线有无穷多，但齿廓曲线的选择应考虑制造、安装和强度等要求。目前，工程上通常用的齿廓曲线为渐开线、摆线和圆弧。由于渐开线齿廓易于制造，故大多数的齿轮都是用渐开线作为齿廓曲线。

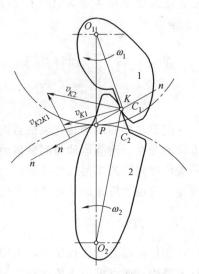

图 3.3　齿轮啮合

3.1.2　丝杠

　　丝杠属于螺旋传动机构。它主要用来将旋转运动转换为直线运动或将直线运动转换为旋转运动，有以传递能量为主的（如螺旋压力机），也有以传递运动为主的（如工作台的进给丝杠）。

　　螺旋传动机构有滑动摩擦和滚动摩擦之分。滑动螺旋传动机构结构简单，加工方便，制造成本低，具有自锁功能。根据螺纹的形状，滑动螺旋传动机构主要有如下分类：①三角螺纹是最常用的一种螺纹类型，常常用于连接。②矩形螺纹的剖面为矩形，常在传递重载荷时使用。③梯形螺纹的剖面为梯形，常用于机床的螺旋传动机构、精密定位等。滑动螺旋传动机构的主要缺点是摩擦阻力大，传动效率低（30%~40%）。滚动螺旋传动机构虽然结构复杂制造成本高，但其最大的优点是摩擦阻力小，传动效率高（92%~98%），因此滚动螺旋传动机构应用很广泛。

如图 3.4 所示的滚动螺旋传动机构又称为滚珠丝杠，在螺旋槽的丝杠与螺母之间装有中间传动元件——滚珠。滚珠丝杠由丝杠、螺母、滚珠和反向器等四部分组成。当丝杠转动时，带动滚珠沿螺纹滚道滚动，为防止滚珠从滚道端面掉出，在螺母的螺旋槽两端设有滚珠回程引导装置，构成滚珠的循环返回通道，从而形成滚珠滚动的闭合通路。滚珠经螺母外部循环的，称为外循环方式（弯管方式）；滚珠越过螺母内部进入相邻沟槽返回的，称为内循环方式（反向器方式）。滚珠丝杠甚至可以将运动反过来传递，即从直线移动转换成转动。

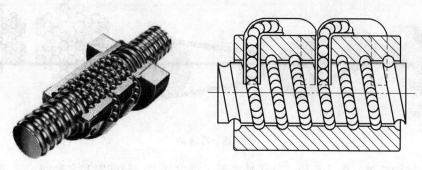

图 3.4　滚动螺旋传动机构

使用时应该注意的是这种螺母只承受轴向力，其他方向的推力以及转矩必须另外设计其他机构来承受。如果丝杠较长，它的固有频率就会比较低，应该注意引起共振的稳定性问题。除此之外，在大直径滚珠丝杠高速转动时，应该注意 DN 值，即滚珠滚动圆的直径（mm）与转动轴角速度（r/min）的乘积，不应该超过一定的范围，通常为 50000～70000（mm·r/min），这与球轴承的使用条件是一样的。

3.1.3　带传动

带传动是利用张紧在带轮上的柔性带进行运动或动力传递的一种机械传动。根据传动原理的不同，有靠带与带轮间的摩擦力传动的摩擦型带传动，也有靠带与带轮上的齿相互啮合传动的同步带传动。比较常用的有以下几类：

1）V 带（图 3.5a），剖面为 V 形（准确地说是梯形），带中加入纤维，经常被用于加工机械、空气压缩机等传递电动机的连续旋转运动。为了增大传递的能力，V 带常常多根一起使用。

2）同步带是一条带有齿形的平带（图 3.5b），经常被用于输入轴与输出轴的转动要求精确同步的场合。它的齿越大，传递能力就越大。齿形除常用的梯形齿外还设计了很多种，有的设计成圆弧齿形，有的具有双台阶齿形等，以便比传统的梯形齿具有更大的传动能力。

3）链传动（图 3.5c）是通过链条将具有特殊齿形的主动链轮的运动和动力传递到具有特殊齿形的从动链轮的一种传动方式。链的相邻两滚子同侧母线之间的距离称为节距。链的大小用链的节距来表示。要想增大传递能力，可以采取增大节距或多排链等措施。通常，人们把套筒滚子链用于两个平行轴之间的传动，下侧链是松边。如果进行垂直轴之间的传动，下边的链轮不能过小，否则重力很容易把链条从链轮上拉脱。但是，如果让链条处于过于张紧的状态，就又会引起摩擦的加剧和效率的下降，链条的磨损也变得严重。

4）绳传动常应用在小型机器人的动力传递中。绳传动常采用钢丝，其编织方式以图

3.5d 所示的 7×7 结构最为常见。如果打算增加其柔软性，可以采用更多的根数，以 7×19 的方式编织。一般缠绕钢丝的绳轮直径为单根钢丝直径的 400 倍以上比较理想。在实际选用钢丝时，必须注意破坏载荷与额定载荷的关系。碳素钢钢丝的破坏极限为 $1320 \sim 1770 \mathrm{N/mm}^2$，而设计时应该取该值的几分之一。例如，在起重机等的安全规则中，钢丝破坏载荷规定为静载荷的 6 倍以上，也就是说，安全系数应该大于 6。

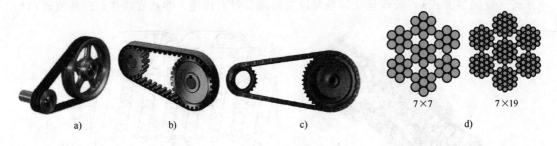

图 3.5　带传动

带传动结构简单、传动平稳、能缓冲吸振、可以在大的轴间距和多轴间传递动力，且具有造价低廉、不需润滑、维护容易等特点，在近代机械传动中应用十分广泛。摩擦型带传动能过载打滑、运转噪声低，但传动比不准确（滑动率在 2% 以下）；同步带传动可保证传动同步，但对载荷变动的吸收能力稍差，高速运转有噪声。带传动除用来传递动力外，有时也用来输送物料、进行零件的整列等。

此外，带传动结构尺寸较大、不紧凑；带寿命较短；带与带轮间会产生摩擦放电现象，不适宜高温、易燃、易爆的场合。

3.1.4　连杆传动

由杆、连杆、凸轮机构组成的传动机构可以把连续旋转运动转换为间歇往复运动，实现不等速运动，实现减速比变化的运动传递功能，再进一步甚至能实现空间直线或曲线运动轨迹。下面介绍一些典型的与机器人相关的机构。

（1）曲柄滑块机构　曲柄滑块机构可以将连续转动变换为往复直线运动。在如图 3.6 所示的曲柄滑块机构中，支持滑块的往复运动部分与旋转的曲柄部分之间通过连杆连接。改变曲柄的半径，就会影响往复运动的行程；改变连杆的长度，就会影响往复运动的速度变化特性。该机构限于输入为转动，输出为直线运动的情形。

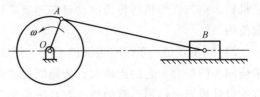

图 3.6　曲柄滑块机构

（2）凸轮机构　想要产生任意位置、速度的往复运动，最简单的办法就是设计凸轮机构。如图 3.7 所示，凸轮机构是由凸轮、从动件和机架三个基本构件组成的高副机构。凸轮机构由凸轮的回转运动或往复运动推动从动件做往复移动或摆动。不过，为了提高从动件的高速跟踪性，需要较大的弹簧力，而且从动一侧的保持力（刚性）也要利用弹簧。槽形凸轮、圆柱凸轮能够提高从动侧的刚性。

按凸轮形状分类：

1）盘形凸轮（图3.7a）。这种凸轮是一个绕固定轴转动并且具有变化向径的盘形零件。当其绕固定轴转动时，可推动从动件在垂直于凸轮转轴的平面内运动。它是凸轮的最基本形式，结构简单，应用最广。

2）移动凸轮（图3.7b）。当盘形凸轮的转轴位于无穷远处时，就演化成了移动凸轮（或楔形凸轮）。移动凸轮呈板状，它相对于机架做直线移动。

3）圆柱凸轮（图3.7c）。如果将移动凸轮卷成圆柱体即演化成圆柱凸轮。图示为自动机床的进刀机构。在这种凸轮机构中凸轮与从动件之间的相对运动是空间运动，故属于空间凸轮机构。

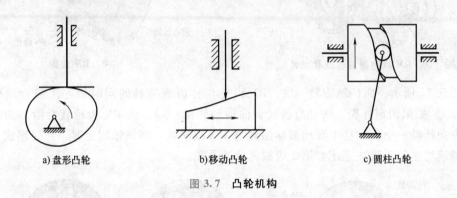

a) 盘形凸轮　　　　　b) 移动凸轮　　　　　c) 圆柱凸轮

图 3.7　凸轮机构

3.1.5　减速装置

（1）行星齿轮式减速机构　行星顾名思义就是围绕恒星转动，因此行星减速器就是有三个或四个行星轮围绕一个太阳轮旋转的减速器。如图3.8所示，简单行星齿轮式减速机构包括一个太阳轮、若干个行星齿轮和一个行星架，其中行星齿轮由行星架的固定轴支承，允许行星齿轮在支承轴上转动。行星齿轮和相邻的太阳轮总是处于常啮合状态，通常都采用斜齿轮以提高工作的平稳性。

图 3.8　行星齿轮式减速机构

即使是同一个行星传动机构，根据输入与输出齿轮的选择也可以获得不同的减速比。通常，把太阳轮作为输入，将行星架固定，行星轮作为输出，但也有把行星齿轮固定，太阳轮作为输出的情形。

行星齿轮的特点是啮合点多，施加在齿面上的力由这些齿轮分别负担，比同样大小的直齿轮传动的力矩大。由于是大直径的部分啮合，还具有间隙小的优点。行星齿轮式减速机构的减速比为25～4000，输出转矩可以达到2600000N·m，被广泛应用于各类工业产品。

（2）RV减速机构　RV减速器是旋转矢量（rotary vector）减速器的简称，由一个行星齿轮式减速机构的前级和一个摆线针轮减速机构的后级组成。如图3.9所示，伺服电动机的旋转是从输入齿轮向直齿轮传动，输入齿轮和直齿轮的齿数比为减速比。曲柄轴直接连接在直齿轮上，与直齿轮的旋转数相同。

如图3.10所示，曲柄轴的偏心部中，通过滚针轴承安装了2个RV齿轮（2个RV齿轮可取得力的平衡）。随着曲柄轴的旋转，2个RV齿轮也跟着做偏心运动（曲柄轴运动）。在壳体内的针齿槽里，比RV齿轮的齿数多一个的针齿槽等距排列。

图 3.9　RV 减速器曲柄轴和齿轮

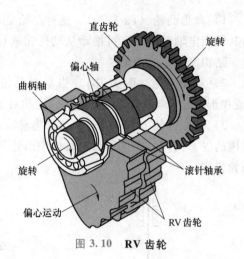

图 3.10　RV 齿轮

　　如图 3.11 所示，曲柄轴旋转一次，RV 齿轮与针齿槽接触的同时做一次偏心运动（曲柄轴运动）。如果固定外壳，转动直齿轮，曲柄轴转动一周，则 RV 齿轮就会沿与曲柄轴旋转的反方向转动一个齿。这个转动被输出到第 2 级减速轴。将该轴固定时，外壳则成为输出侧。总减速比是第 1 级减速比和第 2 级减速比的乘积。

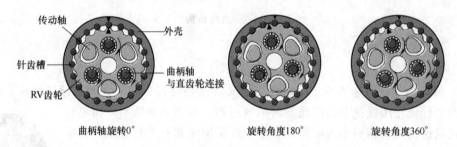

图 3.11　RV 减速器旋转过程

　　RV 减速器的第 1 级减速用了三个行星轮，第 2 级减速的摆线针轮为硬齿面多齿啮合。结构本身决定了它可以用小的体积传递大的转矩；在结构设计中，将传动机构置于行星架的支承主轴承内，可以使轴向尺寸缩小。所有上述因素使传动总体积大为减小。RV 减速器结构紧凑，传动比大，在一定条件下具有自锁功能，常被用于转矩大的机器人关节。

　　（3）谐波减速器　如图 3.12 所示的谐波减速器，是由谐波发生器（椭圆形）、柔轮（在柔性材料上切制齿形）和刚轮构成的传动机构。柔轮的齿数比刚轮的齿数少两个。

图 3.12　谐波减速器

　　谐波发生器是一个盘状部件，由凸轮及薄壁轴承组成，与柔轮的内壁相互压紧。柔轮为可产生较大弹性变形的薄壁齿轮，其内孔直径略小于谐波发生器的总长。当谐波发生器装入柔轮后，迫使柔轮的剖面由原先的圆形变成椭圆形，其长轴两端附近的齿与刚轮的齿完全啮合，而短轴两端附近的齿则与刚轮完全脱开。周长上其他区段的齿处于啮合和脱离的过渡状态。当谐波发生器连续转动时，柔轮的变形不断改变，使柔轮与刚轮的啮合状态也不断改变，由啮入、啮合、啮出、脱开、再啮入……，周而复始地进行，从而实现柔轮相对刚轮沿谐波发生器相反方向的缓慢旋转。

　　工作时，固定刚轮，由电动机带动谐波发生器转动，柔轮作为从动轮，输出转动，带动负载运动。例如，齿数为 100 的刚轮与齿数为 98 的柔轮组合，每一周会产生 2/100 的转动差。即谐波发生器转动 50 圈，柔轮相对于刚轮转动 1 圈，减速比是 50：1。

　　在齿面依次啮合转动的过程中，谐波减速器的特点是无间隙。这是因为谐波齿轮传动中同时啮合的齿数多，误差平均化，即多齿啮合对误差有相互补偿作用，故传动精度高。在齿轮精度等级相同的情况下，谐波齿轮的传动误差只有普通圆柱齿轮传动的 1/4 左右。同时可采用微量改变谐波发生器半径的方法来增加柔轮的变形，减小齿隙，甚至能做到无侧隙啮合。

　　谐波减速器仅有三个基本构件，且输入轴与输出轴同轴线，结构简单，安装方便。与一般减速机构比较，输出力矩相同时，谐波减速器的体积可减小 2/3，重量可减轻 1/2。

　　不过输出轴转动的刚性会有所下降。所以，把谐波减速器的输出部分安排在输出的最后一级，让它与机器人手臂等直接相连接，能最大限度地发挥它的无间隙优点。输出轴应该选用十字交叉滚子轴承作为支撑，以承受施加于轴上的各个方向的力和力矩。

3.2　机械臂的构型

　　机器人机构一般视为一种连杆机构。以人形机器人为例，它包含身体在内的全部结构（包括臂、手、足）都是由杆件（link）及关节（joint）构成。在这些结构中，手臂充当直接作业部分。机器人的手臂构型在很大程度上影响机器人的作业能力。本节主要论述与机械臂的关节构型相关的一些基本概念。

3.2.1　连杆和关节

　　机械臂可以看成由一系列刚体通过关节连接而成的一个运动链，我们将这些刚体称为连杆。通过关节将两个相邻的连杆连接起来。运动副是两构件直接接触并能产生相对运动的活动连接。运动副可以分为高副和低副两种。当两个刚体之间的相对运动是两个平面之间的相对滑动时，连接相邻两个刚体的运动副称为低副。图 3.13 所示为 6 种常用的低副。

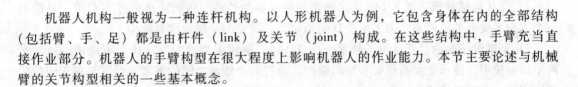

a) 转动副　　　b) 移动副　　　c) 圆柱副　　　d) 平面副　　　e) 螺旋副　　　f) 球面副

图 3.13　**6 种常用的低副**

通常机器人的运动副都是低副，每个关节具有一个自由度。按照运动方式不同，关节可分为转动关节和移动关节。转动关节实现两个部件之间的相对旋转运动；移动关节实现两个部件之间的相对直线运动。

1. 转动关节

转动关节既用于连接各运动机构，又传递各机构间的旋转运动（或摆动）。对于机器人而言，主要用于基座与臂部、臂部之间、臂部和手腕等之间的有相对运动且要求连接的部件上。转动关节由传动机构、回转轴和轴承组成。轴承的功能是支撑手臂杆件，降低其运动过程中的摩擦系数，并保证其回转精度。下边介绍一些常用的轴承。

（1）滚动轴承　轴承中最常用的是滚动轴承。工业机器人中常用的滚动轴承有下述几种。

1）深沟球轴承。深沟球轴承（图 3.14a）是最普通的滚动轴承。除了能承受径向载荷外，它还能承受一定程度的轴向载荷。载荷的大小主要由滚珠的直径和数目决定，滚珠的直径越大，内外直径之差就越大，宽度越大，承载能力就越大。如果轴承的内径小于 10mm，则称之为微小型轴承。

图 3.14　滚动轴承

2）角接触球轴承。图 3.14b 所示的角接触轴承的外圈与内圈沟槽内外不对称，只能沿一个方向承受大的轴向力。为了承受双向轴向力，需要两个轴承成对使用。

3）圆锥滚子轴承。圆锥滚子轴承（图 3.14d）使用带锥面的滚子作为滚动体，通常是两个成对使用，能承受大的径向和轴向载荷。通过两个轴承之间的预紧，可以实现无间隙的精密支撑，常用于机床主轴等。

4）交叉滚子轴承。圆柱滚子彼此相差 90°。这样构成的交叉滚子轴承（图 3.14e）的特点是径向和轴向的承载能力都很大，单独使用时可以承受较大力矩载荷。它的内圈或外圈有一侧采取分离结构，因此当需要实施过盈配合的时候，通常把过盈安排在非组合的部分。

（2）滑动轴承　与滚动轴承相比较，图 3.15 所示滑动轴承的转动摩擦阻力比较大，但是它的面压力升高，允许支撑很大的径向载荷。如果有很好的润滑条件，滑动轴承比滚动轴承的寿命更长。轴承润滑的方法，有动压润滑（利用轴转动在油膜中产生压力润滑）和静压润滑（借助外部压力源向轴承供给油压）两种主要方式。另外，还有由多孔轴承材料做成的含油轴承，它能保存润滑油。

如果滑动轴承需要有调心功能，可以如图 3.15 所示，把轴承外周做成球面，而允许在轴方向上对应于支撑部分发生偏转。这样，对两个轴承之间的相对位置精度的要求就可以放宽，比如用于小型电动机等。

除了转动和移动关节，模仿人肩部运动的球关节也受到机器人工程师的关注。球关节可以实现三个方向的转动，但因结构的摩擦、受力强度、控制难度等因素，制约了这种关节的推广应用，与其相对应的球形电动机的研究工作，也仅仅停留在实验室研究阶段。

图 3.15 滑动轴承

2. 移动关节

移动关节由直线运动机构和在整个运动范围内起直线导向作用的直线导轨部分组成。移动关节可以支撑很大的载荷，沿直线产生精确的运动。例如，机床刀架的移动、虎钳钳口的移动等。机器人大多使用摩擦很小的滚动直线移动关节，主要有以下四种。其中，如果滚珠或滚子能够循环，那么行程就没有限制。反之，如果无滚珠循环结构，行程就比较短，不过摩擦小，运动平稳。另外，滚珠滑块和滚珠衬套只支撑在轴端，如果轴比较长，而且承受径向载荷，那么需要考虑轴的弯曲变形。在特殊的导轨轨身材料上安装直线滚动轴承和交叉滚子轴承的结构，能承受大的径向力作用，不必担心轨道的弯曲问题。

（1）直线滚动轴承（直线导轨）（图 3.16a） 直线滚动轴承在轨道和滑座之间通过滚珠的滚动来支撑平滑的直线运动，在滑座内部需要设计出滚珠循环的路径。图 3.16b 所示结构的轴承能够承受大的压力，但抗拉能力比较弱；图 3.16c 所示结构的轴承能够承受各个方向的大载荷。单个滑座能承受的力矩载荷较小，必要时可以将两个滑座连接起来共同承受力矩载荷。

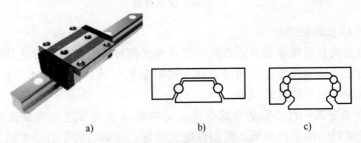

a)　　　　　b)　　　　　c)

图 3.16 直线滚动轴承

（2）交叉滚子直线导轨 在交叉滚子直线导轨（图 3.17a）中，轨道与滑座都有 V 形的沟槽，它们之间嵌入圆柱形滚子来支撑直线运动。滚子由保持架支持，不进行循环，因此它的行程受到限制。由于滚子呈现线接触，所以可以支持大的载荷。

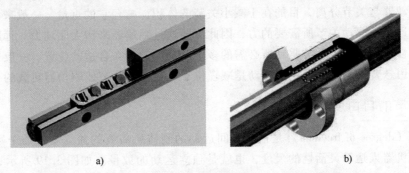

a)　　　　　　　　　　　　b)

图 3.17 交叉滚子直线导轨和滚珠滑块

（3）滚珠滑块　滚珠滑块（图3.17b）通过滚珠的滚动来支持直线运动。它利用装在滑块内的滚珠，在精密研磨的沟槽中滚动，所以在平滑直线运动的同时，还可以传递绕轴的扭矩。滚珠滑块须在轴上加工出能让滚珠滚动的沟槽或凸起棱，在滑块内加工出滚珠循环轨道。滚珠滑块所能承受的力矩载荷很大，能使设计变得小巧，即使在悬臂负荷、力矩等作用的情况下，也可安全使用。

（4）滚珠衬套　滚珠衬套是一种直线导向器，其限位行程可以为旋转和往复运动提供滚动导向。滚珠衬套借助于滚珠的滚动结构来支撑直线运动。如图3.18a所示的结构中，滚珠在衬套的内部循环，它对行程没有限制，滚珠只沿轴向滚动，不围绕轴线转动。由于它的轴上没有沟槽，因此不能支持绕轴旋转的力矩。如图3.18b所示的结构中，滚珠靠保持架支持，可以沿轴向和圆周方向滚动，实现移动和转动的复合运动。这种结构由于滚珠不循环，所以阻力特别小。图3.18c所示为滚珠衬套使用时的安转图。

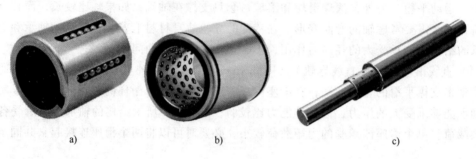

a)　　　　　　　　　　　b)　　　　　　　　　　　c)

图3.18　滚珠衬套

3. 关节的驱动方式

关节的驱动方式有直接驱动方式和间接驱动方式两种。直接驱动方式是驱动器的输出轴和机器人手臂的关节轴直接相连；间接驱动方式则是把驱动器的动力通过减速器或钢丝绳、带、平行连杆等传动机构传递给关节。

（1）直接驱动方式　直接驱动方式的优点是驱动器和关节之间的机械系统较少，因而能够减少摩擦等非线性因素的影响，控制性能比较好。然而，为了直接驱动手臂的关节，驱动器的输出转矩必须很大。此外，由于不能忽略动力学对手臂运动的影响，因此控制系统还必须考虑到手臂的动力学问题。高输出转矩的驱动器有液压缸、力矩电动机等。使用直接驱动方式的机器人，通常被称为直接驱动机器人。

（2）间接驱动方式　间接驱动方式包括带减速器的电动机驱动、远距离驱动等。远距离驱动将驱动器与关节分离，目的在于减小关节的体积，减轻它的重量。一般来说，驱动器的输出都远远小于驱动关节所需要的力，因此需要通过减速器来增大驱动力。远距离驱动的优点是把多自由度机器人关节驱动所必需的多个驱动器设置在合适的位置。一般来说，机器人手臂都采用悬臂梁结构，远距离驱动是减轻位于手臂根部关节的驱动器负载的一种措施。

3.2.2　关节的自由度

自由度（degree of freedom）是描述空间运动的刚体所需要的独立变量的个数（最大为6），是表示机器人运动灵活性的尺度，也就是独立运动的数量。如图3.19所示，不受外部约束的刚体具有6个自由度。当刚体的位置、姿态和运动在三维空间中用直角坐标来表示时，6 个自由度分别为 x 轴、y 轴、z 轴 3 个自由度和绕各轴的 3 个旋转自由度。

手臂由杆件和连接它们的关节构成。不存在相对运动的部分称为连杆，两个以上连杆相互约束且能够相对运动时，就形成了关节。1 个关节可以有 1 个或多个自由度。由驱动器产生主动动作的自由度称为主动自由度；无法产生驱动力的自由度称为被动自由度。分别将这些自由度所对应的关节称为主动关节和被动关节。

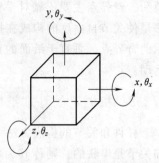

图 3.19 刚体的自由度

设可动部件的个数为 n、自由度数为 f 的关节个数为 m，则连杆机构的自由度数 F 可以由式（3.1）算出

$$F = 6n - \Sigma(6-f)m \tag{3.1}$$

关节及其自由度的构成方法将极大地影响机器人的运动范围和可操作性等性能指标。例如，机器人如果是球形关节构造，由于它具有向任意方向动作的 3 个自由度，它能方便适应作业的姿态。然而，由于驱动器的可动范围的限制，它很难完全实现与人的手腕等同的功能。所以，机器人通常是把 3 个单自由度的机构串联起来，以实现这种 3 个自由度的运动要求。

机器人中多是单自由度的关节。在表 3.1 中给出了有代表性的单自由度关节的名称、符号和运动方向。

表 3.1 单自由度关节的名称、符号和运动方向

名　称	符　号	运动方向
平移		
旋转		
摆动 1		
摆动 2		

如果关节采用串联连接的方法，即使有相同的自由度，由于自由度的组合方法有多种，形成机械臂的功能也各不同。以 3 个自由度手腕机构的构成方式为例。在考虑到 x 轴、y 轴、z 轴分别有移动和旋转自由度的条件下，假设相邻杆件之间无偏距，而且相邻关节的轴之间又相互垂直或平行，这样就得出共计有 63 种构型。另外，如果再叠加各具 1 个旋转自由度的 3 个关节构成的 6 个自由度的手臂，构型更加复杂，需要根据目标作业的要求等若干个准则来决定有效的关节构成方式。

另外，在进行自由度组合时，必须注意奇异点（singular point）的存在。奇异点是指由于手臂机构的约束，丧失了在某一个特定方向自由度的手臂姿势。奇异点的问题是由于自由度的退化而造成的，在奇异点的附近，关节必须做急剧的姿态变化，驱动系统将承受很大的

负荷。奇异点主要依靠对手臂的轨迹控制来解决。在设计时，有效的方法是使关节自由度的构成在执行作业时有利于回避奇异点。如图 3.20 所示的奇异点，垂直于纸面的自由度已经退化，机械臂不能沿此方向进行运动。

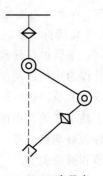

图 3.20　奇异点

3.2.3　机械臂的基本结构

杆件和关节的构成方法大致可以分为两类：如果构成机械臂的杆件和关节是串联的，则称其为串联杆件机械臂（serial link manipulator）或开链机械臂；并联连接的则称为并联杆件机械臂（parallel link manipulator）或闭链机械臂。串联杆件机械臂和并联杆件机械臂如图 3.21 所示。实际上，大部分机械臂是串联杆件型的。

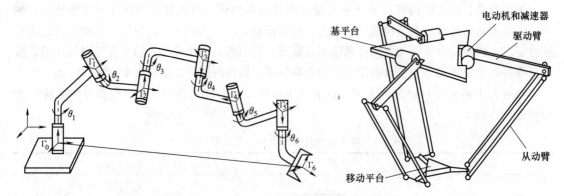

图 3.21　串联杆件机械臂和并联杆件机械臂

在三维空间中的无约束物体可以做平行于 x 轴、y 轴、z 轴各轴的平移运动（translation），还有围绕各轴的旋转运动（rotation），因此它具有与位置有关的 3 个自由度和与姿态有关的 3 个自由度，共计 6 个自由度。为了能任意操纵末端执行器的位置和姿态，机器人手臂最少必须有 6 个自由度。

人的手臂有 7 个自由度，其中肩关节有 3 个，肘关节有 2 个，手腕关节有 2 个。从功能上来看，也可以认为肩关节有 3 个，肘关节有 1 个，手腕关节有 3 个。手臂的自由度大于 6，把这种比 6 个自由度还多的自由度称为冗余自由度（redundant degree of freedom），把这种自由度的构成称为具有"冗余性（redundancy）"。人类由于具有冗余性，在固定了指尖方向和手腕位置的情况下，可以通过转动肘关节来改变手臂的姿态，因此能够回避障碍物。

决定机器人自由度构成的依据是它为完成给定目标作业所必需的动作。例如，若仅限于二维平面内的作业，有 3 个自由度就够了。如果在障碍物较多的典型环境用机器人实施维修作业，可能需要 7 个或 7 个以上的自由度。

手臂的主要目的是完成末端执行器在三维空间内的定位。为此，如前所述手臂必须要有 6 个自由度。关于实现这样的自由度的关节构成法，若考虑移动、转动、旋转三种机构的组合，则共计存在 27 种形式。然而根据它的动作形态，具有代表性的关节构成包括：直角坐标机器人、圆柱坐标机器人、多关节机器人等，相应的示例在 1.2.1 节已有论述。

如果关节的旋转轴是沿着杆件长度方向的，那么称之为旋转；如果关节的旋转轴是沿着杆件长度的垂直方向的，则称之为转动。

直角坐标机器人的关节所具有的自由度分别独立地安排在 x 轴、y 轴、z 轴。其结构简单，精度高，坐标计算和控制也极为简单，然而为了实现大的运动范围，机构的尺寸也比较大。圆柱坐标机器人由 1 个旋转和 2 个移动的自由度组合构成，具有转动或移动自由度，有较大的运动范围，其坐标计算也比较简单。多关节机器人主要由旋转关节组成，可以看成是拟人手臂肘关节的杆件关节结构。由肘（elbow）至手臂根部（肩，shoulder）的部分称为上臂（upper arm），从肘到手腕（wrist）的部分称为前臂（forearm）。这种结构对于确定三维空间内的任意位置和姿态是最有效的。它对于各种各样的作业都具有良好的适应性，缺点是坐标计算和控制比较复杂，而且难以达到高精度的要求。

3.3 机器人运动学

机器人运动学是从几何角度描述和研究机器人位置、速度和加速度随时间的变化规律的科学，它不涉及机器人本体的物理性质和加在其上的力。机器人运动学问题主要在机器人的工作空间与关节空间中讨论，包括正运动学和逆运动学两部分。由机器人关节空间到机器人工作空间的映射称为正运动学，由机器人工作空间到机器人关节空间的映射称为逆运动学。

3.3.1 正运动学

几何法可以对简单的平面连杆机构建模分析，但对于更为复杂的运动机构则会显得十分繁琐。D-H 建模法是由 Denavit 和 Hartenberg 提出的一种建模方法，在机器人运动学方面得到了广泛的应用。这种方法在每个连杆上建立一个坐标系，通过齐次坐标变换可以得到相邻两个连杆上的坐标关系；在多连杆串联系统中，多次进行齐次坐标变换，就可以建立出首末坐标系的关系。

D-H 建模法又分为标准 D-H 建模法和改进 D-H 建模。二者的区别见表 3.2。此外标准的 D-H 建模法在处理树形结构（一个连杆末端连接多个关节）的时候会产生歧义，而改进 D-H 建模法则没有这个问题，更加通用一些。因此本节主要介绍改进 D-H 建模法，并通过实例加深对于该建模方法的理解。

表 3.2 标准 D-H 建模法与改进 D-H 建模法的区别

区 别	标准 D-H	改进 D-H
连杆选用的固连坐标系不同	以连杆的后一个关节坐标系为其固连坐标系	以连杆的前一个关节坐标系为其固连坐标系
连杆坐标系的 X 轴方向确定方式不同	以当前 Z 轴和前一个坐标系的 Z 轴叉乘确定 X 轴	以后一个坐标系的 Z 轴与当前 Z 轴叉乘确定 X 轴
连杆坐标系之间的变换规则不同	相邻关节坐标系之间的参数变化顺序为：θ, d, a, α	相邻关节坐标系之间的参数变化顺序为 α, a, θ, d
	$^{n-1}\boldsymbol{T}_n = \text{Trans}_{z_{n-1}}(d_n) \cdot \text{Rot}_{z_{n-1}}(\theta_n) \cdot \text{Trans}_{x_n}(a_n) \cdot \text{Rot}_{x_n}(\alpha_n)$	$^{n-1}\boldsymbol{T}_n = \text{Rot}_{x_{n-1}}(\alpha_{n-1}) \cdot \text{Trans}_{x_{n-1}}(a_{n-1}) \cdot \text{Rot}_{z_n}(\theta_n) \cdot \text{Trans}_{z_n}(d_n)$

1. 连杆参数

一个长度不为零的连杆的两端连接两个关节，连杆的运动学功能在于保持两端关节轴线之间固定的几何关系。图3.22表示了任意两个关节之间的位姿关系。虽然机械臂的外观可以多种多样，但究其运动学本质，都可以表示成如图3.22所示的形式，并且后续的分析都建立在此基础之上。

为了确定机械臂两个相邻关节轴的位置关系，可把连杆看作是一个刚体。关节轴用空间的直线表示，即用一个矢量来表示，称为关节轴线。连杆 i 绕关节轴线 i 相对于连杆 $i-1$ 转动。

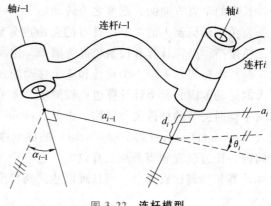

图3.22　连杆模型

（1）连杆 $i-1$ 的长度 a_{i-1}　关节轴 $i-1$ 和关节轴 i 的公垂线的长度即为连杆长度。两轴之间的公垂线总是存在的，当两轴不平行时，两轴之间的公垂线只有一条；当两关节轴平行时，则存在无数条长度相等的公垂线。

（2）连杆 $i-1$ 的转角 α_{i-1}　用来定义两关节轴相对位置的第二个参数为连杆转角。假设作一个平面与两关节轴的公垂线垂直，然后把关节轴 $i-1$ 和关节轴 i 投影到该平面上，在平面内测量两轴线之间的夹角，方向是关节轴 $i-1$ 按照右手法则绕 a_{i-1} 转向关节轴 i，用转角 α_{i-1} 定义连杆 $i-1$ 的转角。

可以用上面定义的两个参数，即连杆的长度和转角来定义两个关节轴（空间任意两条直线）之间的关系也就确定了一个连杆的两个轴之间的关系。两个连杆之间有一个公共的关节轴，下面两个参数可以确定两个连杆之间的关系。

（3）连杆 i 相对于连杆 $i-1$ 的连杆偏距 d_i　根据前面的定义可知 a_{i-1} 表示连杆 $i-1$ 两端关节轴的公垂线长度；a_i 表示连接连杆 i 两端关节轴的公垂线长度。关节轴 i 上的两条公法线 a_i 与 a_{i-1} 之间的有向距离，即连杆偏距 d_i。若关节 i 是移动关节，则该偏距 d_i 是一个变量。

（4）关节角 θ_i　a_{i-1} 的延长线和 a_i 之间绕关节轴 i 旋转所形成的夹角，即关节角 θ_i。若关节 i 是旋转关节，则关节角 θ_i 是一个变量。

上述四个参数 a_{i-1}，α_{i-1}，d_i，θ_i 可以描述任意两个关节的一般位置关系。其中 a_{i-1}，α_{i-1} 描述连杆本身，d_i，θ_i 描述相邻连杆的位姿关系。对于旋转关节，θ_i 是关节变量，其他三个为固定不变的连杆参数；对于移动关节，d_i 是关节变量，其他三个不变。这四个参数的意义需要牢记，是后续D-H建模过程中的要素。

2. D-H 坐标系相关规定

为了确定各连杆之间的相对运动和位姿关系，在每个连杆上固接一个坐标系。基坐标系 $\{0\}$、坐标系 $\{n\}$ 为描述两端的坐标系。坐标系 $\{i\}$ 是描述中间连杆的坐标系，通常不止一个。

（1）中间坐标系 $\{i\}$ 的规定　如图3.23所示，坐标系 $\{i\}$ 的 Z 轴与关节轴 i 共线，指向不定。X 轴沿公垂线 a_i 方向从关节 i 指向关节 $i+1$。当 Z_i 轴和 Z_{i+1} 轴相交时，X 轴是两轴线所成平面的法线 $\hat{X}_i = \pm \hat{Z}_{i+1} \times \hat{Z}_i$。$Y$ 轴根据右手定则确定。坐标系 $\{i\}$ 的原点 O_i 取为 X_i 和 Z_i 的交点，即公垂线 a_i 与关节轴 i 的交点处。当 Z_i 轴和 Z_{i+1} 轴相交时，其交点为坐标系 $\{i\}$ 的原点；Z_i 轴和 Z_{i+1} 轴平行时，坐标系 $\{i\}$ 的原点取在使偏置 d_i 为零处。

（2）坐标系 $\{0\}$ 和 $\{n\}$ 的规定　固连于机器人基座（即连杆0）上的坐标系为坐标系 $\{0\}$。这个坐标系是一个固定不动的坐标系，因此在研究机械臂运动学问题时，可以把该坐标系作为参考坐标系。在这个参考坐标系中描述机械臂所有其他连杆坐标系的位置。

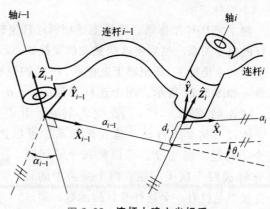

图 3.23　连杆上建立坐标系

坐标系 $\{0\}$ 的建立规则：参考坐标系 $\{0\}$ 可以任意设定，但是为了使问题简化，根据坐标系 $\{1\}$ 建立坐标系 $\{0\}$。选择坐标系 $\{0\}$ 的 Z 轴与坐标系 $\{1\}$ 的 Z 轴同向，当关节变量1为0时，使坐标系 $\{0\}$ 与坐标系 $\{1\}$ 重合，目的是使尽可能多的 D-H 参数为零，从而简化后续的矩阵计算。

坐标系 $\{n\}$ 的建立规则：对于转动关节 n，设定 $\theta_n = 0$ 时，坐标系 $\{n\}$ 的 X 轴与坐标系 $\{n-1\}$ 的 X 轴同向，选取坐标系 $\{n\}$ 的原点位置使之满足 $d_n = 0$。对于移动关节 n，设定坐标系 $\{n\}$ 的 X 轴使之满足 $\theta_n = 0$。当 $d_n = 0$ 时，选取坐标系 $\{n\}$ 的原点位于 X 轴与关节轴 n 的交点位置。

（3）D-H 坐标系的建立步骤　建立原则：先建立中间坐标系 $\{i\}$，然后建立两端坐标系 $\{0\}$ 和 $\{n\}$。

1）确定 Z_i 轴：找出各关节轴，并画出这些轴线的延长线，沿关节轴 i 规定 Z 轴。Z 轴的指向和关节转向采用右手定则确定。

2）确定原点 O_i：如果两相邻轴线 Z_i 与 Z_{i+1} 不相交，则公垂线与轴线 Z_i 的交点为原点；如果相交则交点为原点。注意，平行时原点的选择应使偏置 d_{i+1} 为零。

3）确定 X_i 轴：两轴线不相交时，X_i 轴与 Z_i 和 Z_{i+1} 的公垂线重合，从轴 i 指向轴 $i+1$；若两轴线相交，则 X_i 轴是 Z_i 和 Z_{i+1} 两轴线所成平面的法线 $\hat{X}_i = \pm\hat{Z}_{i+1} \times \hat{Z}_i$。

4）按右手定则确定 Y_i 轴。

5）坐标系 $\{0\}$ 可任意建立，一般规定，当第一个关节变量为0时，坐标系 $\{0\}$ 与坐标系 $\{1\}$ 重合。

6）坐标系 $\{n\}$ 的原点 O_n 与 X_n 轴可任意选择，但一般规定，当第 n 个关节变量为0时，X_n 轴与坐标系 $\{n-1\}$ 的 X 轴同向，从而使尽可能多的 D-H 参数为零。

（4）确定 D-H 参数　在坐标系中可以用坐标轴来明确表示前文所述的四个连杆参数，连杆的四个参数也表示出坐标系之间的关系。表3.3概括总结了以上建模过程和方法，并对 D-H 参数定义进行了说明。

表 3.3　坐标系及 D-H 参数定义说明

项目	X 轴	Z 轴	Y 轴	参数 a_{i-1}、α_{i-1}、d_i、θ_i（后一轴 $i-1$）
定义	相邻两轴线的公垂线，与前后轴均垂直，方向指向下一轴；两 Z 轴相交，X 轴为两 Z 轴的法线方向	与回转轴重合，方向任意	根据右手定则，方向由 X、Z 两轴确定	a_{i-1}：从 Z_{i-1} 轴到 Z_i 轴沿 X_{i-1} 方向的距离 α_{i-1}：从 Z_{i-1} 轴到 Z_i 轴沿 X_{i-1} 旋转的角度 d_i：从 X_{i-1} 轴到 X_i 轴沿 Z_i 方向的距离 θ_i：从 X_{i-1} 轴到 X_i 轴沿 Z_i 旋转的角度

3. 连杆变换

建立完 D-H 坐标系，需要推导相邻连杆坐标系$\{i\}$与$\{i-1\}$的齐次变换矩阵以表示相邻连杆的位姿关系。然后将这些独立的变换联系起来表示连杆 n 相对于连杆 0 的位置和姿态。

要建立坐标系$\{i\}$相对于坐标系$\{i-1\}$的变换，一般这个变换是由四个连杆参数构成的函数。如图 3.24 所示，四个连杆参数 a_{i-1}、α_{i-1}、d_i、θ_i 分别对应四次基本子变换，即绕 X_{i-1} 转 α_{i-1}，沿 X_{i-1} 移 a_{i-1}，绕 Z_i 转 θ_i，沿 Z_i 移 d_i。

通过对每个连杆逐一建立坐标系，可以把运动学问题分解成 n 个子问题。为了求解每个子问题，即 $_{i-1}^{i}T$，可以将每个子问题再分解成四个次子问题。四个变换中的每个变换都是仅有一个连杆参数的函数，通过观察能够很容易写出它的形式。首先我们为每个连杆定义三个中间坐标系——$\{P\}$、$\{Q\}$ 和 $\{R\}$。

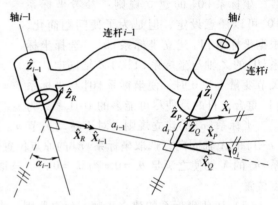

在如图 3.24 所示的关节中定义了坐标系 $\{P\}$、$\{Q\}$ 和 $\{R\}$，为了表示简洁，在每一个坐标系中仅给出了 X 轴和 Z 轴。由于旋转 α_{i-1}，因此坐标系 $\{R\}$ 与坐标系 $\{i-1\}$ 不同；由于位移 a_{i-1}，因此坐标系 $\{Q\}$ 和坐标系 $\{R\}$ 不同；由于转角 θ_i，因此坐标系 $\{P\}$ 与坐标系 $\{Q\}$ 不同；

图 3.24　中间坐标系$\{P\}$、$\{Q\}$ 和 $\{R\}$ 的位置

由于位移 d_i，因此坐标系 $\{i\}$ 和坐标系 $\{P\}$ 不同。如果把坐标系 $\{i\}$ 中定义的矢量变换成坐标系 $\{i-1\}$ 中的描述，这个变换矩阵可以写成

$$^{i-1}P = {}_{R}^{i-1}T\,{}_{Q}^{R}T\,{}_{P}^{Q}T\,{}_{i}^{P}T\,{}^{i}P \tag{3.2}$$

即

$$^{i-1}P = {}_{i}^{i-1}T\,{}^{i}P \tag{3.3}$$

这里

$$_{i}^{i-1}T = {}_{R}^{i-1}T\,{}_{Q}^{R}T\,{}_{P}^{Q}T\,{}_{i}^{P}T \tag{3.4}$$

将每一个变换矩阵表示出来

$$_{i}^{i-1}T = \mathrm{Rot}(X,\alpha_{i-1})\mathrm{Trans}(X,a_{i-1})\mathrm{Rot}(Z,\theta_i)\mathrm{Trans}(Z,d_i) \tag{3.5}$$

由矩阵连乘计算该表达式，即可得到最终的齐次变换矩阵为

$$_{i-1}^{i}T = \begin{bmatrix} \cos\theta_i & -\sin\theta_i & 0 & a_{i-1} \\ \sin\theta_i\cos\alpha_{i-1} & \cos\theta_i\cos\alpha_{i-1} & -\sin\alpha_{i-1} & -\sin\alpha_{i-1}d_i \\ \sin\theta_i\sin\alpha_{i-1} & \cos\theta_i\sin\alpha_{i-1} & \cos\alpha_{i-1} & \cos\alpha_{i-1}d_i \\ 0 & 0 & 0 & 1 \end{bmatrix} \tag{3.6}$$

对于具有 n 个自由度的机器人，以如图 3.25 所示的人形机器人 NAO 的手臂为例，在建立其 D-H 坐标系并确定相邻坐标系之间的 D-H 参数后，即可获得 n 个如式（3.6）所示的 D-H 矩阵，将所有矩阵按顺序连乘，即可得到该机器人的运动学模型，n 自由度机器人的运动学模型如下

$$\,^0_nT = \,^0_1T \,^1_2T \,^2_3T \cdots \,^{n-1}_nT = \begin{bmatrix} ^0R & ^0P \\ 0 & 1 \end{bmatrix} \quad (3.7)$$

在机器人的运动学模型中，各个关节变量就是该运动学方程的变量。如果确定了各关节变量，则可唯一确定机器人末端连杆坐标系 $\{n\}$ 在基坐标系 $\{0\}$ 中的位姿。

3.3.2 D-H 建模实例

AUBO-i5 是一款由遨博（北京）智能科技有限公司基于模块化理念设计生产的 6 自由度轻型智能协作机器人。它采用开放型软件架构，方便用户集成现有软件和算法，与同类型、同

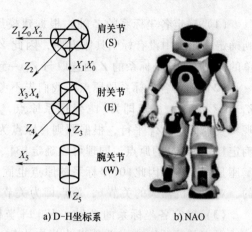

a) D-H坐标系　　　　b) NAO

图 3.25　多自由度机械臂的坐标系

负载的工业机器人相比，具有精巧的机械设计结构，并拥有轻量级、高精度、易于安装和部署的性能特点。AUBO-i5 机器人实物如图 3.26 所示，整体质量为 24kg，有效负荷为 5kg，工作范围为 924.5mm。

机器人模仿人的手臂，共有 6 个旋转关节，每个关节有 1 个自由度。关节包括基座（关节 1）、肩部（关节 2）、肘部（关节 3）、腕部 1（关节 4）、腕部 2（关节 5）和腕部 3（关节 6）。基座用于机器人本体和底座连接，工具端用于机器人与工具连接。肩部和肘部之间以及肘部和腕部之间采用臂管连接。通过示教器操作界面或拖动示教，用户可以控制各个关节转动，使机器人末端工具移动到不同的位姿。

对该 6 自由度的机器人进行 D-H 建模。如图 3.27 所示，建立了 $\{0\}$ $\{1\}$ $\{2\}$ $\{3\}$ $\{4\}$ $\{5\}$ $\{6\}$ 共 7 个坐标系，其中 $\{0\}$ 坐标系对应基座，其他坐标系分别对应关节，$\{6\}$ 坐标系同时也是末端坐标系。根据前面介绍的 D-H 建模步骤和原则，详细分析如下。

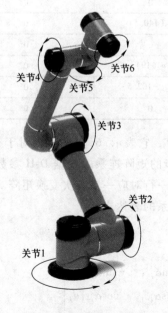

图 3.26　AUBO-i5 机器人实物

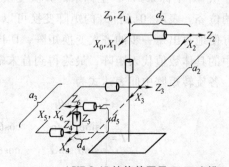

图 3.27　AUBO-i5 结构简图及 D-H 建模

（1）确定各坐标系的 Z 轴 根据建模原则，Z 轴应与关节轴线重合，方向按照右手定则确定。此例中没有标明具体方向，因此 Z 轴方向可以任意选取，遵循尽量使其他参数简单的原则。{0}坐标系的 Z 轴选取与 Z_1 一致的方向。

（2）确定各坐标系的原点 我们先不考虑首末坐标系的原点。首先看{1}坐标系，因为 Z_1 与 Z_2 相交，交点即为{1}坐标系原点，也是关节 1 的中心。然后确定{2}坐标系原点，观察发现 Z_2 与 Z_3 平行，根据原则，原点为公垂线与轴线 Z_2 的交点，并且偏置为 0，因此确定{2}坐标系的原点。同理可以确定{3}、{4}、{5}坐标系的原点。对于首末坐标系，由于基座是固定的，因此{0}坐标系的原点也固定，设定为基座中心。{6}坐标系是固定在末端的，对应于机器人的关节 6，原点即为关节 6 的中心点。

（3）确定各坐标系的 X 轴 从{1}坐标系开始，根据原则，X_1 应为 Z_1 和 Z_2 两轴线构成平面的法线，方向此处设为指向内侧。对于{2}坐标系，因为 Z_2 与 Z_3 不相交，因此 X_2 方向为沿着公垂线由 Z_2 指向 Z_3 方向。同理可以确定{3}、{4}、{5}坐标系的 X 轴。{0} 坐标系的 X 轴可以设为与 X_1 相同或相反，{6}坐标系的 X 轴可以设为与 X_5 相同或相反。

（4）确定各坐标系的 Y 轴 Y 轴的确定比较简单，只需根据右手定则，方向由 X 轴和 Z 轴共同确定。

按照上述步骤依次确定好各坐标轴之后，就确定了 D-H 坐标系。我们的最终目的是用齐次变换矩阵描述首末连杆坐标系间的空间位姿关系，因此完成了 D-H 建模之后，还需要确定好机器人的连杆 D-H 参数，以便后续运算。填写 D-H 参数表的关键是正确找出 a，α，d，θ 这四个参数在相邻坐标系变换时的值。表 3.4 是对应已经填好的 D-H 参数表。

表 3.4 机器人的连杆 D-H 参数定义

连杆 i	a_{i-1}/mm	α_{i-1}	d_i/mm	θ_i 关节变量初值
1	0	0°	0	0°
2	0	-90°	d_2(140.5)	0°
3	a_2(408)	0°	0	0°
4	a_3(376)	180°	d_4(19)	0°
5	0	90°	$-d_5$(-102.5)	0°
6	0	-90°	0	0°

从{0}坐标系到{6}坐标系的齐次变换矩阵可记为 $_6^0\boldsymbol{T}$，它表示{6}坐标系相对于{0}坐标系的位姿。表示{0}到{6}的矩阵变换可以分解为每一步的矩阵连乘。根据 D-H 参数表，可以方便地写出每一步的齐次变换矩阵，D-H 参数表的每一行对应一个齐次变换矩阵。将参数表中的具体数值代入矩阵，最终得到首末端位姿变换关系的表达式。

各旋转矩阵中间表达式为

$$_i^{i-1}\boldsymbol{T} = \begin{bmatrix} \cos\theta_i & -\sin\theta_i & 0 & \alpha_{i-1} \\ \sin\theta_i\cos\alpha_{i-1} & \cos\theta_i\cos\alpha_{i-1} & -\sin\alpha_{i-1} & -\sin\alpha_{i-1}d_i \\ \sin\theta_i\sin\alpha_{i-1} & \cos\theta_i\sin\alpha_{i-1} & \cos\alpha_{i-1} & \cos\alpha_{i-1}d_i \\ 0 & 0 & 0 & 1 \end{bmatrix} \tag{3.8}$$

其中，α_i 是（Z_i，Z_{i+1}）间绕 X_i 的角度，a_i 是（Z_i，Z_{i+1}）间沿 X_i 的距离，θ_i 是（X_{i-1}，X_i）间绕 Z_i 的角度，d_i 是（X_{i-1}，X_i）间沿 Z_i 的距离，X_i 和 Z_i 是按照改进 D-H 规则建立的坐标轴，$i = 1, 2, \cdots, 6$。

基于上述 D-H 模型，可以得到如下的齐次变换矩阵

$$
{}^0_1T = \begin{bmatrix} c_1 & -s_1 & 0 & 0 \\ s_1 & c_1 & 0 & 0 \\ 0 & 0 & 1 & 0 \\ 0 & 0 & 0 & 1 \end{bmatrix}, \quad
{}^1_2T = \begin{bmatrix} c_2 & -s_2 & 0 & 0 \\ 0 & 0 & 1 & d_2 \\ -s_2 & -c_2 & 0 & 0 \\ 0 & 0 & 0 & 1 \end{bmatrix}, \quad
{}^2_3T = \begin{bmatrix} c_3 & -s_3 & 0 & a_2 \\ s_3 & c_3 & 0 & 0 \\ 0 & 0 & 1 & 0 \\ 0 & 0 & 0 & 1 \end{bmatrix}
$$

$$
{}^3_4T = \begin{bmatrix} c_4 & -s_4 & 0 & a_3 \\ -s_4 & -c_4 & 0 & 0 \\ 0 & 0 & -1 & -d_4 \\ 0 & 0 & 0 & 1 \end{bmatrix}, \quad
{}^4_5T = \begin{bmatrix} c_5 & -s_5 & 0 & 0 \\ 0 & 0 & -1 & -d_5 \\ s_5 & c_5 & 0 & 0 \\ 0 & 0 & 0 & 1 \end{bmatrix}, \quad
{}^5_6T = \begin{bmatrix} c_6 & s_6 & 0 & 0 \\ 0 & 0 & 1 & 0 \\ -s_6 & -c_6 & 0 & 0 \\ 0 & 0 & 0 & 1 \end{bmatrix}
$$

$$(3.9)$$

其中

$$
\begin{cases} c_i = \cos\theta_i \\ s_i = \sin\theta_i \end{cases}
$$

$$(3.10)$$

将上述矩阵相乘，即可得到首末坐标系的变换矩阵

$$
{}^0_6T = {}^0_1T\,{}^1_2T\,{}^2_3T\,{}^3_4T\,{}^4_5T\,{}^5_6T = \begin{bmatrix} n_x & o_x & a_x & p_x \\ n_y & o_y & a_y & p_y \\ n_z & o_z & a_z & p_z \\ 0 & 0 & 0 & 1 \end{bmatrix}
$$

$$(3.11)$$

其中各参数具体表达式如下：

$$n_x = c_6(s_1 s_5 + c_5(c_4(c_1 c_2 c_3 - c_1 s_2 s_3) + s_4(c_1 c_2 s_3 + c_1 c_3 s_2))) +$$
$$s_6(c_4(c_1 c_2 s_3 + c_1 c_3 s_2) - s_4(c_1 c_2 c_3 - c_1 s_2 s_3))$$
$$n_y = s_6(c_4(c_2 s_1 s_3 + c_3 s_1 s_2) + s_4(s_1 s_2 s_3 - c_2 c_3 s_1)) - c_6(c_1 s_5 +$$
$$c_5(c_4(s_1 s_2 s_3 - c_2 c_3 s_1) - s_4(c_2 s_1 s_3 + c_3 s_1 s_2)))$$
$$n_z = s_6(c_4(c_2 c_3 - s_2 s_3) + s_4(c_2 s_3 + c_3 s_2)) - c_5 c_6(c_4(c_2 s_3 + c_3 s_2) - s_4(c_2 c_3 - s_2 s_3))$$
$$o_x = c_6(c_4(c_1 c_2 s_3 + c_1 c_3 s_2) - s_4(c_1 c_2 c_3 - c_1 s_2 s_3)) - s_6(s_1 s_5 +$$
$$c_5(c_4(c_1 c_2 c_3 - c_1 s_2 s_3) + s_4(c_1 c_2 s_3 + c_1 c_3 s_2)))$$
$$o_y = s_6(s_6(c_1 s_5 + c_5(c_4(s_1 s_2 s_3 - c_2 c_3 s_1) - s_4(c_2 s_1 s_3 + c_3 s_1 s_2)))) +$$
$$c_6(c_4(c_2 s_1 s_3 + c_3 s_1 s_2) + s_4(s_1 s_2 s_3 - c_2 c_3 s_1))$$
$$o_z = c_6(c_4(c_2 c_3 - s_2 s_3) + s_4(c_2 s_3 + c_3 s_2)) + c_5 s_6(c_4(c_2 s_3 + c_3 s_2) - s_4(c_2 c_3 - s_2 s_3))$$
$$a_x = c_5 s_1 - s_5(c_4(c_1 c_2 c_3 - c_1 s_2 s_3) + s_4(c_1 c_2 s_3 + c_1 c_3 s_2))$$
$$a_y = s_5(c_4(s_1 s_2 s_3 - c_2 c_3 s_1) - s_4(c_2 s_1 s_3 + c_3 s_1 s_2)) - c_1 c_5$$
$$a_z = s_5(c_4(c_2 s_3 + c_3 s_2) - s_4(c_2 c_3 - s_2 s_3))$$
$$p_x = d_4 s_1 - d_2 s_1 - d_5(c_4(c_1 c_2 s_3 + c_1 c_3 s_2) - s_4(c_1 c_2 c_3 - c_1 s_2 s_3)) + a_3(c_1 c_2 c_3 - c_1 s_2 s_3) + a_2 c_1 c_2$$
$$p_y = d_2 c_1 - d_5(c_4(c_2 s_1 s_3 + c_3 s_1 s_2) + s_4(s_1 s_2 s_3 - c_2 c_3 s_1)) - a_3(s_1 s_2 s_3 - c_2 c_3 s_1) - d_4 c_1 + a_2 c_2 s_1$$
$$p_z = -a_3(c_2 s_3 + c_3 s_2) - a_2 s_2 - d_5(c_4(c_2 s_3 - s_2 s_3) + s_4(c_2 s_3 + c_3 s_2))$$

将 D-H 参数表中的相应数值代入上述表达式，然后进行矩阵连乘计算，最终计算结果：

$$
{}^0_6T = {}^0_1T{}^1_2T{}^2_3T{}^3_4T{}^4_5T{}^5_6T = \begin{bmatrix} 1 & 0 & 0 & 0 \\ 0 & 1 & 0 & 0 \\ 0 & 0 & 1 & 0 \\ 0 & 0 & 0 & 1 \end{bmatrix} \begin{bmatrix} 1 & 0 & 0 & 0 \\ 0 & 0 & 1 & 140.5 \\ 0 & -1 & 0 & 0 \\ 0 & 0 & 0 & 1 \end{bmatrix} \begin{bmatrix} 1 & 0 & 0 & 408 \\ 0 & 1 & 0 & 0 \\ 0 & 0 & 1 & 0 \\ 0 & 0 & 0 & 1 \end{bmatrix} \cdot
$$

$$
\begin{bmatrix} 1 & 0 & 0 & 376 \\ 0 & -1 & 0 & 0 \\ 0 & 0 & -1 & -19 \\ 0 & 0 & 0 & 1 \end{bmatrix} \begin{bmatrix} 1 & 0 & 0 & 0 \\ 0 & 0 & -1 & -102.5 \\ 0 & 1 & 0 & 0 \\ 0 & 0 & 0 & 1 \end{bmatrix} \begin{bmatrix} 1 & 0 & 0 & 0 \\ 0 & 0 & 1 & 0 \\ 0 & -1 & 0 & 0 \\ 0 & 0 & 0 & 1 \end{bmatrix}
$$

$$
= \begin{bmatrix} 1 & 0 & 0 & 784 \\ 0 & 0 & -1 & 121.5 \\ 0 & 1 & 0 & 102.5 \\ 0 & 0 & 0 & 1 \end{bmatrix}
$$

3.3.3 逆运动学

前面讨论的正运动学是已知机械臂的关节变量，计算末端坐标系相对于基坐标系的位置和姿态的问题。本小节将要讨论的逆运动学问题，是由给定的末端执行器位置和姿态，确定机械臂各个关节变量的值。即给定机器人末端执行器的位置和姿态，计算所有可达给定位置和姿态的关节角。

这是一个相对复杂的"定位"映射问题，是将机器人位姿从三维笛卡儿空间向内部关节空间映射。逆运动学不像正运动学那样简单，因为运动学方程是非线性的，因此很难得到封闭解，甚至是无解。此外，解的存在性和多解也是要讨论的问题。

1. 可解性

计算机器人运动学逆解首先要考虑可解性，即是否无解、是否多解等情况。在机器人工作空间外的目标点显然是无解的。多解的情况以图 3.28 所示的例子给出，平面二杆机械臂（假设两个关节可以 360°旋转）在工作空间内存在两个解。

如果逆运动学有多个解，那么控制程序在运行时就必须选择其中一个解，然后发给驱动器驱动机器人关节旋转或平移。如何选择合适的解有许多不同的准则，其中一种比较合理的方法就是选择"最近"的解。在计算逆解时可以考虑将当前位置作为输入参数，这样就可以选择关节空间中离当前位置最近的解。如图 3.29 所示，如果机器人在 A 点，并期望运动到 B 点，合理的解是关节运动量最小的那一个。因此在不存在障碍物的情况下，图中上面的那一个虚线构型会被选为逆解。如果存在障碍物，躲避障碍物就是首要的任务了。

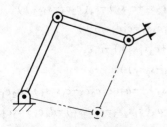

图 3.28　二杆机械臂

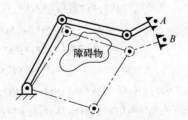

图 3.29　逆运动学多解问题

这个"最近"有多种定义方式。比如对于典型的 6 自由度关节型机器人来说，前三个关节较大，后三个关节较小。因此在定义关节空间内的距离远近时要考虑给不同关节赋予不同的权重，比如前三个关节设置大权重，后三个关节设置小权重。那么在选择解的时候会优先考虑移动较小的关节而非移动大关节。而当存在障碍物时，"最近"的解的运动路径会与其发生碰撞，这时就要选择另一个运动距离较远的解。因此在考虑碰撞、路径规划等问题时需要计算出可能存在的全部解。

逆解个数取决于机械臂关节数目、机械臂构型以及关节运动范围。决定机械臂构型的 D-H 参数表中的非零值越多，就有越多的解存在。对于通用型 6 轴旋转关节的机械臂来说，最多可能存在 16 个不同的解。解的个数与非零连杆长度参数 a（两关节转轴之间的最短距离，即两轴线之间公垂线的长度）数量的关系，见表 3.5。

表 3.5 解的个数与非零连杆长度参数 a 数量的关系

a_i	解的个数
$a_1 = a_3 = a_5 = 0$	$\leqslant 4$
$a_3 = a_5 = 0$	$\leqslant 8$
$a_3 = 0$	$\leqslant 16$
$a_i \neq 0$	$\leqslant 16$

2. Pieper 准则

机械臂逆运动学求解有多种方法，一般分为两类：封闭解法和数值解法。不同学者对同一机器人的运动学逆解也会提出不同的解法。应该从计算效率、计算精度等要求出发，选择较好的解法。通常来说数值解法比计算封闭解的解析表达式更慢、更耗时，因此在设计机器人的构型时就要考虑封闭解的存在性。

本书主要讨论逆运动学的封闭解法。封闭解又称为解析解，意指基于解析形式的解法，或者意指对于不高于四次的多项式不用迭代便可完全求解。封闭解的解法可分为两大类：代数法和几何法。二者有一定的区别但又不是很明显，任何几何方法中都引入了代数描述，因此这两种方法是相似的。区别仅在于求解过程的不同。

机器人构型设计中对于存在解析解的指导准测是 Pieper 准则。对于 6 自由度的机器人来说，运动学逆解非常复杂，一般没有封闭解。在应用 D-H 建模法建立运动学方程的基础上，进行一定的解析计算后发现，位置反解往往有很多个，不能得到有效的封闭解。Pieper 方法就是在此基础上研究提出的。如果机器人满足两个充分条件中的一个，就会得到封闭解，这两个条件是：

① 三个相邻关节轴相交于一点。

② 三个相邻关节轴相互平行（在无限远处交于一点）。

现在的大多数商品化机器人都满足封闭解的两个充分条件之一。例如，PUMA 和 STANFORD 机器人满足第一个条件，而 ASEA 和 MINIMOVER 机器人满足第二个条件。

3. 几何法

封闭解法中的几何法，顾名思义就是直接利用几何关系和定理求解。这里举一个典型的三关节平面机械臂的例子：如图 3.30a 所示，已知 x，y，φ，求解 θ_1、θ_2、θ_3。(x, y) 为坐标点，根据几何关系，$\varphi = \theta_1 + \theta_2 + \theta_3$。

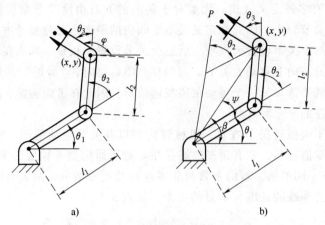

图 3.30　几何法求解逆运动学

几何法求解过程：将空间几何切割成平面几何，即

$$x^2+y^2=l_1^2+l_2^2-2l_1l_2\cos(180°-\theta_2) \tag{3.12}$$

$$c_2=\frac{x^2+y^2-l_1^2-l_2^2}{2l_1l_2} \tag{3.13}$$

由余弦定理得

$$\cos\psi=\frac{l_2^2-(x^2+y^2)-l_1^2}{-2l_1\sqrt{x^2+y^2}} \tag{3.14}$$

因为三角形内角 $0°<\psi<180°$，所以

$$\theta_1=\begin{cases}\mathrm{atan2}(y,x)+\psi & \theta_2<0°\\ \mathrm{atan2}(y,x)-\psi & \theta_2>0°\end{cases} \tag{3.15}$$

$$\theta_3=\varphi-\theta_1-\theta_2$$

图 3.30b 表明 θ_1 取决于 θ_2 的正负。当 $\theta_2<0$ 时，ψ 是图中右侧三角形的内角。当 $\theta_2>0$ 时，ψ 是左侧三角形的内角。因此，当已知 x、y、φ 的具体数值代入上述各式就能求解出 θ_1、θ_2、θ_3 的结果。

4. 代数法

（1）PUMA560　以如图 3.31 所示的 6 自由度机械臂 PUMA560 为例分析代数解法。PU-MA560 的坐标系分布在图中给出，D-H 参数见表 3.6。

表 3.6　PUMA560 的 D-H 参数

连杆 i	a_{i-1}/mm	α_{i-1}	d_i/mm	θ_i 关节变量
1	0	0°	0	θ_1
2	0	-90°	0	θ_2
3	a_2	0°	d_3	θ_3
4	a_3	-90°	d_4	θ_4
5	0	90°	0	θ_5
6	0	-90°	0	θ_6

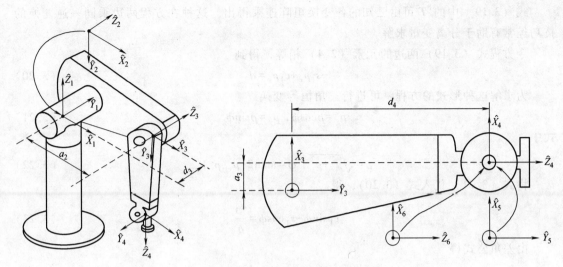

图 3.31　PUMA560 的坐标系分布

根据第 2 章的齐次变换矩阵通式，可以求出每一个连杆变换矩阵

$$
{}^0_1T = \begin{bmatrix} c_1 & -s_1 & 0 & 0 \\ s_1 & c_1 & 0 & 0 \\ 0 & 0 & 1 & 0 \\ 0 & 0 & 0 & 1 \end{bmatrix}, \quad
{}^1_2T = \begin{bmatrix} c_2 & -s_2 & 0 & 0 \\ 0 & 0 & 1 & 0 \\ -s_2 & -c_2 & 0 & 0 \\ 0 & 0 & 0 & 1 \end{bmatrix}, \quad
{}^2_3T = \begin{bmatrix} c_3 & -s_3 & 0 & a_2 \\ s_3 & c_3 & 0 & 0 \\ 0 & 0 & 1 & d_3 \\ 0 & 0 & 0 & 1 \end{bmatrix}
$$

$$
{}^3_4T = \begin{bmatrix} c_4 & -s_4 & 0 & a_3 \\ 0 & 0 & 1 & d_4 \\ -s_4 & -c_4 & 0 & 0 \\ 0 & 0 & 0 & 1 \end{bmatrix}, \quad
{}^4_5T = \begin{bmatrix} c_5 & -s_5 & 0 & 0 \\ 0 & 0 & -1 & 0 \\ s_5 & c_5 & 0 & 0 \\ 0 & 0 & 0 & 1 \end{bmatrix}, \quad
{}^5_6T = \begin{bmatrix} c_6 & -s_6 & 0 & 0 \\ 0 & 0 & 1 & 0 \\ -s_6 & -c_6 & 0 & 0 \\ 0 & 0 & 0 & 1 \end{bmatrix} \quad (3.16)
$$

假设 ${}^0_6T$ 中的数值为已知，通过下列方程

$$
{}^0_6T = \begin{bmatrix} r_{11} & r_{12} & r_{13} & p_x \\ r_{21} & r_{22} & r_{23} & p_y \\ r_{31} & r_{32} & r_{33} & p_z \\ 0 & 0 & 0 & 1 \end{bmatrix}
$$

$$
= {}^0_1T(\theta_1){}^1_2T(\theta_2){}^2_3T(\theta_3){}^3_4T(\theta_4){}^4_5T(\theta_5){}^5_6T(\theta_6) \quad (3.17)
$$

求解出 θ_i 的各个数值，即 θ_1、θ_2、θ_3、θ_4、θ_5、θ_6。

整理式（3.17），将含有 θ_1 的部分移到方程的左边，得到

$$
{}^0_1T^{-1}(\theta_1){}^0_6T = {}^1_2T(\theta_2){}^2_3T(\theta_3){}^3_4T(\theta_4){}^4_5T(\theta_5){}^5_6T(\theta_6) \quad (3.18)
$$

将 ${}^0_1T$ 转置，将式（3.18）展开计算得

$$
\begin{bmatrix} c_1 & s_1 & 0 & 0 \\ -s_1 & c_1 & 0 & 0 \\ 0 & 0 & 1 & 0 \\ 0 & 0 & 0 & 1 \end{bmatrix}
\begin{bmatrix} r_{11} & r_{12} & r_{13} & p_x \\ r_{21} & r_{22} & r_{23} & p_y \\ r_{31} & r_{32} & r_{33} & p_z \\ 0 & 0 & 0 & 1 \end{bmatrix} = {}^1_6T \quad (3.19)
$$

式（3.19）中的 $_6^1T$ 可由已知的各变换矩阵连乘得出。这种在方程两边乘同一逆变换的技巧经常有助于分离变量求解。

令方程式（3.19）两边的元素（2,4）相等，得到

$$-s_1 p_x + c_1 p_y = d_3 \tag{3.20}$$

为求解这种形式的方程，可进行三角恒等变换

$$p_x = \rho\cos\phi, \quad p_y = \rho\sin\phi \tag{3.21}$$

式中

$$\rho = \sqrt{p_x^2 + p_y^2}, \quad \phi = \mathrm{atan2}(p_y, p_x) \tag{3.22}$$

将式（3.21）代入式（3.20），得

$$c_1\sin\phi - s_1\cos\phi = \frac{d_3}{\rho} \tag{3.23}$$

由差角公式得

$$\sin(\phi - \theta_1) = \frac{d_3}{\rho} \tag{3.24}$$

因此

$$\cos(\phi - \theta_1) = \pm\sqrt{1 - \frac{d_3^2}{\rho^2}} \tag{3.25}$$

则

$$\phi - \theta_1 = \mathrm{atan2}\left[\frac{d_3}{\rho}, \pm\sqrt{1 - \left(\frac{d_3}{\rho}\right)^2}\right] \tag{3.26}$$

最后，θ_1 的解可以写为

$$\theta_1 = \mathrm{atan2}(p_y, p_x) - \mathrm{atan2}\left(d_3, \pm\sqrt{p_x^2 + p_y^2 - d_3^2}\right) \tag{3.27}$$

由于式（3.27）中的正负号，θ_1 可以有两种解。现在，θ_1 已知，则式（3.27）的左边为已知。如果令式（3.27）两边的元素（1,4）和元素（3,4）分别相等，得

$$\begin{cases} c_1 p_x + s_1 p_y = a_3 c_{23} - d_4 s_{23} + a_2 c_2 \\ p_z = -a_3 s_{23} - d_4 c_{23} - a_2 s_2 \end{cases} \tag{3.28}$$

如果将式（3.28）和式（3.20）平方后相加，得

$$a_3 c_3 - d_4 s_3 = K \tag{3.29}$$

式中

$$K = \frac{p_x^2 + p_y^2 + p_z^2 - a_2^2 - a_3^2 - d_3^2 - d_4^2}{2a_2} \tag{3.30}$$

注意，从式（3.28）中已经消去了与 θ_1 有关的项，于是式（3.29）和式（3.20）的形式相同，因此采用相同的三角恒等变换可以得出 θ_3 的解

$$\theta_3 = \mathrm{atan2}(a_3, d_4) - \mathrm{atan2}\left(K, \pm\sqrt{a_3^2 + d_4^2 - K^2}\right) \tag{3.31}$$

由于式（3.32）中的正负号，θ_3 有两个不同的解。如果重新整理式（3.17），使公式左边只有 θ_4、θ_6 和已知的函数

$$_3^0T^{-1}(\theta_1, \theta_2, \theta_3)_6^0T = _4^3T(\theta_4)_5^4T(\theta_5)_6^5T(\theta_6) \tag{3.32}$$

即

$$\begin{bmatrix} c_1c_{23} & s_1c_{23} & -s_{23} & -a_2c_3 \\ -c_1s_{23} & -s_1s_{23} & -c_{23} & a_2s_3 \\ -s_1 & c_1 & 0 & -d_3 \\ 0 & 0 & 0 & 1 \end{bmatrix} \begin{bmatrix} r_{11} & r_{12} & r_{13} & p_x \\ r_{21} & r_{22} & r_{23} & p_y \\ r_{31} & r_{32} & r_{33} & p_z \\ 0 & 0 & 0 & 1 \end{bmatrix} = {}_6^3T \qquad (3.33)$$

令式（3.33）两边的元素（1,4）和元素（2,4）相等，得到

$$\begin{cases} c_1c_{23}p_x + s_1c_{23}p_y - s_{23}p_z - a_2c_3 = a_3 \\ -c_1s_{23}p_x - s_1s_{23}p_y - c_{23}p_z + a_2s_3 = d_4 \end{cases} \qquad (3.34)$$

联立上述两个方程可以解出

$$\begin{cases} s_{23} = \dfrac{(-a_3 - a_2c_3)p_z + (c_1p_x + s_1p_y)(a_2s_3 - d_4)}{p_z^2 + (c_1p_x + s_1p_y)^2} \\ c_{23} = \dfrac{(a_2s_3 - d_4)p_z - (a_3 + a_2c_3)(c_1p_x + s_1p_y)}{p_z^2 + (c_1p_x + s_1p_y)^2} \end{cases} \qquad (3.35)$$

式（3.35）中分母相等，且为正数，所以可求得 θ_2 和 θ_3 的和

$$\begin{aligned} \theta_{23} &= \theta_2 + \theta_3 \\ &= \mathrm{atan2}\big[(-a_3 - a_2c_3)p_z + (c_1p_x + s_1p_y)(a_2s_3 - d_4), (-d_4 + a_2c_3)p_z - (c_1p_x + s_1p_y)(-a_2c_3 - a_3)\big] \end{aligned}$$

$$(3.36)$$

根据 θ_1 和 θ_3 解的四种组合可能，由式（3.36）计算 θ_{23} 的 4 个值。然后，可计算 θ_2 的 4 个可能的解。应对应不同的情况适当选取 θ_3。

现在，式（3.33）中左边完全已知，令式（3.33）两边的元素（1,3）和元素（3,3）分别相等，得

$$\begin{cases} c_1c_{23}a_x + s_1c_{23}a_y - s_{23}a_z = -c_4s_5 \\ -s_1a_x + c_1a_y = s_4s_5 \end{cases} \qquad (3.37)$$

只要 $s_5 \neq 0$，就可解出 θ_4：

$$\theta_4 = \mathrm{atan2}(-a_xs_1 + a_yc_1, -a_xc_1c_{23} - a_ys_1c_{23} + a_zs_{23}) \qquad (3.38)$$

当 $\theta_5 = 0$ 时，机械臂处于奇异位形，此时关节轴 4 和关节轴 6 成一条直线，机器人末端连杆的运动只有一种。在这种情况下，所有可能的解都是 θ_4 和 θ_6 的和或差。这种情况可以通过检查式（3.38）中 atan2 函数的两个变量是否都趋近于零来判断。如果都趋近于零，则 θ_4 可以任意选取，之后计算 θ_6 时，可以参照 θ_4 进行选取。

改写式（3.17），使公式左边均为已知的函数和 θ_4，即

$$ {}_4^0T^{-1}(\theta_1, \theta_2, \theta_3, \theta_4) {}_6^0T = {}_5^4T(\theta_5) {}_6^5T(\theta_6) \qquad (3.39)$$

令式（3.39）两边的元素（1,3）和元素（3,3）分别相等，得

$$\begin{cases} r_{13}(c_1c_{23}c_4 + s_1s_4) + r_{23}(s_1c_{23}c_4 - c_1s_4) - r_{33}(s_{23}c_4) = -s_5 \\ r_{13}(-c_1s_{23}) + r_{23}(-s_1s_{23}) + r_{33}(-c_{23}) = c_5 \end{cases} \qquad (3.40)$$

由此可以求出 s_5 和 c_5

$$\theta_5 = \mathrm{atan2}(s_5, c_5) \qquad (3.41)$$

式中，s_5 和 c_5 由式（3.40）给出。

再次应用上述方法，将式（3.17）写为如下形式

$$_5^0 T^{-1}(\theta_1,\theta_2,\theta_3,\theta_4,\theta_5)\,_6^0 T =\,_6^5 T(\theta_6) \tag{3.42}$$

如前所述，令式（3.42）两边的元素（1,1）和（3,1）分别相等，得

$$\theta_6 = \mathrm{atan2}(s_6,c_6) \tag{3.43}$$

式中

$$\begin{cases} s_6 = -r_{11}(c_1 c_{23} s_4 - s_1 c_4) - r_{21}(s_1 c_{23} s_4 + c_1 c_4) + r_{31}(s_{23} s_4) \\ c_6 = r_{11}\big[(c_1 c_{23} c_4 + s_1 s_4)c_5 - c_1 s_{23} s_5\big] + r_{21}\big[(s_1 c_{23} c_4 - c_1 s_4)c_5 - s_1 s_{23} s_5\big] - r_{31}(s_{23} c_4 c_5 + c_{23} s_5) \end{cases}$$

$$\tag{3.44}$$
$$\tag{3.45}$$

由于在式（3.27）和式（3.31）中出现了正负号，因此这些方程可能有 4 个解。另外，由于机械臂腕关节"翻转"可得到另外 4 个解。对于以上计算出的 4 个解，由腕关节的"翻转"可得到

$$\begin{cases} \theta_4' = \theta_4 + 180° \\ \theta_5' = -\theta_5 \\ \theta_6' = \theta_6 + 180° \end{cases} \tag{3.46}$$

当计算出 8 个解以后，由于关节运动范围的限制要将其中的一些解舍去。在余下的有效解中，通常选取一个最接近于当前机械臂的解。

（2）AUBO-i5 为了对比不同构型的代数解法，这里简单列出 AUBO-i5 的运动学逆解的代数法求解思路和结果，具体推导过程不再赘述。

已知

$$_1^0 T\,_2^1 T\,_3^2 T\,_4^3 T\,_5^4 T\,_6^5 T =\,_6^0 T = \begin{bmatrix} n_x & o_x & a_x & p_x \\ n_y & o_y & a_y & p_y \\ n_z & o_z & a_z & p_z \\ 0 & 0 & 0 & 1 \end{bmatrix} \tag{3.47}$$

经变换可得

$$_2^1 T\,_3^2 T\,_4^3 T\,_5^4 T =\,_1^0 T^{-1}\,_6^0 T\,_6^5 T^{-1} \tag{3.48}$$

由第二行第四列左右相等，并通过辅助角公式，可解得

$$\theta_1 = \pm\arccos\frac{d_2-d_4}{\sqrt{p_x^{\,2}+p_y^{\,2}}} - \arctan\frac{p_x}{p_y} \tag{3.49}$$

注：由于 arccos 函数在 Matlab 和 C++ 中的返回值在 [0，π] 之间、arctan 函数返回值在 (-π，π] 之间，因此需要在程序中手动添加 arccos 正负两解。

由第二行第二列左右相等，可解得

$$\theta_5 = \pm\arccos(a_x s_1 - a_y c_1) \tag{3.50}$$

由第二行第三列左右相等，可解得

$$\theta_6 = \arctan\frac{o_x s_1 - o_y c_1}{n_y c_1 - n_x s_1} \tag{3.51}$$

又有

$$_2^1 T\,_3^2 T\,_4^3 T =\,_1^0 T^{-1}\,_6^0 T\,_6^5 T^{-1} \tag{3.52}$$

由第一行第四列左右相等，以及第三行第四列左右相等，整理后平方相加，消去 s_2 和 c_2，可解得

$$\theta_3 = \pm\arccos\frac{m^2+n^2-a_2^2-a_3^2}{2a_2a_3} \tag{3.53}$$

式中

$$\begin{cases} m = p_xc_1+p_ys_1+d_5[c_6(o_xc_1+o_ys_1)+s_6(n_xc_1+n_ys_1)] \\ n = -p_z-d_5(o_zc_6+n_zs_6) \end{cases} \tag{3.54}$$

将 θ_3 回代,可解得

$$\theta_2 = \arctan\frac{n(a_2+a_3c_3)-ma_3s_3}{m(a_2+a_3c_3)+na_3s_3} \tag{3.55}$$

由第一行第二列左右相等,及第二行第二列左右相等,整理后相除,可解得

$$\theta_4 = \theta_2+\theta_3-\arctan\frac{c_6(o_xc_1+o_ys_1)+s_6(n_xc_1+n_ys_1)}{n_zs_6+o_zc_6} \tag{3.56}$$

在编程过程中,需要对除数是否为 0(是否为奇异点)进行判断。另外,如果除数过于接近 0,也可能引发奇异性问题,使结果误差较大。

3.3.4 工作空间

机器人工作空间是指机器人末端执行器运动描述参考点所能达到的空间点的集合,一般用水平面和垂直面的投影表示。运动学方程的解存在与否限定了机器人的工作空间。无解表示目标点处在工作空间之外,机器人无法达到目标点。

工作空间的形状因机器人的运动坐标形式不同而异。直角坐标式机器人操作臂的工作空间是一个矩形六面体,如图 3.32a 所示。圆柱坐标式机器人操作臂的工作空间是一个开口空心圆柱体,如图 3.32b 所示。关节式机器人操作臂的工作空间是一个球,如图 3.32c 所示。

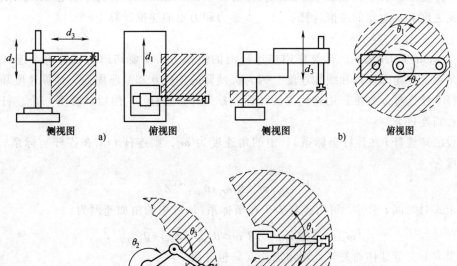

图 3.32 机器人工作空间

因为操作臂的转动副受结构限制，一般不能整圈转动，故后两种工作空间实际上均不能获得整个柱体或球体。其中前者仅能得到由一个扇形截面旋转而成的空心开口截锥体，后者则为由几个相关的球体拼接得到的空间。

机器人的工作空间有以下 3 种类型：

① 可达工作空间（reachable workspace），即机器人末端可达位置点的集合。

② 灵巧工作空间（dexterous workspace），即在满足给定位姿范围时机器人末端可达位置点的集合。

③ 全工作空间（global workspace），即给定所有位姿时机器人末端可达位置点的集合。

3.4 动力学

运动学研究的是机器人的位置、速度和加速度，没有考虑引起这些量的力和力矩。动力学则关注机器人的力和运动之间的关系。动力学主要解决两个问题：第一个问题，已知一个轨迹点的 θ、$\dot{\theta}$、$\ddot{\theta}$，求出期望的关节力矩矢量 $\boldsymbol{\tau}$。这个动力学公式应用于机器人的控制。第二个问题是计算在施加一组关节力矩的情况下机构如何运动。即已知一个力矩矢量 $\boldsymbol{\tau}$，计算出机器人的运动 θ、$\dot{\theta}$、$\ddot{\theta}$。这应用于机器人的仿真。

3.4.1 Newton-Euler 递推方法

如果已知机器人连杆的位置、速度和加速度以及机器人质量分布信息，可以采用 Newton-Euler 方程求出关节需要提供的驱动力/力矩。Newton-Euler 动力学方法分为两个步骤：第一步是速度和加速度的递推计算，第二步是力和力矩的递推计算。

1. 速度和加速度的外推公式

由 Newton-Euler 公式，计算作用在连杆上的惯性力，需要知道机械臂每个连杆在某一时刻的角速度、角加速度和线加速度。因为机械臂的连杆 0 和基座固连，计算速度和加速度时从连杆 0 往连杆 n 外推，用迭代方法计算。首先计算连杆 1，然后计算下一个连杆，直到向外迭代到连杆 n。

假设已知连杆 i 在连杆坐标系 $\{i\}$ 中的角速度为 ${}^{i}\boldsymbol{\omega}_i$，则连杆 $i+1$ 在连杆坐标系 $\{i+1\}$ 中的角速度为

$$ {}^{i+1}\boldsymbol{\omega}_{i+1} = {}^{i+1}_{i}\boldsymbol{R}\,{}^{i}\boldsymbol{\omega}_i + \dot{\theta}_{i+1}\,{}^{i+1}\hat{\boldsymbol{Z}}_{i+1} \tag{3.57} $$

将上式对时间 t 求导，可得连杆 $i+1$ 在坐标系 $\{i+1\}$ 中的角加速度为

$$ {}^{i+1}\dot{\boldsymbol{\omega}}_{i+1} = {}^{i+1}_{i}\boldsymbol{R}\,{}^{i}\dot{\boldsymbol{\omega}}_i + {}^{i+1}_{i}\boldsymbol{R}\,{}^{i}\boldsymbol{\omega}_i \times \dot{\theta}_{i+1}\,{}^{i+1}\hat{\boldsymbol{Z}}_{i+1} + \ddot{\theta}_{i+1}\,{}^{i+1}\hat{\boldsymbol{Z}}_{i+1} \tag{3.58} $$

如果 $i+1$ 关节是移动关节，则角加速度只包含第一项。

各个连杆的线加速度为

$$ {}^{i+1}\dot{\boldsymbol{v}}_{i+1} = {}^{i+1}_{i}\boldsymbol{R}\left[{}^{i}\dot{\boldsymbol{\omega}}_i \times {}^{i}\boldsymbol{P}_{i+1} + {}^{i}\boldsymbol{\omega}_i \times ({}^{i}\boldsymbol{\omega}_i \times {}^{i}\boldsymbol{P}_{i+1}) + {}^{i}\dot{\boldsymbol{v}}_i \right] \tag{3.59} $$

各个连杆质心的线加速度为

$$ {}^{i+1}\dot{\boldsymbol{v}}_{C_{i+1}} = {}^{i+1}\dot{\boldsymbol{\omega}}_{i+1} \times {}^{i+1}\boldsymbol{P}_{C_{i+1}} + {}^{i+1}\boldsymbol{\omega}_{i+1} \times ({}^{i+1}\boldsymbol{\omega}_{i+1} \times {}^{i+1}\boldsymbol{P}_{C_{i+1}}) + {}^{i+1}\dot{\boldsymbol{v}}_{i+1} \tag{3.60} $$

在式（3.60）中，我们假设一个坐标系$\{C_i\}$固定于各个连杆，它的原点位于连杆质心处，而且与连杆坐标系$\{i\}$有相同的方位。注意，方程式应用于连杆 1 特别简单，因为${}^0\boldsymbol{\omega}_0 = {}^0\dot{\boldsymbol{\omega}}_0 = \boldsymbol{0}$。

计算出各个连杆质心的线加速度和角加速度后，可以通过 Newton-Euler 方程计算出施加在连杆质心的惯性力和惯性转矩

$$\begin{cases} {}^{i+1}\boldsymbol{F}_{i+1} = m_{i+1}{}^{i+1}\dot{\boldsymbol{v}}_{C_{i+1}} \\ {}^{i+1}\boldsymbol{N}_{i+1} = I_{i+1}{}^{i+1}\dot{\boldsymbol{\omega}}_{i+1} + {}^{i+1}\boldsymbol{\omega}_{i+1} \times I_{i+1}{}^{i+1}\boldsymbol{\omega}_{i+1} \end{cases} \tag{3.61}$$

这里，我们认为通过仿真或实验的方法，已经计算得到了质量m_{i+1}和惯性张量$\boldsymbol{I}_{i+1}$。

2. 力和力矩的内推公式

计算出每个连杆所受的惯性力和惯性转矩后，下一步计算各关节需提供的驱动力和转矩。对于图 3.33 所示的连杆i，根据达朗贝尔原理建立连杆i的力平衡方程和力矩平衡方程如下：

力平衡方程（不考虑重力）

$${}^i\boldsymbol{F}_i = {}^i\boldsymbol{f}_i - {}_{i+1}^i\boldsymbol{R}^{i+1}\boldsymbol{f}_{i+1} \tag{3.62}$$

力矩平衡方程

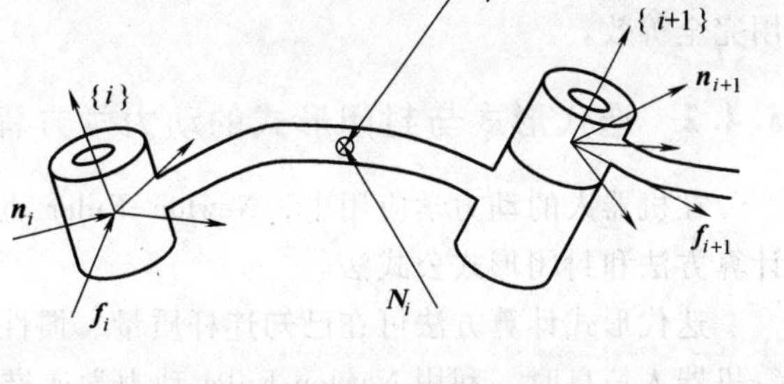

图 3.33　连杆i的受力分析（包括惯性力和惯性力矩）

$${}^i\boldsymbol{N}_i = {}^i\boldsymbol{n}_i - {}^i\boldsymbol{n}_{i+1} + (-{}^i\boldsymbol{P}_{C_i}) \times {}^i\boldsymbol{f}_i - ({}^i\boldsymbol{P}_{i+1} - {}^i\boldsymbol{P}_{C_i}) \times {}^i\boldsymbol{f}_{i+1} \tag{3.63}$$

将力平衡方程代入力矩平衡方程，并用旋转矩阵做坐标系转化可将力矩平衡方程写为

$${}^i\boldsymbol{N}_i = {}^i\boldsymbol{n}_i - {}_{i+1}^i\boldsymbol{R}^{i+1}\boldsymbol{n}_{i+1} - {}^i\boldsymbol{P}_{C_i} \times {}^i\boldsymbol{F}_i - {}^i\boldsymbol{P}_{i+1} \times {}_{i+1}^i\boldsymbol{R}^{i+1}\boldsymbol{f}_{i+1} \tag{3.64}$$

可以得到连杆$i-1$作用于连杆i的力和力矩的递推计算公式

$${}^i\boldsymbol{f}_i = {}_{i+1}^i\boldsymbol{R}^{i+1}\boldsymbol{f}_{i+1} + {}^i\boldsymbol{F}_i \tag{3.65}$$

$${}^i\boldsymbol{n}_i = {}^i\boldsymbol{N}_i + {}_{i+1}^i\boldsymbol{R}^{i+1}\boldsymbol{n}_{i+1} + {}^i\boldsymbol{P}_{C_i} \times {}^i\boldsymbol{F}_i + {}^i\boldsymbol{P}_{i+1} \times {}_{i+1}^i\boldsymbol{R}^{i+1}\boldsymbol{f}_{i+1} \tag{3.66}$$

通过式（3.66）递推公式，可以从机器人末端连杆n开始计算，依次递推，直至机器人的基座，从而得到机器人各个连杆对相邻连杆施加的力和力矩。

关节i是转动关节，则关节i的驱动转矩为

$$\boldsymbol{\tau}_i = {}^i\boldsymbol{n}_i^{\mathrm{T}}\hat{\boldsymbol{Z}}_i \tag{3.67}$$

3. 迭代的 Newton-Euler 动力学算法

由关节运动来计算关节力矩的完整算法由两部分组成。第一部分是对每个连杆应用 Newton-Euler 方程，从连杆 1 到连杆n向外迭代计算连杆的速度和加速度，进而计算惯性力和惯性力矩。第二部分是从连杆n到连杆 1 向内迭代计算连杆间的相互作用力和力矩以及关节驱动力矩。对于转动关节来说，算法可归纳如下：

（1）外推算法（i: $0 \rightarrow n-1$）

$${}^{i+1}\boldsymbol{\omega}_{i+1} = {}_i^{i+1}\boldsymbol{R}^i\boldsymbol{\omega}_i + \dot{\theta}_{i+1}{}^{i+1}\hat{\boldsymbol{Z}}_{i+1} \tag{3.68}$$

$${}^{i+1}\dot{\boldsymbol{\omega}}_{i+1} = {}_i^{i+1}\boldsymbol{R}^i\dot{\boldsymbol{\omega}}_i + {}_i^{i+1}\boldsymbol{R}^i\boldsymbol{\omega}_i \times \dot{\theta}_{i+1}{}^{i+1}\hat{\boldsymbol{Z}}_{i+1} + \ddot{\theta}_{i+1}{}^{i+1}\hat{\boldsymbol{Z}}_{i+1} \tag{3.69}$$

$${}^{i+1}\dot{\boldsymbol{v}}_{i+1} = {}_i^{i+1}\boldsymbol{R}({}^i\dot{\boldsymbol{\omega}}_i \times {}^i\boldsymbol{P}_{i+1} + {}^i\boldsymbol{\omega}_i \times ({}^i\boldsymbol{\omega}_i \times {}^i\boldsymbol{P}_{i+1}) + {}^i\dot{\boldsymbol{v}}_i) \tag{3.70}$$

$$^{i+1}\dot{v}_{C_{i+1}} = {}^{i+1}\dot{\omega}_{i+1} \times {}^{i+1}P_{C_{i+1}} + {}^{i+1}\omega_{i+1} \times ({}^{i+1}\omega_{i+1} \times {}^{i+1}P_{C_{i+1}}) + {}^{i+1}\dot{v}_{i+1} \qquad (3.71)$$

$$^{i+1}F_{i+1} = m_{i+1}{}^{i+1}\dot{v}_{C_{i+1}} \qquad (3.72)$$

$$^{i+1}N_{i+1} = I_{i+1}{}^{i+1}\dot{\omega}_{i+1} + {}^{i+1}\omega_{i+1} \times I_{i+1}{}^{i+1}\omega_{i+1} \qquad (3.73)$$

（2）内推算法（i：$n \rightarrow 1$）

$$^{i}f_{i} = {}_{i+1}^{i}R^{i+1}f_{i+1} + {}^{i}F_{i} \qquad (3.74)$$

$$^{i}n_{i} = {}^{i}N_{i} + {}_{i+1}^{i}R^{i+1}n_{i+1} + {}^{i}P_{C_{i}} \times {}^{i}F_{i} + {}^{i}P_{i+1} \times {}_{i+1}^{i}R^{i+1}f_{i+1} \qquad (3.75)$$

$$\tau_{i} = {}^{i}n_{i}^{\mathrm{T}i}\hat{Z}_{i} \qquad (3.76)$$

另外，如果需要考虑机器人各连杆自身重力的作用，可令 $^{0}\dot{v}_{0} = -g$，即将机器人基座所受的支撑力等效为基座朝上做加速度为 g 的直线运动。这种处理方式与考虑各连杆重力的作用完全等效。

3.4.2 迭代形式与封闭形式的动力学方程

在机器人的动力学应用中，Newton-Euler 动力学递推方法有两种不同的方法：迭代形式计算方法和封闭形式公式法。

迭代形式计算方法可在已知连杆质量、惯性张量、质心矢量、相邻连杆坐标系转换矩阵等机器人信息时，利用 Newton-Euler 动力学递推方法直接数值计算出机器人实现任意运动所需的关节驱动力和力矩。

封闭形式公式就是由 Newton-Euler 动力学递推方法推导出以关节位置、速度、加速度为变量的关节驱动力和力矩的解析表达式，这样就可以定性分析动力学公式的结构、不同动力学分项（如惯性力项）对驱动力和力矩的影响。

此外，建立机械臂动力学方程的典型方法还有拉格朗日法，从能量的角度推导出封闭形式的公式。

3.4.3 动力学方程应用举例

计算如图 3.34 所示平面二连杆机械臂的封闭形式动力学方程。为简单起见，假设机械臂的质量分布非常简单：每个连杆的质量都集中在连杆的末端，设其质量分别为 m_1 和 m_2。

首先，确定 Newton-Euler 迭代公式中各参量的值。每个连杆质心的位置矢量

$$^{1}P_{C_{1}} = l_{1}\hat{X}_{1} \qquad (3.77)$$

$$^{2}P_{C_{2}} = l_{2}\hat{X}_{2} \qquad (3.78)$$

由于假设为集中质量，因此每个连杆质心的惯性张量为零矩阵

$$c_{1}I_{1} = 0 \qquad (3.79)$$

$$c_{2}I_{2} = 0 \qquad (3.80)$$

末端执行器上没有作用力，因而有

$$f_{3} = 0 \qquad (3.81)$$

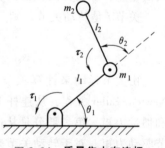

图 3.34　质量集中在连杆末端的平面二连杆机械臂

$$n_3 = 0 \tag{3.82}$$

机器人基座不旋转，因此有

$$\boldsymbol{\omega}_0 = \mathbf{0} \tag{3.83}$$

$$\dot{\boldsymbol{\omega}}_0 = \mathbf{0} \tag{3.84}$$

包括重力因素，有

$$^0\dot{\boldsymbol{v}}_0 = g\hat{\boldsymbol{Y}}_0 \tag{3.85}$$

相邻连杆坐标系之间的相对转动由下式给出

$$^i_{i+1}\boldsymbol{R} = \begin{bmatrix} c_{i+1} & -s_{i+1} & 0 \\ s_{i+1} & c_{i+1} & 0 \\ 0 & 0 & 1 \end{bmatrix} \tag{3.86}$$

$$^{i+1}_i\boldsymbol{R} = \begin{bmatrix} c_{i+1} & s_{i+1} & 0 \\ -s_{i+1} & c_{i+1} & 0 \\ 0 & 0 & 1 \end{bmatrix} \tag{3.87}$$

1）外推计算各连杆的角速度、角加速度、线加速度、惯性力和惯性转矩。

连杆 1 的角速度、角加速度、线加速度、惯性力和惯性转矩计算如下

$$^1\boldsymbol{\omega}_1 = \dot{\theta}_1 {}^1\hat{\boldsymbol{Z}}_1 = \begin{bmatrix} 0 & 0 & \dot{\theta}_1 \end{bmatrix}^{\mathrm{T}} \tag{3.88}$$

$$^1\dot{\boldsymbol{\omega}}_1 = \ddot{\theta}_1 {}^1\hat{\boldsymbol{Z}}_1 = \begin{bmatrix} 0 & 0 & \ddot{\theta}_1 \end{bmatrix}^{\mathrm{T}} \tag{3.89}$$

$$^1\dot{\boldsymbol{v}}_1 = \begin{bmatrix} c_1 & s_1 & 0 \\ -s_1 & c_1 & 0 \\ 0 & 0 & 1 \end{bmatrix} \begin{bmatrix} 0 \\ g \\ 0 \end{bmatrix} = \begin{bmatrix} gs_1 \\ gc_1 \\ 0 \end{bmatrix} \tag{3.90}$$

$$^1\dot{\boldsymbol{v}}_{c_1} = \begin{bmatrix} 0 \\ l_1\ddot{\theta}_1 \\ 0 \end{bmatrix} + \begin{bmatrix} -l_1\dot{\theta}_1^2 \\ 0 \\ 0 \end{bmatrix} + \begin{bmatrix} gs_1 \\ gc_1 \\ 0 \end{bmatrix} = \begin{bmatrix} -l_1\dot{\theta}_1^2 + gs_1 \\ l_1\ddot{\theta}_1 + gc_1 \\ 0 \end{bmatrix} \tag{3.91}$$

$$^1\boldsymbol{F}_1 = \begin{bmatrix} -m_1 l_1 \dot{\theta}_1^2 + m_1 gs_1 & m_1 l_1 \ddot{\theta}_1 + m_1 gc_1 & 0 \end{bmatrix}^{\mathrm{T}} \tag{3.92}$$

$$^1\boldsymbol{N}_1 = \begin{bmatrix} 0 & 0 & 0 \end{bmatrix}^{\mathrm{T}} \tag{3.93}$$

连杆 2 的角速度、角加速度、线加速度、惯性力和惯性转矩计算如下

$$^2\boldsymbol{\omega}_2 = \begin{bmatrix} 0 & 0 & \dot{\theta}_1 + \dot{\theta}_2 \end{bmatrix}^{\mathrm{T}} \tag{3.94}$$

$$^2\dot{\boldsymbol{\omega}}_2 = \begin{bmatrix} 0 & 0 & \ddot{\theta}_1 + \ddot{\theta}_2 \end{bmatrix}^{\mathrm{T}} \tag{3.95}$$

$$^2\dot{\boldsymbol{v}}_2 = \begin{bmatrix} c_2 & s_2 & 0 \\ -s_2 & c_2 & 0 \\ 0 & 0 & 1 \end{bmatrix} \begin{bmatrix} -l_1\dot{\theta}_1^2 + gs_1 \\ l_1\ddot{\theta}_1 + gc_1 \\ 0 \end{bmatrix} = \begin{bmatrix} l_1\ddot{\theta}_1 s_2 - l_1\dot{\theta}_1^2 c_2 + gs_{12} \\ l_1\ddot{\theta}_1 c_2 + l_1\dot{\theta}_1^2 s_2 + gc_{12} \\ 0 \end{bmatrix} \tag{3.96}$$

$$^2\dot{\boldsymbol{v}}_{C_2} = \begin{bmatrix} 0 \\ l_2(\ddot{\theta}_1 + \ddot{\theta}_2) \\ 0 \end{bmatrix} + \begin{bmatrix} -l_2(\dot{\theta}_1 + \dot{\theta}_2)^2 \\ 0 \\ 0 \end{bmatrix} + \begin{bmatrix} l_1\ddot{\theta}_1 s_2 - l_1\dot{\theta}_1^2 c_2 + g s_{12} \\ l_1\ddot{\theta}_1 c_2 + l_1\dot{\theta}_1^2 s_2 + g c_{12} \\ 0 \end{bmatrix} \tag{3.97}$$

$$^2\boldsymbol{F}_2 = \begin{bmatrix} m_2 l_1 \ddot{\theta}_1 s_2 - m_2 l_1 \dot{\theta}_1^2 c_2 + m_2 g s_{12} - m_2 l_2 (\dot{\theta}_1 + \dot{\theta}_2)^2 \\ m_2 l_1 \ddot{\theta}_1 c_2 + m_2 l_1 \dot{\theta}_1^2 s_2 + m_2 g c_{12} + m_2 l_2 (\ddot{\theta}_1 + \ddot{\theta}_2) \\ 0 \end{bmatrix} \tag{3.98}$$

$$^2\boldsymbol{N}_2 = \begin{bmatrix} 0 & 0 & 0 \end{bmatrix}^T \tag{3.99}$$

2）内推计算各连杆所受的力和力矩。

连杆 2 所受的力和力矩为

$$^2\boldsymbol{f}_2 = {}^2\boldsymbol{F}_2 \tag{3.100}$$

$$^2\boldsymbol{n}_2 = \begin{bmatrix} 0 \\ 0 \\ m_2 l_1 l_2 c_2 \ddot{\theta}_1 + m_2 l_1 l_2 s_2 \dot{\theta}_1^2 + m_2 l_2 g c_{12} + m_2 l_2^2 (\ddot{\theta}_1 + \ddot{\theta}_2) \end{bmatrix} \tag{3.101}$$

连杆 1 所受的力和力矩为

$$^1\boldsymbol{f}_1 = \begin{bmatrix} c_2 & -s_2 & 0 \\ s_2 & c_2 & 0 \\ 0 & 0 & 1 \end{bmatrix} \begin{bmatrix} m_2 l_1 \ddot{\theta}_1 s_2 - m_2 l_1 \dot{\theta}_1^2 c_2 + m_2 g s_{12} - m_2 l_2 (\dot{\theta}_1 + \dot{\theta}_2)^2 \\ m_2 l_1 \ddot{\theta}_1 c_2 + m_2 l_1 \dot{\theta}_1^2 s_2 + m_2 g c_{12} + m_2 l_2 (\ddot{\theta}_1 + \ddot{\theta}_2) \\ 0 \end{bmatrix} + \begin{bmatrix} -m_1 l_1 \dot{\theta}_1^2 + m_1 g s_1 \\ m_1 l_1 \ddot{\theta}_1 + m_1 g c_1 \\ 0 \end{bmatrix} \tag{3.102}$$

$$^1\boldsymbol{n}_1 = \begin{bmatrix} 0 \\ 0 \\ m_2 l_1 l_2 c_2 \ddot{\theta}_1 + m_2 l_1 l_2 s_2 \dot{\theta}_1^2 + m_2 l_2 g c_{12} + m_2 l_2^2 (\ddot{\theta}_1 + \ddot{\theta}_2) \end{bmatrix} + \begin{bmatrix} 0 \\ 0 \\ m_2 l_1^2 \ddot{\theta}_1 + m_1 l_1 g c_1 \end{bmatrix} +$$

$$\begin{bmatrix} 0 \\ 0 \\ m_2 l_1^2 \ddot{\theta}_1 - m_2 l_1 l_2 s_2 (\dot{\theta}_1 + \dot{\theta}_2)^2 + m_2 l_1 g s_1 s_{12} + m_2 l_1 l_2 c_2 (\ddot{\theta}_1 + \ddot{\theta}_2) + m_2 l_1 g c_2 c_{12} \end{bmatrix} \tag{3.103}$$

3）因为两个关节都是转动关节，提取各关节对应的 $^i\boldsymbol{n}_i$ 矢量的 $\hat{Z}$ 轴分量，得两个关节的驱动力矩分别为

$$\tau_1 = m_2 l_2^2 (\ddot{\theta}_1 + \ddot{\theta}_2) + m_2 l_1 l_2 c_2 (2\ddot{\theta}_1 + \ddot{\theta}_2) + (m_1 + m_2) l_2^2 \ddot{\theta}_1 -$$

$$m_2 l_1 l_2 s_2 \dot{\theta}_2^2 - 2 m_2 l_1 l_2 s_2 \dot{\theta}_1 \dot{\theta}_2 + m_2 l_2 g c_{12} + (m_1 + m_2) l_1 g c_1 \tag{3.104}$$

$$\tau_2 = m_2 l_1 l_2 c_2 \ddot{\theta}_1 + m_2 l_1 l_2 s_2 \dot{\theta}_2^2 + m_2 l_2 g c_{12} + m_2 l_2^2 (\ddot{\theta}_1 + \ddot{\theta}_2) \tag{3.105}$$

上述两式是以关节位置、速度和加速度为变量的关节驱动力矩表达式。可以看出该二连杆机械臂封闭形式的动力学方程是比较复杂的，由此可以想象 6 自由度机器人的封闭形式的动力学方程会更复杂。

思 考 题

1. 请查找资料，了解常见的齿轮有哪些分类形式，不同的齿轮适用于什么样的工作场合？

2. 分析丝杠传动的优点和缺点。

3. 目前常见的工业机器人和服务机器人中，使用了哪些机械传动结构？为什么会这么使用？

4. 如图 3.35 所示为一个四连杆机械臂，非零连杆参数 $a_1 = 1$，$\alpha_2 = \sqrt{2}$，$d_3 = \sqrt{2}$，$a_3 = \sqrt{2}$，这个机构的位形为 $\theta = \begin{bmatrix} 0 & 90° & -90° & 0 \end{bmatrix}^T$，每个关节的运动范围是 $\pm180°$。建立该机械臂的正运动学方程，求解工作空间和解析逆解。

5. 推导图 3.36 所示的三连杆机械臂的动力学方程。已知参数 $l_1 = l_2 = 0.5\mathrm{m}$，$m_1 = 4.6\mathrm{kg}$，$m_2 = 2.3\mathrm{kg}$，$m_3 = 1.0\mathrm{kg}$。

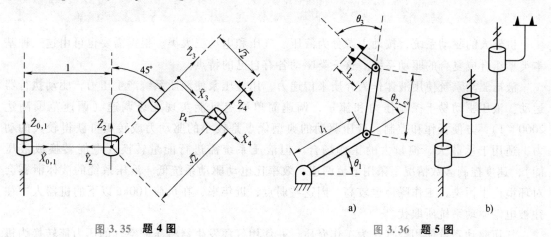

图 3.35 题 4 图   图 3.36 题 5 图

假设：前两个连杆的质量集中在连杆末端。连杆三质心位于坐标系 {3} 的原点。连杆三的惯性张量（单位：$\mathrm{kg \cdot m^2}$）为

$$^c\boldsymbol{I} = \begin{bmatrix} 0.05 & 0 & 0 \\ 0 & 0.1 & 0 \\ 0 & 0 & 0.1 \end{bmatrix}$$

第 4 章

机器人的驱动——电动机

4.1 概述

　　机器人的驱动系统，按动力源分为液压、气压和电动三大类。根据需要也可由这三种基本类型组合成复合的驱动系统。这三类驱动各有自己的特点。

　　液压驱动系统使用液体作为介质来传递力，用液压泵使液压系统产生压力，驱动执行器运动。液压驱动易于控制压力和流量，调速简单稳定且能实现无级调速（调速范围高达2000∶1），方便操作和控制。液压驱动的典型优点是较小的驱动力或转矩可获得较大的动力，适用于承载大、惯量大的工作场合。但液压系统需进行能量转换（电能转换成液压能），速度控制多数情况下采用节流调速，效率比电动驱动系统低。液压系统的液体泄露会对环境产生污染，工作噪声也较高。因这些弱点，近年来，在负荷100kg以下的机器人中往往被电动驱动系统所取代。

　　气压驱动系统使用空气作为工作介质，并使用气源发生器将压缩空气的压力能转换为机械能，以驱动执行器完成预定运动。气动驱动具有结构简单、动作快、质量轻、安装维护方便、安全、成本低、对环境无污染的优点。然而，由于空气的可压缩性，降低了系统的刚性，要实现高精度、快速响应的位置和速度控制并不容易。气压驱动系统多用于工业机器人的执行器驱动等不要求精确位置控制的场合。近年来，人们已经利用气压驱动的灵活性来开发康复、护理方面与人类共存协作的机器人。

　　电动驱动不需能量转换，使用方便，控制灵活。电动机常用于驱动机器人的关节，驱动关节对电动机的主要要求是大功率质量比和转矩惯量比、高起动转矩、低惯量和较宽广且平滑的调速范围。这些特点决定了电动驱动成为机器人关节驱动的主流方式。在机器人系统中，电动机要根据具体情况来选择。负载的物理特性、工作特性、系统要求以及工作环境是重要的指标。负载的物理特性如转矩、惯量等主要取决于电动机的转矩、惯量比。负载的工作特性包括负载是高速还是低速运行、加速度需要达到多少、是否需要频繁起停、频率需要达到多少以及系统运行精度等，所选择的电动机必须适应负载运动的工作要求。在不需要频繁起停的情况下，可以选择控制精度不高的步进电动机。当控制精度要求较高时，可以选择直流或交流伺服电动机。伺服电动机系统包含伺服电动机、伺服控制器、编码器（用于测量磁极位置、电动机转角及转速的传感器）等，一般采用电流环、速度环、位置环三闭环PID控制。伺服电动机可把所收到的电信号转换成电动机轴上的角位移或角速度输出，在精度、转速、适应性以及稳定性方面，较其他类型电动机都有明显优势。

本章主要介绍有刷直流电动机、步进电动机和永磁同步电动机的工作原理和控制方法，并以永磁同步电动机为例，介绍伺服电动机驱动系统的控制算法设计。最后介绍在机器人中常用的舵机。

4.2 有刷直流电动机

有刷直流电动机是使用内置电刷装置将直流电能转换成机械能的旋转电动机。有刷直流电动机在机器人领域有广泛的应用，具有如下特点：①结构简单、开发时间久、技术成熟；②响应速度快，起动转矩大，通过调压调速，起动和制动平稳，恒速运行时也平稳，起动时可带动更大的负荷；③控制精度高，有刷直流电动机通常和减速箱一起使用，使电动机的输出转矩更大，控制精度更高；④使用成本低，维修方便。

有刷直流电动机可概括地分为静止和转动两大部分。静止部分称为定子，转动部分称为转子，其结构如图4.1所示。

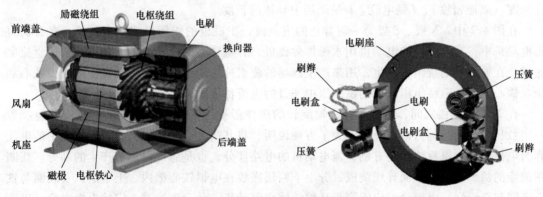

图 4.1　有刷直流电动机结构

（1）定子部分　定子由主磁极、换向极、机座和电刷装置等组成。

1）主磁极的作用是产生恒定的主极磁场，由主磁极铁心和套在铁心上的励磁绕组组成。

2）换向极的作用是消除电动机带负载时换向器产生的有害火花，以改善换向。

3）机座的作用有两个，一是作为各磁极间的磁路，这部分称为定子磁轭；二是作为电动机的机械支撑。

4）电刷装置的作用，一方面是使转子绕组能与外电路接通，使电流经电刷输入电枢或从电枢输出；第二方面是与换向器相配合，获得恒定的电磁转矩。

（2）转子部分　转子是直流电动机的重要部件。由于感应电动势和电磁转矩都在转子绕组中产生，是机械能与电能相互转换的枢纽，因此又称为电枢。转子主要包括电枢铁心、电枢绕组、换向器等。另外转子上还有风扇、转轴和绕组支架等部件。

1）电枢铁心的作用有两个，一是作为磁路的一部分，二是将电枢绕组安放在铁心的槽内。

2）电枢绕组的作用是产生感应电动势和通过电流，使电动机实现机械能和电能的转换。它由许多形状完全相同的线圈按一定规律连接而成。每一线圈的两个边分别嵌在电枢铁心的槽里，线圈的这两个边又称为有效线圈边。

3）换向器又称整流子，在直流电动机中，它将电刷上的直流电流转换为绕组内的交变电流，以保证同一磁极下电枢导体的电流方向不变，使产生的电磁转矩恒定。

换向器由许多鸽尾形铜片（换向片）组成。换向片之间用云母片绝缘，电枢绕组每一个线圈的两端分别接在两个换向片上。直流电动机运行时，电刷与换向器之间往往会产生火花。微弱的火花对电动机的运行并无危害，若换向不良，火花超过一定程度，电刷和换向器就会烧坏，使电动机不能继续运行。

此外，在静止的主磁极与电枢之间，有一定间隙，称为气隙，它的大小和形状对电动机的性能影响很大。气隙的大小随容量不同而不同。气隙虽小，但由于空气的磁阻较大，因而在电动机磁路系统中有着重要的影响。

4.2.1 有刷直流电动机的工作原理

有刷直流电动机的工作原理是电磁力定律：载流导体在磁场中会受到力的作用，磁场在与导体垂直的方向上作用于导体上的电磁力大小为 $F = BIL$，方向由左手定则确定。B 是磁感应强度（磁通密度），I 是电流，L 是磁场中导体的长度。

在图 4.2 中，N 极、S 极为一对静止的主磁极，主磁极的作用是建立主磁场。在有刷直流电动机中，容量较小的电动机用永磁体做磁极，容量较大的电动机的磁场一般采用直流电通过绕在铁心上的绕组来产生，用来产生磁场的绕组称为励磁绕组。主磁极由主磁极铁心和绕在铁心上的励磁绕组组成，励磁绕组中通过的电流称为励磁电流。

在 N 极和 S 极之间，有一个能绕轴旋转的圆柱形铁心，其上按一定的规律连接缠绕着一定数目的线圈，称为电枢绕组。为了方便说明，将其简化成一匝线圈，电枢绕组中的电流称为电枢电流。电枢绕组是有刷直流电动机的电路部分，也是感应电动势产生的部分。线圈用绝缘的圆形或矩形截面导线绕成，分上下两层嵌放在电枢铁心槽内，上下层以及线圈与铁心之间都要绝缘。电枢绕组应能产生足够的感应电动势，并允许通过一定的电枢电流，以产生所需的电磁转矩和电磁功率。

电枢绕组两端分别接在两个相互绝缘且和绕组同轴旋转的半圆形铜片——换向片上，将各组线圈的两个电源输入端依次排成一个半环，相互之间用绝缘材料分隔，组成换向器。电源通过两个电刷，在弹簧压力的作用下，从两个特定的固定位置压在换向器上。

1. 有刷直流电动机的工作过程

有刷直流电动机采用机械换向，电枢绕组通过电刷接在直流电源上，绕组的旋转轴与机械负载相联。电动机工作时，电流从电刷 A 流入电枢绕组，从电刷 B 流出。电枢中通过电枢电流 I_a，电枢受到磁场的作用力 F，其方向可由左手定则判断，已在图 4.2 中标出。ab、cd 段导体所受到的磁场力共同形成的电磁转矩 T 推动电动机电枢旋转。由于换向器随电枢一起旋转，电刷 A 总是接触 N 极下的导线，而电刷 B 总是接触 S 极下的导线，电流在导体中的流动方向发生改变，电枢受到的电磁转矩方向不变。

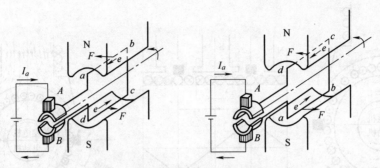

图 4.2 有刷直流电动机的结构和工作过程

2. 有刷直流电动机的磁场

有刷直流电动机空载时，电枢电流很小，可以忽略不计，其磁场主要由主磁极（励磁绕组）的磁通势激磁。总磁通分为主磁通和漏磁通。主磁通通过气隙、漏磁通不通过气隙，漏磁通大约是主磁通的20%。主磁通通过定子、转子，在电枢绕组中产生感应电动势和电磁转矩。空载时，磁通势主要消耗在气隙上，气隙磁感应强度的分布主要由气隙的大小和形状决定，气隙在主磁极下为一常数，在磁极之间会较大一些。B 为磁感应强度，H 为磁场强度，F 为磁通势，δ 为气隙。

$$B \propto H = \frac{F}{\delta}$$

有刷直流电动机空载时，气隙的磁感应强度分布是如图4.3所示的平顶波。

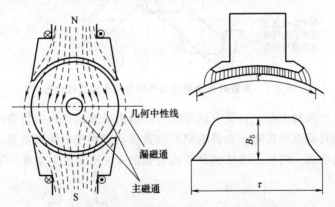

图 4.3 电动机空载时的磁场和气隙磁感应强度分布

电动机带负载时，电枢中流过电流产生磁通势。气隙磁场是电枢磁通势和主磁极磁通势的合成。为了方便分析，在电动机中定义两个坐标轴：直轴（d 轴）为与主磁极轴线重合的轴，交轴（q 轴）为与主磁极轴线正交的轴。如图4.4所示，电枢产生的磁通势与主磁极磁场垂直，为交轴磁通势。根据全电流定律，可以计算出电枢磁通势沿电枢表面的分布，其波形为如图4.5所示的三角波，其磁感应强度分布为马鞍形波。

图 4.6 所示为主磁场与电枢磁场合成为电动机负载时的磁场分布，磁力线发生变形扭曲，两磁场的合成磁感应强度如图4.7所示。电枢磁场对主磁场的影响称为电枢反应。

此时，电动机的几何中性线与磁感应强度为零的物理中心线已不再重合，如果电刷的位置仍在几何中性线上，当导体运动到电刷处时，导体被短路，而被短路的元件中的电势和电

22222222222222222222222

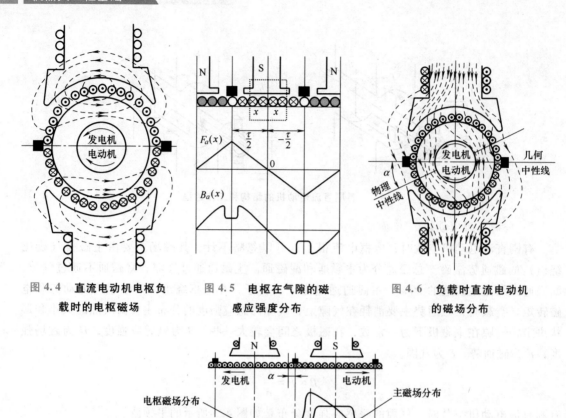

图 4.4　直流电动机电枢负载时的电枢磁场

图 4.5　电枢在气隙的磁感应强度分布

图 4.6　负载时直流电动机的磁场分布

图 4.7　负载时直流电动机气隙的磁感应强度分布

流不是零，会产生电弧和火花，这是有刷直流电动机由于换向存在的特有问题。为了解决此问题，在设计有刷直流电动机时，会将电刷的位置移动到物理中性线位置。

电刷的位置改变后，电枢磁通势的分布也会如图4.8所示发生变化，不再是完全沿着交

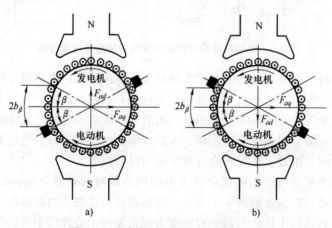

图 4.8　直流电动机电枢磁通势的分解

轴方向，为了研究方便，可将电枢磁通势沿交轴和直轴分解，电枢磁通势 F_a 分解为相互垂直的直轴分量 F_{ad} 和交轴分量 F_{aq}。

直轴电枢磁通势的方向和主磁极磁场相同，作用是增磁或去磁，不会影响磁场的分布波形。交轴电枢磁通势方向和主磁极磁场正交，不会增磁或去磁，会影响磁场的分布。

3. 直流电动机的感应电动势和电磁转矩

一根长度为 l，直径为 D，流过电流 I 的导体，感应电动势为 $e = Blv$。设绕组总导体数为 N，支路对数为 a，则每支路的导体数为 $\dfrac{N}{2a}$，则每支路的总电势为

$$E_a = \sum_1^{\frac{N}{2a}} Blv = lv \sum_1^{\frac{N}{2a}} B(x) = lv \frac{N}{2a}\left(\frac{1}{N/2a} \sum_1^{\frac{N}{2a}} B(x) \right) \tag{4.1}$$

式中，v 为线速度，线速度与转速 n（r/min）的关系为

$$v = \pi D \frac{n}{60} = 2p\tau \frac{n}{60} \tag{4.2}$$

式中，p 为电动机极对数；τ 为极距。

$\dfrac{1}{N/2a} \sum_1^{\frac{N}{2a}} B(x)$ 可以理解为该支路中所有导体的平均磁感应强度 B_{av}，图 4.9 所示为每磁极下的磁通量 $\Phi = B_{av}\tau l$。

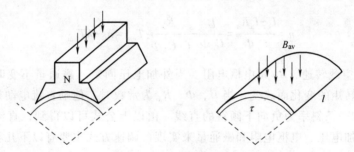

图 4.9　每磁极下磁通量示意图

将 $\Phi = B_{av}\tau l$ 和式（4.2）代入式（4.1）可得到

$$E_a = \frac{PN}{60a} \Phi n = C_e \Phi n \tag{4.3}$$

式中，$C_e = \dfrac{PN}{60a}$ 为电动势常数，由电动机结构决定；总电动势 $E = E_a$。

直流电动机的电磁转矩的推导方式与感应电动势相似，一根导体的受力 $F = Bli_a$，i_a 为流过导体的电流，一根导体的电磁转矩为

$$T = Bli_a \frac{D}{2} \tag{4.4}$$

所有导体的合成电磁转矩为

$$T_{em} = \sum_1^N Bli_a \cdot \frac{D}{2} = Nl \frac{D}{2} \cdot \left(\frac{1}{N} \sum_1^N B(x) i_a \right) \tag{4.5}$$

由于每个磁极的磁感应强度和电流符号相同，所以

$$\sum_1^N B(x) i_a = 2pi_a \sum_1^{N/2P} |B(x)| \tag{4.6}$$

将式（4.6）代入式（4.5）可得

$$T_{em} = \frac{pN}{2\pi a}\Phi I_a = C_T \Phi I_a \tag{4.7}$$

其中电枢总电流 $I_a = 2ai_a$，$C_T = \dfrac{pN}{2\pi a}$ 称为转矩常数。电动势常数和转矩常数的形式是一致的，表示电动机输出电动势或转矩的能力。在负载运行的直流电动机中，感应电动势随转速增大而增大，电磁转矩随电流增大而增大；外加电源电压 U 大于感生电动势，产生电枢电流。

有刷直流电动机的电动势方程为

$$U = E_a + I_a R_a \tag{4.8}$$

式中，U 为外加电压；E_a 为感生电动势；I_a 为电枢电流；R_a 为电枢电阻。

直流电动机的转矩方程为

$$T = T_0 + T_2 \tag{4.9}$$

式中，T 为电磁转矩；T_0 为阻力转矩；T_2 为机械负载转矩。

4.2.2 有刷直流电动机的控制方法

由式（4.8）电动势方程可以推导出直流电动机的转速 n 为

$$n = \frac{U - I_a R_a}{C_e \Phi} = \frac{U}{C_e \Phi} - \frac{R_a}{C_e C_T \Phi^2} T_{em} = n_0 - kT_{em} \tag{4.10}$$

其中，n_0 是理想空载转速，R_a 是电枢电阻。当外加电压固定、磁通量不变时，直流电动机的转速会随负载转矩的变化而改变。当 U、Φ、R_a 为常数时，他励直流电动机的力学特性是如图 4.10 所示的一条斜率为负向下倾斜的直线。由以上公式可以得到，直流电动机的调速可以通过改变外加电压、电枢电阻和磁通量来实现。调速方式主要有以下几种。

1. 串阻调速

串阻调速特性曲线如图 4.11 所示。与固有特性相比，电枢串电阻人为特性的理想空载转速 n_0 不变，但斜率随串联电阻 R_s 的增大而增大，所以特性变软。改变 R_s 的大小，可以得到一族通过理想空载点 n_0 并具有不同斜率的人为特性曲线。在电枢中串入电阻，转速与转矩关系曲线是一组截距相同，斜率不同的相交线。串阻降速只能分档调节，调节的平滑性差，且由于电阻耗能，导致电动机的效率较低。

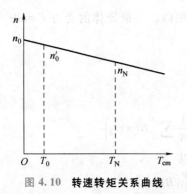

图 4.10 转速转矩关系曲线

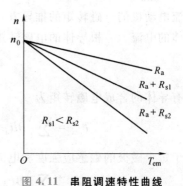

图 4.11 串阻调速特性曲线

2. 调磁调速

电动机额定运行时，磁路已经开始饱和，即使再增加励磁电流，磁通量也不会有明显增加，何况由于励磁绕组发热条件的限制，励磁电流也不允许再大幅度地增加。因此，只能在额定值以下调节励磁电流，即只能减弱励磁磁通量。在电枢串电阻的特性中，因为 $\Phi = \Phi_N$ 不变，T_{em} 正比于 I_a，所以它们的力学特性 $n = f(T_{em})$ 曲线也代表了转速特性 $n = f(I_a)$ 曲线。但是在讨论减弱磁通量的人为特性时，因为磁通量 Φ 是个变量，所以图 4.12 中 $n = f(T_{em})$ 与 $n = f(I_a)$ 两条曲线是不同的。在磁通量降低时，转速与转矩是一组斜率和截距均变大的曲线。由于 E 的变化不大，因此转速与磁通量的关系类似于反比例，当磁通量降低时，转速升高。调磁调速基本是恒功率调速，由于磁通量的变化对电动机性能的影响较大，因此调磁调速的调速范围不大。

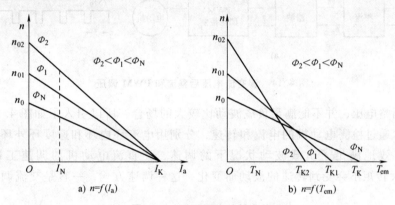

a) $n = f(I_a)$ b) $n = f(T_{em})$

图 4.12 调磁调速特性曲线

3. 调压调速

上述两种调速方式一方面是影响直流电动机的性能，另一方面是不容易形成闭环控制。因此，直流电动机常用的调速方式是调压调速。

对于他励直流电动机，一般给励磁线圈施加一个稳定的电压，可以近似让励磁电流稳定，进而让气隙磁通量 Φ 恒定。如果是永磁直流电动机，用永磁铁替代励磁线圈，磁通量是恒定的。磁通量一定，与固有特性比较，降低电压时人为特性的斜率不变，但理想空载转速 n_0 随电压的降低而正比减小。随着电压的变化，转速与转矩的关系是如图 4.13 所示的一组斜率相同、截距不同的平行线，可以精确计算电动机的转速。

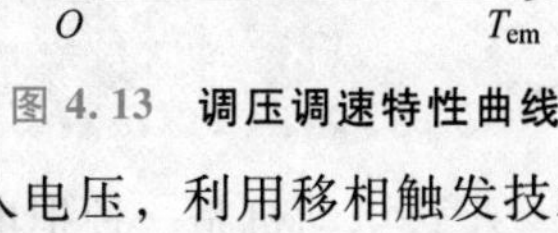

电枢电压的控制目前常用的方法有调交流电压后整流（调交调压）和 PWM 调压两种方式，如图 4.14a 所示。

图 4.13 调压调速特性曲线

调交调压主要使用晶闸管可控硅，通过给可控硅施加交流输入电压，利用移相触发技术控制可控硅的导通角，把交流电整流成一定脉动的直流电，因为直流电动机是大感性负载，脉动直流电会被大电感滤波。这个直流电的电压是可以调整的，和可控硅的导通角成比例关系。这种调速技术成熟可靠，在 20 世纪中后期得到了广泛的工业应用，但并不适用于快速的伺服控制。

PWM 调压利用开关元件，把直流电压调制成如图 4.14b 所示的波形。PWM 波形的周期一般比较小、频率较高。因此，经过滤波电路之后，就可以输出一个直流电压。直流电压值的大小由 PWM 波形的一个参数——占空比来控制。图 4.14b 分别是占空比为 25%、50%、75% 的 PWM 波形。通过调整占空比来控制电压的方法，调速效果平滑连续，是目前效果最好的调速方法，可以实现启动控制，但是设备成本较高。

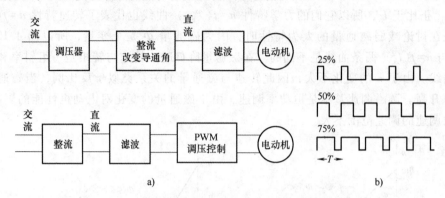

图 4.14　调交流电压后整流和 PWM 调压

简单的调整电压，并不能满足负载波动比较大的场合，所以引入了如图 4.15 所示的闭环调速系统，通过检测电动机的电流和转速，分别用电流环内环和速度环外环控制，使用 PID 算法，有效地满足了负载波动状况下的调速，让直流电动机的调速工作特性非常"硬"，即最大转矩不会受到转速的波动而变化。这种调速方式，一直是交流调速系统的模仿对象。

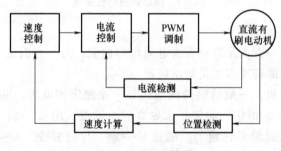

图 4.15　闭环调速系统

4.3　步进电动机

步进电动机是一种把电脉冲信号转换成机械角位移的可控电动机，当步进电动机接收到一个脉冲信号，它就驱动步进电动机转子按设定的方向转动一个固定的角度。转子的角位移的大小及转速分别与输入的电脉冲数及其频率成正比，并在时间上与输入脉冲同步。只要控制输入电脉冲的数量、频率以及电动机绕组通电相序即可获得所需的转角、转速及转向，很容易用微机实现数字控制。

步进电动机的应用具有如下特点：

1）可以用数字信号直接开环控制，整个系统简单。位移与输入脉冲信号数相对应，步距误差不长期积累，可以组成结构较为简单又具有一定精度的开环控制系统，也可组成更高精度的闭环控制系统。

2）电动机无刷，本体部件少，可靠性高。

3）易于起动停止，停止时可有自锁能力，正反转及速度响应性好。

4）速度可在相当宽范围内平滑调节；步距角可大范围选择，在小步距情况下，通常可以在超低转速下高转矩稳定运行，不经减速器直接驱动负载。

5）步进电动机带惯性负载能力较差。由于存在失步和共振，步进电动机的加、减速方法根据应用状态的不同而复杂化。

步进电动机从结构形式上可分为反应式（又称变磁阻式）、永磁式和混合式三种；按相数可分为二相、三相、四相、多相步进电动机，其中两相混合式步进电动机在工业上应用最为广泛。

反应式步进电动机的定子上有绕组，转子由软磁材料制成，转子与定子趋于磁阻最小位置，因此又称为可变磁阻式步进电动机。反应式步进电动机的结构简单、成本低、步距角小，但动态性能较差、效率低。

永磁式步进电动机的转子由永磁材料制成，转子的极数与定子相同，定子采用软磁钢制成，绕组轮流通电，建立的磁场与永磁铁的恒定磁场相互吸引与排斥产生转矩。由于采用了永磁铁，即使定子绕组断电也能保持一定转矩。永磁式步进电动机的特点是励磁功率小、效率高、造价便宜、输出力矩大，由于转子磁铁的磁化间距受到限制，难于制造，故步距角较大。

混合式步进电动机综合了反应式和永磁式步进电动机的优点，其定子上有多相绕组，转子导磁体上嵌有永磁材料，定子和转子上均有多个小齿以提高步距精度。混合式步进电动机动态性能好、输出力矩大、步距角小、励磁功率小、效率高，但是结构复杂、成本较高。

步进电动机通常用于定位控制和定速控制，应用广泛。其控制系统简单可靠，成本较低，但控制精度受到步距角限制，高负载或高速运行时容易失步，低速转动会产生低频振动现象。步进电动机一般适合载荷小、低速、体积小及要求性价比高的场合。

4.3.1 步进电动机的工作原理

以反应式步进电动机为例介绍步进电动机的工作原理。步进电动机的结构如图 4.16 所示，可分为定子和转子两部分，其中定子又分为定子铁心和定子绕组，定子铁心由电工钢片

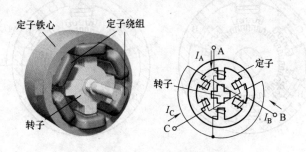

图 4.16 步进电动机的结构

叠压而成。定子绕组是绕置在定子铁心 6 个均匀分布齿上的线圈，在直径方向上相对两个齿上的线圈串联在一起，构成一相控制绕组。转子的齿数和定子的齿数不同，造成一相定子和转子齿对齐时，另一相的齿是错开的，趋向磁阻最小，产生了转子旋转的转矩。

当 A 相绕组通以直流电流时，便会在 AA 方向上产生磁场，在磁场电磁力的作用下，吸引转子，使转子的齿与定子 AA 磁极上的齿对齐。若 A 相断电，B 相通电，这时新的磁场的电磁力又吸引转子的两极与 BB 磁极齿对齐，转子沿顺时针转过 30°。步进电动机绕组的通断电状态每改变一次，其转子转过的角度 α 称为步距角。因此，如图 4.17 所示步进电动机的步距角 α 等于 30°。如果控制线路按 A→B→C→A… 的顺序控制步进电动机绕组的通断电，步进电动机的转子便顺时针转动。若通电顺序改为 A→C→B→A…，步进电动机的转子将逆时针转动，这种通电方式称为三相三拍。

a) A相通电　　　　b) B相通电　　　　c) C相通电

图 4.17　步进电动机的工作过程

还有一种三相六拍的通电方式，它的通电顺序是：顺时针为 A→AB→B→BC→C→CA→A…，逆时针为 A→AC→C→CB→B→BA→A…。若以三相六拍通电方式工作，当 A 相通电转为 A 和 B 同时通电时，转子的磁极将同时受到 A 相绕组产生的磁场和 B 相绕组产生的磁场的共同吸引，转子的磁极会停在 A 和 B 两相磁极之间，这时它的步距角 θ_s 等于 15°。当由 A 和 B 两相同时通电转为 B 相通电时，转子磁极再沿顺时针旋转 15°，与 B 相磁极对齐。其余依此类推。采用三相六拍通电方式，可使步距角 α 缩小一半。

实际采用的步进电动机的步距角多为 3° 和 1.5°，为了产生小步距角，定子和转子都被做成多齿。如图 4.18 所示，当 A 相各齿对齐时，B 相转子齿错位 3°。这样每转过一个齿，步距角减小为 3°，也就实现了更精确的控制。

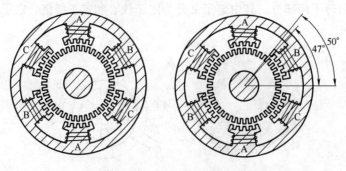

图 4.18　步进电动机的齿数

4.3.2 步进电动机的控制方法

步进电动机工作时,每相绕组由专门的驱动电源通过环形分配器按一定规律轮流通电。步距角

$$\theta_s = \frac{360°}{Z_r N} \tag{4.11}$$

式中,N 为一个周期的运行拍数(一周期所包含的通电状态数);Z_r 为转子齿数。

步进电动机的控制结构主要由如图 4.19 所示的脉冲发生器、脉冲分配器和功率放大器三部分组成。

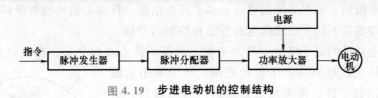

图 4.19 步进电动机的控制结构

脉冲发生器是一个脉冲频率在几赫兹到几万赫兹内可连续变化的脉冲信号发生器,常用的有多谐振荡器和单晶体管构成的张弛振荡器两种。

脉冲分配器使电动机绕组的通电顺序按一定规律变化,根据指令把脉冲按照一定的逻辑关系加到各相绕组的功率放大器上,又称环形脉冲分配器。传统方式可使用门电路和触发器搭建脉冲分配器,目前常用电动机控制集成电路,如 CH205 芯片,或微处理器编程实现。

功率放大器。从计算机输出口或从环形分配器输出的信号脉冲电流一般只有几毫安,不能直接驱动步进电动机,必须采用功率放大器放大脉冲电流,使其增大到几至十几安,从而驱动步进电动机运转。由于电动机各相绕组是绕在铁芯上的线圈,所以电感较大,绕组通电时,电流上升率受到限制,因而影响电动机绕组电流的变化。绕组断电时,电感中磁场的储能将维持绕组中已有的电流不能突变,在绕组断电时会产生反电动势。为使电流尽快衰减,并释放反电动势,必须增加适当的续流回路。

细分驱动。步进电动机的各种功率放大电路都是按照环形分配器决定的分配方式、控制电动机各相绕组的导通或截止,从而使电动机产生步进运动,步距角的大小只有两种,即整步工作或半步工作。步距角已由步进电动机的结构确定。如果要求步进电动机有更小的步距角,或者为了减小电动机的振动、噪声等,可以在每次输入脉冲切换时,不是将绕组电流全部通入或去除,而是只改变相应绕组中额定电流的一部分,则电动机转子的每步运动也只有步距角的一部分。这里绕组电流不是一个方波,而是阶梯波,绕组电流-台阶式变化,电流分成多少个台阶,则转子就以同样的步数转过多少个步距角。这样将一个步距角细分成若干步的驱动方法称为细分驱动。细分驱动能在不改动电动机结构参数的情况下,使步距角减小。

4.4 永磁同步电动机

永磁同步电动机是指用永磁铁代替转子绕组的同步电动机,是由绕组式同步电动机发展

起来的，定子的结构与普通同步电动机相比差别不大。永磁同步电动机的特点：使用永磁体作为电动机转子，省去了励磁绕组、滑环和电刷，电动机的结构比较简单。

永磁同步电动机按照磁通及反电动势的分布不同，可以分为无刷直流电动机和永磁交流电动机。无刷直流电动机的反电动势为接近方波的梯形波，而永磁交流电动机的反电动势为正弦波。若考虑定子需产生的旋转磁场，无刷直流电动机的磁场则是步进式旋转磁场，而永磁交流电动机的磁场是均匀旋转磁场。

不同类型的永磁同步电动机运行性能和控制方法存在差别，但永磁同步电动机矢量控制与异步电动机、绕组式同步电动机一样，都是一种基于转子磁场定向的控制策略。通过转子磁链和电动机转矩的解耦，实现对磁链和转矩的分别控制。矢量控制技术以坐标变换为基础，为高性能永磁同步伺服系统的设计提供了理论依据。针对电动机的类型和应用要求的不同，基于矢量控制的不同方法之间也有性能和控制的差别。

永磁同步电动机的定子绕组一般为三相，沿定子铁心对称分布，在空间互成 120°角度差，当通入三相交流电时将产生旋转磁场。转子采用永磁体，目前主要以钕、铁、硼作为永磁材料。通电以后，由定子产生的旋转磁场将会吸引转子产生的恒定磁场，带动转子旋转。永磁同步电动机定、转子如图 4.20 所示。实际应用的永磁同步电动机的转子有多对磁极，相应的定子绕组也是对应多对磁极的空间分布。

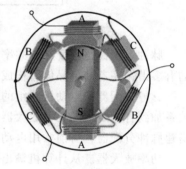

图 4.20　永磁同步电动机定、转子

借鉴直流电动机的工作原理分析，电动机的转矩和转速主要由电枢电流决定。电枢电流对电机磁场造成的影响可以分解在交轴和直轴上，其中直轴分量对磁场的作用是增磁或去磁，而交轴分量会影响机电能量之间的转换。交、直轴分解的概念在永磁同步电动机的工作原理和控制方案设计中十分重要。永磁同步电动机被广泛应用于机器人领域的伺服运动控制，可将电压信号转化为转矩和转速以驱动控制对象，准确控制机器人运动的速度和位置。

4.4.1　永磁同步电动机的工作原理

永磁同步电动机的数学模型是一个多变量强耦合、非线性的复杂模型，它是空间矢量算法的基础和理论依据。为了便于分析，在理论上做以下假设：

① 不计涡流和磁滞损耗，忽略定、转子铁心磁阻。

② 电动机定子绕组呈三相对称分布。

③ 转子阻尼电阻为零，永磁体无阻尼作用。

④ 定子绕组电流产生的磁场与转子永磁体产生的磁场在气隙中均按正弦分布。

⑤ 稳态运行时，三相绕组中感应电动势波形为正弦波，且忽略高次谐波。

永磁同步电动机的基本方程包括电压方程、磁链方程和转矩方程。为推导这些方程，我们先建立坐标系。在其数学建模中，常用的三种坐标系为 abc 三相静止坐标系、α-β 两相静止坐标系和 d-q 两相旋转坐标系。根据磁通势相等的原则，可将上述三种坐标系进行等效变换，实现永磁同步电动机数学模型的解耦，易于电动机的分析与控制。

图 4.21 所示的永磁同步电动机定子三相绕组轴线的空间位置相差 120°，abc 三相静止

坐标系的三个轴方向分别为 a、b、c 三相定子绕组的
轴线。在该坐标系下，电压、电流及它们产生的磁链
都是旋转的矢量，它们的转速一致，相位不同。

　　旋转的矢量可以用复数的形式表示，通过 Euler 公
式，可以将三相绕组产生的旋转矢量等效为两个在空
间和相位上都相差 90°的绕组所产生的旋转矢量的合
成。以这两个等效绕组为标准建立的坐标系就是 α-β
两相静止坐标系，其中 α 轴与三相静止坐标系的 a 轴
重合，β 轴超前 α 轴 90°，将 abc 三相静止坐标系下的
表述转换到 α-β 两相静止坐标系下的坐标变换为 Clark
变换。为了方便对永磁电动机控制方案的设计，再设
置一个 d-q 两相旋转坐标系，d-q 两相旋转坐标系跟随

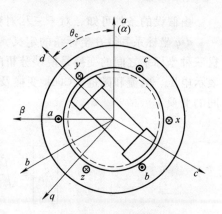

图 4.21　永磁同步电动机三种
坐标系的关系

转子同步旋转，d 轴与转子磁场的方向重合，q 轴逆时针超前 d 轴 90°，d 轴与 α 轴之间的夹
角为 θ，θ 为电角度。在此坐标系下，旋转的矢量会变为常量，这样就实现了对永磁同步电
动机的解耦，易于电动机的分析与控制。将 α-β 两相静止坐标系下的表述转换到 d-q 两相旋
转坐标系的坐标变换为 Park 变换。

　　在 abc 坐标系下，可以直观表示永磁同步电动机各相的电磁关系。永磁同步电动机磁链
方程见式（4.12）。电枢的每相磁链是它本身的自感磁链和其他绕组以及转子永磁体对它的
互感磁链的和。

$$\begin{bmatrix} \psi_a \\ \psi_b \\ \psi_c \end{bmatrix} = \begin{bmatrix} L_{aa} & L_{ab} & L_{ac} \\ L_{ba} & L_{bb} & L_{bc} \\ L_{ca} & L_{cb} & L_{cc} \end{bmatrix} \times \begin{bmatrix} i_a \\ i_b \\ i_c \end{bmatrix} + \begin{bmatrix} \psi_{fa} \\ \psi_{fb} \\ \psi_{fc} \end{bmatrix} \tag{4.12}$$

其中，$L_{aa} = L_{bb} = L_{cc}$ 是定子的自感，$L_{ab} = L_{ba} = L_{ac} = L_{ca} = L_{bc} = L_{cb}$ 是电枢绕组间的互感。
转子永磁磁通对定子侧的磁链由转子角位移决定

$$\begin{cases} \psi_{fa} = \psi_f \times \cos\theta_e \\ \psi_{fb} = \psi_f \times \cos\left(\theta_e - \dfrac{2\pi}{3}\right) \\ \psi_{fc} = \psi_f \times \cos\left(\theta_e + \dfrac{2\pi}{3}\right) \end{cases} \tag{4.13}$$

abc 坐标系下各相的端电压方程见式（4.14）。以 a 相为例，a 相的端电压是电枢电阻压
降和感应电动势之和，感应电动势一部分是电感电动势，另一部分 $\psi_f\omega_e\sin\theta_e$ 是转子永磁磁
通感应电动势。在同步运行的状态，电动机的所有电枢变量（包括电流和磁链）以角频率
ω_e 随时间按正弦变化。

$$\begin{cases} u_a = R_s i_a + p i_a \left(\dfrac{3L_s}{2} + L_m\right) - \psi_f \omega_e \sin\theta_e \\ u_b = R_s i_b + p i_b \left(\dfrac{3L_s}{2} + L_m\right) - \psi_f \omega_e \sin\left(\theta_e - \dfrac{2\pi}{3}\right) \\ u_c = R_s i_c + p i_c \left(\dfrac{3L_s}{2} + L_m\right) - \psi_f \omega_e \sin\left(\theta_e + \dfrac{2\pi}{3}\right) \end{cases} \tag{4.14}$$

由假设的条件可知，对于三相对称的正弦波电流：$i_a+i_b+i_c=0$。

d-q 坐标系和 α-β 坐标系的定义，为永磁同步电动机的分析带来了方便。永磁同步电动机三种坐标系之间的变换是模型分析的基本工具，以下给出变换矩阵。坐标变换公式中的 S 表示电压、电流和磁链。Clark 变换及其逆变换是定子 abc 三相坐标系和 α-β 两相坐标系之间的变换

$$\begin{bmatrix} S_\alpha \\ S_\beta \\ S_0 \end{bmatrix} = \sqrt{\frac{2}{3}} \begin{bmatrix} 1 & -\frac{1}{2} & -\frac{1}{2} \\ 0 & \frac{\sqrt{3}}{2} & -\frac{\sqrt{3}}{2} \\ \frac{\sqrt{2}}{2} & \frac{\sqrt{2}}{2} & \frac{\sqrt{2}}{2} \end{bmatrix} \times \begin{bmatrix} S_a \\ S_b \\ S_c \end{bmatrix} \tag{4.15}$$

$$\begin{bmatrix} S_a \\ S_b \\ S_c \end{bmatrix} = \sqrt{\frac{2}{3}} \begin{bmatrix} 1 & 0 & \frac{\sqrt{2}}{2} \\ -\frac{1}{2} & \frac{\sqrt{3}}{2} & \frac{\sqrt{2}}{2} \\ -\frac{1}{2} & -\frac{\sqrt{3}}{2} & \frac{\sqrt{2}}{2} \end{bmatrix} \times \begin{bmatrix} S_\alpha \\ S_\beta \\ S_0 \end{bmatrix} \tag{4.16}$$

Clark 变换可以变换 abc 坐标系和 α-β 坐标系的电压和电流。如果约定变换量的幅值不变，也就是 $\sqrt{i_\alpha^2+i_\beta^2}=I_p$，则得到变换的系数是 $\frac{2}{3}$。如果约定功率不变，也就是 $u_\alpha i_\alpha+u_\beta i_\beta = u_a i_a+u_b i_b+u_c i_c$，则得到变换的系数是 $\sqrt{\frac{2}{3}}$。

Park 变换及其逆变换，是定子 α-β 两相坐标系和 d-q 旋转坐标系之间的变换

$$\begin{bmatrix} S_d \\ S_q \\ S_0 \end{bmatrix} = \begin{bmatrix} \cos\theta_e & \sin\theta_e & 0 \\ -\sin\theta_e & \cos\theta_e & 0 \\ 0 & 0 & 1 \end{bmatrix} \times \begin{bmatrix} S_\alpha \\ S_\beta \\ S_0 \end{bmatrix} \tag{4.17}$$

$$\begin{bmatrix} S_\alpha \\ S_\beta \\ S_0 \end{bmatrix} = \begin{bmatrix} \cos\theta_e & -\sin\theta_e & 0 \\ \sin\theta_e & \cos\theta_e & 0 \\ 0 & 0 & 1 \end{bmatrix} \times \begin{bmatrix} S_d \\ S_q \\ S_0 \end{bmatrix} \tag{4.18}$$

通过 abc 坐标系和 d-q 坐标系之间的变换矩阵，可以把定子坐标系的量变换到随转子同步旋转的 d-q 坐标系下，永磁同步电动机的方程得到简化，便于分析和计算。由式（4.20）可以看到，d、q 轴的电压由三部分组成：d、q 轴的电流在各自等效绕组的电阻上产生的压降；电动机转子旋转在 d、q 轴上产生的旋转电势；d、q 轴的等效磁链变化时产生的脉动电势。在稳态运行时，认为磁链 ψ_d 和 ψ_q 是常数，永磁同步电动机的稳态矢量关系如图 4.22 所示。

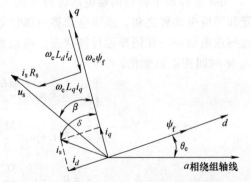

图 4.22　永磁同步电动机的稳态矢量关系

磁链方程为

$$\begin{cases} \psi_d = L_d i_d + \psi_f \\ \psi_q = L_q i_q \end{cases} \quad (4.19)$$

式中，L_d、L_q 分别为定子绕组在 d、q 轴上的等效电感；i_d、i_q 分别为定子绕组在 d、q 轴上的等效电流分量；ψ_d、ψ_q 分别为 d、q 轴上的磁链分量；ψ_f 为转子永磁体产生的磁链。

电压方程为

$$\begin{cases} u_d = R_s i_d + p\psi_d - \omega_e \psi_q = R_s i_d + pL_d i_d + p\psi_f - \omega_e L_q i_q \\ u_q = R_s i_q + p\psi_q + \omega_e \psi_d = R_s i_q + pL_q i_q + \omega_e L_d i_d + \omega_e \psi_f \end{cases} \quad (4.20)$$

电动机功率方程为

$$P = u_d i_d + u_q i_q \quad (4.21)$$

式中，R_s 为定子电阻；ω_e 为转子的电角速度；p 为微分算子；u_d、u_q 为电动机电压在 d、p 轴上的分量。

电磁转矩方程为

$$T_e = \frac{3}{2} N_p (\psi_d i_q - \psi_q i_d) = \frac{3}{2} N_p [\psi_f i_q - (L_d - L_q) i_d i_q] \quad (4.22)$$

式中，N_p 为电动机极对数。

运动方程为

$$T_e = T_L + B\omega_r + Jp\omega_r \quad (4.23)$$
$$\omega_e = N_p \omega_r \quad (4.24)$$

式中，ω_r 为电动机转子的机械角速度；J 为电动机转动惯量；T_L 为负载转矩。

4.4.2 永磁同步电动机的控制方法

永磁同步电动机的控制可以看作是对空间磁场的控制，也可以看作定子磁场与转子磁场的匹配问题，控制的思路是通过坐标变换实现模拟直流电动机的控制方法。交流电动机的电枢磁场与励磁磁场之间存在耦合，因此不能直接通过控制电枢电流来控制电磁转矩。通过在 d-q 两相旋转坐标系下对永磁同步电动机的分析，可以将电枢电流分解为励磁电流和转矩电流，实现磁场的解耦，再通过控制转矩电流来控制电磁转矩，控制方法和控制性能类似于直流电动机。这种同时控制定子电流和幅值的方法称为矢量控制。

根据对励磁电流 i_d 和转矩电流 i_q 的不同控制方法，矢量控制可分为多种方式，$i_d = 0$ 控制法是一种较为常用的方法。此方法可以实现交直轴电流分量的解耦，定子中只有交轴分量，且定子磁通势与永磁体磁场空间矢量正交，电动机的输出转矩与定子电流成正比。此控制方法类似于直流电动机控制方法，其控制系统简单，转矩性能好，可以获得很宽的调速范围，适用于高性能的数控机床、机器人等场合。

永磁同步伺服系统的组成结构如图 4.23 所示，由永磁同步电动机、传感器、功率逆变器和数字控制器四个部分组成。

永磁同步伺服系统中应用的传感器包括位置速度传感器和电流传感器。系统的精确控制需要电动机磁极位置信息，位置和速度的控制模式需要位置和速度的反馈信息。这三种信息一般是通过在永磁同步电动机的转子上同轴安装位置传感器来获得。因为转子采用永磁体励磁，当得到电动机的角位置信息时，通过校正磁极的初始位置也就得到了磁极位置的信息；

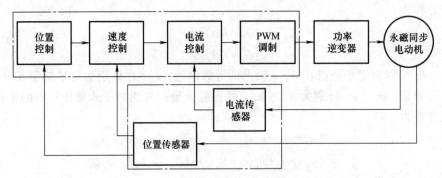

图 4.23   永磁同步伺服系统的组成结构

而速度可以由位置的微分计算。常用的位置传感器主要有旋转变压器和光电编码器。旋转变压器由铁心和线圈组成，结构坚固，适合在较高温度以及恶劣环境下工作，但原理比较复杂，难以得到高精度的角度信息。光电编码器具有数字量输出、高精度、抗干扰能力强等优点，目前已被广泛应用，但其光学元件在安装以及工作于恶劣环境时容易损坏，是其本身固有的缺点。永磁同步电动机通过控制电流来控制转矩，电流反馈是永磁同步电动机控制中不可或缺的环节。电流传感器把电动机的相电流按一定比例传输给反馈采集电路，经过数字化后提供给电流控制器。

功率逆变器主要由整流器和逆变器两部分组成。整流器将三相交流电转变为直流电，为逆变器提供母线电压。逆变器的功能是根据控制电路的指令，在 PWM 信号的驱动下将整流器提供的高压直流电转变为伺服电动机定子绕组中的三相交流电，以产生所需电磁转矩。PWM 控制以一定的频率产生触发信号，协调逆变器的输出频率和电压，保持输入电枢绕组中电流的良好正弦性。

在永磁交流伺服系统中，一般采取三闭环控制，从内到外为电流环、速度环、位置环。永磁同步电动机控制系统的设计，是从电流环开始，依次到速度环、位置环。

（1）电流环   永磁同步电动机的电压方程变换后，可以得到永磁同步电动机电流环的状态方程，见式（4.25）。

$$
\begin{bmatrix} pi_d \\ pi_q \end{bmatrix} = \begin{bmatrix} \dfrac{-R_s}{L_d} & P_n\omega_r \\ -P_n\omega_r & \dfrac{-R_s}{L_q} \end{bmatrix} \begin{bmatrix} i_d \\ i_q \end{bmatrix} + \begin{bmatrix} \dfrac{1}{L_d} & 0 \\ 0 & \dfrac{1}{L_q} \end{bmatrix} \begin{bmatrix} u_d \\ u_q \end{bmatrix} + \begin{bmatrix} 0 \\ -\dfrac{P_n\psi_f\omega_r}{L_q} & -\dfrac{T_L}{J}\omega_r \end{bmatrix} \tag{4.25}
$$

结合转矩方程和运动方程，q 轴电流环动态结构如图 4.24 所示。电流控制器的控制对象包括永磁同步电动机模型和逆变器模型。作为电流环的一个重要环节，PWM 信号控制逆变器把直流电压转换成输入电动机的交流电压信号。逆变器的传递函数等效为一阶惯性环节。设永磁同步电动机采用 $i_d = 0$ 的矢量控制方法。永磁同步电动机的 L_d 和 L_q 相等，简化记为 L。K_ϕ 是反电动势系数，E_ϕ 是转速反电动势，T_V 是逆变器等效时间常数，K_V 是逆变器电压输出比例系数。

用经典控制理论的系统校正方法设计 PI 控制器，把电流环校正为有较好动态性能的 I 型系统。

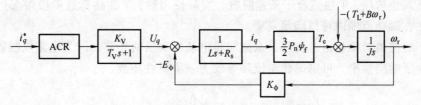

图 4.24　永磁同步电动机 q 轴电流环动态结构

设计电流环的 PI 控制器时，可以忽略反电动势的影响，控制对象包括永磁同步电动机的一阶惯性环节和逆变器的一阶惯性环节。忽略电流反馈环节的延时，设反馈的比例系数为 1，电流环的控制对象可简化为两个一阶惯性环节的串联。

PID 控制器的设计方法有多种，按照工程设计方法，电流环的控制器选择为 PI 控制器，可以把电流环校正为典型的 I 型系统。设 PI 控制器的比例系数和积分时间常数分别为 K_P 和 τ_i，则控制器的传递函数见式（4.26）。为了电流环有快速响应，将控制器的零点和时间常数的极点对应消去，得到式（4.27）。

$$G(s) = \frac{K_V / R_s}{(T_V s + 1)(L s / R_s + 1)} \qquad (4.26)$$

$$D(s) = \frac{K_P \tau_i s + 1}{\tau_i s} \qquad (4.27)$$

$$K_P \tau_i s + 1 = \frac{L}{R_s} s + 1 \qquad (4.28)$$

此时的开环传递函数为

$$G(s) = \frac{K_V Z_i / R_s}{s(T_V s + 1)} \qquad (4.29)$$

电流环控制一般要求快速跟随的同时，阶跃响应的超调量小于 5%。参数设计满足式（4.30）时，电流跟随过程中超调量为 4.3%，且有较快的响应。

$$\frac{K_V T_V}{R_s \tau_i} = 0.5 \qquad (4.30)$$

式（4.28）和式（4.30）联立，可以得到 PI 控制器的比例系数和积分时间常数。

（2）速度环　速度控制是伺服系统十分重要的环节，伺服系统的性能指标也是通过速度控制的性能来描述的。伺服系统对速度性能的要求主要包括：宽调速范围、快速动态响应能力及干扰环境下的控制精度和稳定性。当伺服系统应用于上位控制系统开环的位置控制模式时，要求信号跟随的准确性和快速性，跟随过程要有较小的稳态和动态跟随偏差。

位置传感器除了作为速度环和位置环的反馈信号之外，还要在电流控制过程中为矢量控制提供精确的磁链位置信息。位置传感器的分辨率决定位置环控制的精度。位置传感器安装的零位偏差影响坐标变换所需磁链位置的准确性。因此在反馈磁链位置信息时要校准传感器安装的零位偏差。由位置信息计算反馈速度比较常用的方法有 M 法、T 法。M 法用单位时间得到位置信号的增量计算速度，T 法用得到单位信号增量的时间来计算速度。一般来说，

M 法适合于高速阶段，T 法适合于低速阶段。实际使用时，T 法在低速阶段带来过大的测量延时，M 法在调速范围内可以满足需要。

速度环的控制对象包括电流环、永磁同步电动机和反馈环节，因为电流控制器的截止频率远大于速度响应频率，可以简化电流环等效为一阶惯性环节

$$G_i(s) = \frac{K_i}{T_i s + 1} \tag{4.31}$$

电流环简化后，永磁同步伺服系统速度环的动态结构如图 4.25 所示。速度控制器一般设计为 PI 控制器或 PID 控制器。设计 PI 控制器时，可以把负载转矩和摩擦转矩等效为外部扰动，永磁同步电动机等效为一个积分环节和转矩电流比例系数的串联，反馈环节是滤波延时环节。

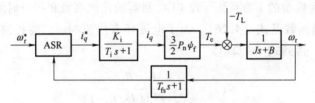

图 4.25　速度环的动态结构

速度环的开环控制对象是两个一阶惯性环节和一个积分环节的串联，一种设计方法是假设速度给定也存在同样的滤波延时，把电流环和反馈滤波的一阶惯性环节合成为一个一阶惯性环节，时间常数是两个时间常数的和。这样，速度环的控制对象可简化为一阶惯性环节和积分环节的串联。按照没有静态误差且有比较好的抗扰能力的要求，速度控制器选择 PI 控制器，见式（4.33）。在频域设计中令中频宽 $h = 5$，截止频率为中频带的中点，得到 PI 控制器的参数公式（4.34），把速度环校正为典型的 II 型系统。

$$G(s) = \frac{1.5 P_n \psi_f K_i}{J s (T_{as} s + 1)} \tag{4.32}$$

$$D(s) = \frac{K_{ps}(\tau_{is} s + 1)}{\tau_{is} s} \tag{4.33}$$

$$\begin{cases} \tau_{is} = h T_{as} \\ K_{ps} = \dfrac{J(h+1)}{2\tau_{is}^2 (1.5 P_n \psi_f)} \end{cases} \tag{4.34}$$

（3）位置环　永磁同步伺服系统的位置控制有两个要求：快速平滑的瞬态响应和较小的位置跟随偏差。位置跟随偏差有两种，一种是在位置跟随的初始阶段，电动机处于加速运行，这时的跟随偏差是速度动态跟随偏差；另一种是速度达到稳定后的速度稳态跟随偏差。速度动态跟随偏差受速度环响应性能及位置控制器的增益影响；而速度稳态跟随偏差的决定因素是位置控制器的增益，增益越大，位置跟随偏差越小。位置控制器增益设定和电动机拖动的负载有关，增益过大时会引起机械冲击和位置控制的超调，这都是不允许的。减小增益能够避免机械冲击和超调的出现，但是会使跟随偏差增大，影响运行的精度。位置控制器的

设计目标就是满足这两个方面的要求。

设计位置控制器时，经过速度和电流两个环节控制的伺服系统可以等效为一个一阶惯性环节处理：K_s 是速度等效比例系数，T_s 是速度等效时间常数。

$$G_1(s) = \frac{K_s}{T_s s + 1} \tag{4.35}$$

位置是速度的积分，位置控制器要控制的对象是

$$G_2(s) = \frac{K_s}{s(T_s s + 1)} \tag{4.36}$$

在机械加工过程中，位置控制最重要的一点是避免超调，位置控制器设计为比例控制，比例系数的选择是在避免超调的前提下尽量实现快速响应。其开环传递函数为

$$G(s) = \frac{K_{pp} K_s}{s(T_s s + 1)} \tag{4.37}$$

闭环传递函数为

$$T(s) = \frac{K_{pp} K_s / T_s}{s^2 + s/T_s + K_{ps} K_s / T_s} \tag{4.38}$$

理论上选取 $K_{pp} = 1/(4K_s T_s)$ 时，响应没有超调，实际应用中因为外部环境的变化，T_s 的值不一定准确，可以调整比例系数达到动态性能的要求。

位置控制器选择比例控制时能够满足一般加工性能的要求，但是比例控制时速度环的给定信号由位置偏差决定，偏差存在是不可避免的。偏差的大小和比例系数呈反比关系，随着比例系数的加大，偏差会减小。作为伺服系统，希望偏差越小越好，也就是比例系数尽可能大一些，而超调的出现限制了比例系数的增大。

减小动静态跟随偏差的一个方法是在比例控制的基础上增加前馈控制。前馈控制引入位置给定信号里包含的速度信息补偿位置控制器的输出。前馈信息比给定中所包含的速度信息存在滞后，前馈控制环节可以表示为式（4.39）所示的微分和延时环节的串联

$$G_f(s) = \frac{K_f s}{T_f s + 1} \tag{4.39}$$

式中，K_f 是前馈系数；T_f 是前馈环节延时时间常数。

位置环的周期是 1ms 时，可以认为延时时间是采样周期的一半，即 $T_f = 0.5$ms。伺服系统用于运动控制时，因为前馈微分的补偿系数过大会引起系统的振动，前馈系数一般会在50%以内选择。位置控制器输出的速度给定信息包含比例调节输出和位置给定信号的微分，这样可以减小相同给定速度下的偏差，提高加工精度。

4.5 舵机

舵机是一种位置（角度）伺服的驱动器，适用于需要保持位置（角度）或者控制位置（角度）不断变化的控制系统。在对运动的性能要求不高的机器人中被广泛应用。舵机是将

直流电动机、电动机控制器和减速器等集成，封装在一个便于安装的外壳里的伺服单元；是能够利用简单的输入信号比较精确的转动给定角度的电机系统。

舵机安装了一个电位器（或其他角度传感器）检测输出轴转动角度，控制板根据电位器的信息能比较精确地控制和保持输出轴的角度。这样的控制方式称为闭环控制，所以舵机更准确的说法是伺服电动机。因为舵机是一个集成的伺服驱动，具有输出力矩大、接口简单、接线方便等特点，在进行机器人设计开发时，是实现机器人运动的常用驱动部件。因此，我们在本小节介绍舵机的结构、工作原理和应用。

4.5.1 舵机的结构

舵机主体结构如图4.26所示，主要包括外壳、变速齿轮组、电动机、电位器、控制电路几个部分。控制电路接收信号源的控制信号，并驱动电动机转动；变速齿轮组按照设计的减速比减小电动机的转速，并放大输出转矩；电位器测量舵机轴转动角度，实现闭环的目标角度控制。

舵机的外壳一般是塑料的，特殊的舵机可能会有金属铝合金外壳。金属外壳能够提供更好的散热，可以让舵机内的电动机运行在更高功率下，提供更高的转矩输出。金属外壳也可以提供更牢固的固定位置。

齿轮箱有塑料齿轮、混合齿轮、金属齿轮等。塑料齿轮成本低、噪声小，但强度较低；金属齿轮强度高，但成本高，在装配精度一般的情况下会有很大的噪声。小转矩舵机、微型舵机、转矩大但功率密度小的舵机一般都用塑料齿轮，金属齿轮一般用于功率密度较高的舵机上。

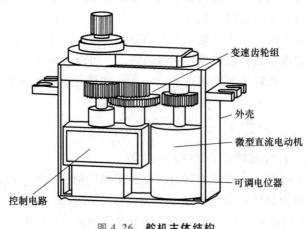

图4.26　舵机主体结构

4.5.2 舵机的工作原理

舵机的精准位置控制依靠如图4.27所示的闭环控制机制。位置检测器（角度传感器）能检测输出轴的转动位置变化，并反馈给控制电路。控制电路将其与输入信号对比，从而实现舵机的精确转动控制。

舵机是一个微型的伺服控制系统，它的控制原理是一个典型的闭环控制结构，如图4.28所示。

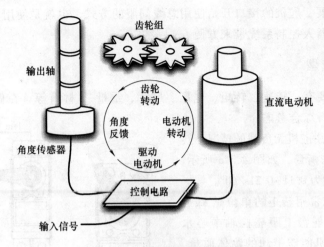

图 4.27　舵机的闭环控制机制

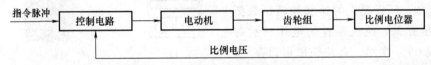

图 4.28　舵机的闭环控制结构

控制电路接收信号源的控制脉冲，并驱动电动机转动，转动经过齿轮组输出。电动机转速经过齿轮组减小的同时，输出转矩得到放大。电位器和齿轮组的末级一起转动，测量舵机轴转动角度，控制电路根据测量结果判断舵机转动角度，控制舵机转动到目标角度或保持在目标角度。

舵机的输入线共有三条如图 4.29 所示，分别为信号线、电源线和地线。

舵机的控制信号一般是如图 4.30 所示的脉宽调制（PWM）信号，直观反映了 PWM 信号和舵机转动角度的关系。控制信号一般为 20ms 的脉冲信号，利用脉冲的占空比来传递给定角度的信息。该脉冲的高电平部分一般在 0.5~2.5ms 范围内，和给定的角度值线性对应。以 180° 角度舵机为例，对应的控制关系为：0.5ms 对应-90°；1.0ms 对应-45°；1.5ms 对应 0°；2.0m 对应 45°；2.5ms 对应 90°。

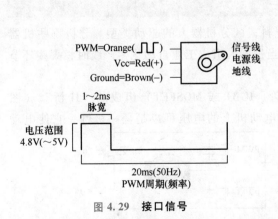

图 4.29　接口信号

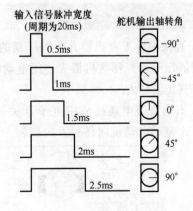

图 4.30　控制信号波形

随着技术的发展，舵机的接口开始使用总线伺服的方式，也就是使用串行总线传输角度指令，这给设计机器人控制系统带来方便。

4.5.3 舵机的选型

舵机的规格主要有：转速、转矩、电压、尺寸、重量、材料等。在做舵机的选型时要对以上几个方面进行综合考虑。

1）转速：转速由舵机无负载的情况下转过 60°所需的时间来衡量，如图 4.31a 所示。常见舵机的速度一般为 0.11~0.21s/60°。

2）转矩：舵机常用转矩的单位是 kg·cm。可以理解为在舵盘上距舵机轴中心水平距离 1cm 处，舵机能够带动的物体质量，如图 4.31b 所示。

3）电压：厂商提供的速度和转矩数据与测试电压有关，舵机推荐的电压一般都是 4.8V 或 6V。当然，有的舵机可以在 7V 以上工作，在 12V 工作的舵机也不少。较高的电压可以提高电动机的速度和转矩。

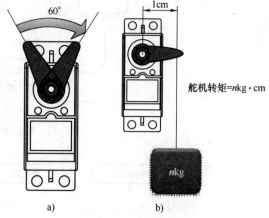

图 4.31   舵机的转矩

在 4.8V 和 6V 两种测试电压下这两个参数有比较大的差别。如 Futaba S-9001 在 4.8V 时转矩为 3.9kg·cm、速度为 0.22s/60°；在 6.0V 时转矩为 5.2kg·cm、速度为 0.18 s/60°。选择舵机还需要看控制卡所能提供的电压。

4）尺寸、重量和材质：舵机的功率（速度×转矩）和舵机的尺寸比值可以理解为该舵机的功率密度。一般而言，同一品牌的舵机，功率密度大的价格高。材质要符合舵机工作载荷要求，整体重量要尽量轻，以减轻整体的工作载荷。

综上，在已知所需转矩和速度，并确定使用电压的条件下，选择有 150%左右甚至更大转矩冗余的舵机。

思 考 题

1. 查找主要工业机器人生产厂商的产品资料，区分机器人的驱动类型。分析哪些机器人使用液压驱动？哪些机器人使用电动驱动？当机器人组成工业自动化生产线时，哪些环节使用了气压驱动？

2. 有刷直流电动机使用电子开关（晶体管、IGBT 或 MOSFET）组成的"H 桥"（图 4.32）来驱动电动机向任一方向旋转。施加到电动机上的电压可以是任一极性，它使电动

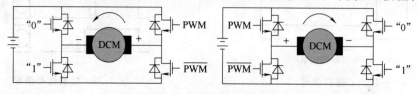

图 4.32   "H 桥"工作原理

机沿不同方向旋转。而通过调制开关脉冲的宽度可以控制电动机的速度或转矩。

请结合已经讲述的有刷直流电动机的工作原理，分析采用"H桥"驱动调压调速的控制过程。

3. 某厂家生产的步进电动机的参数见表 4.1。请分析表中各参数的意义，并讨论步进电动机如何选型？

表 4.1　步进电动机的参数

型号	接线方式	步距角 /(°)	额定电流 /A	相电阻 /Ω	相电感 /mH	保持转矩 /N·m	转子模量 /g·cm²	机身长 /mm	轴径 /mm	引线数
42HS02			1.68	1.65	3.20	0.36	57	39.50		4
42HS03	串联	1.8	0.70	9.20	16.00	0.44	68	47.00	5	4/8
	并联		1.40	2.30	4.00					
42HS05			1.20	6.00	7.00	0.50	102	60.00		4

4. 无刷直流电动机和永磁交流电动机有什么联系和区别？

5. 永磁同步电动机的矢量变换需要由位置传感器反馈转子的角度，这个角度要准确反馈转子和定子磁场的相对位置。请思考：如果采用的是一种增量式编码器（后边传感器章节有介绍），怎样能得到准确的磁场角度？

6. 为什么舵机多用于简单入门级机器人的驱动？舵机驱动为什么不适合高性能控制？

第 5 章

机器人的传感器和感知

5.1 概述

机器人在工作过程中，要不断地了解自身的运动状态，获取内部信息提供给控制系统，以保证完成预定任务。对于智能机器人来说，还要不断地获取有关环境的信息，依此做出判断和决策，从而使系统适应环境。要获得这两方面的信息都要依赖传感器。

不装备传感器的机器人不能感知外界的状态，因此在工作时，要求工作对象在操作开始之前就准确定位，工作环境亦不能发生变化。这类机器人不具备智能，其工作范围、能力和条件等均受到限制。机器人的传感器好比人的感觉器官，它赋予机器人感知自身、工作对象（如工件）及工作环境的能力，使其能在变化的环境中工作。

机器人的感知系统一般包括一些传感器的集合，该集合由一个或多个传感器组成。目前的感知系统大多模拟人的感觉功能。人类主要通过五官和皮肤等实现视、听、嗅、味、触等感觉，感知环境的不同状态。人类具有十分完善的感知系统，全身几乎任何部位都有感知功能，而且这种功能大多不是单一的。例如，当人手拿起一个物体，至少同时感知了该物体的形状、温度、硬度、质量等信息。人类的整个感知系统是一个有机联系的整体，它总是从各个不同的方面和角度获取外界环境及自身信息。

本章主要论述机器人传感器的作用；机器人常用传感器的功能、工作原理，其中包含位置、速度、加速度、姿态、视觉、接近、触觉、力觉等传感器；以及对这些传感器实际应用的一些定性分析。

5.2 传感器的分类

根据输入信息源是位于机器人的内部还是外部，传感器可分为两类。一类是感知机器人内部状态的内部测量传感器（简称内部传感器）。它是在机器人本身的控制中不可缺少的部分，在机器人制造时将其作为本体的组成部分一起组装。另一类是感知外部环境状态的外部测量传感器（简称外部传感器）。它是机器人适应外部环境所必需的传感器，按照机器人作业的内容，分别安装在机器人的头部、肩部、腕部、臀部、腿部、足部等。

内部传感器用来检测机器人的内部状态，包括活动关节的位置、温度、关键部件的电压、电动机电流、驱动力等。外部传感器感知外部环境的有关信息，如与某物体的距离、相互作用力、组织的密度等。

内部传感器大多与伺服控制元件组合在一起使用。尤其是位置或角度传感器，它们一般安装在机器人的运动部位，满足给定位置、方向及姿态的控制。这些传感器多采用数字式，便于计算机处理。

比较典型的外部传感器是视觉传感器。视觉传感器可以分为主动视觉传感器和被动视觉传感器。主动和被动是根据是否需要把光照射到对象物上来划分的。通常的视觉传感器属于被动视觉传感器，根据照相机受光面上的明暗和颜色信息，提取轮廓，从而识别物体。外部传感器还可以划分为接触式传感器和非接触式传感器。接触式传感器通常与内部传感是同一类型，而非接触式传感器以一定距离估计环境的物理属性，包括强度、范围、方向、尺寸等。

5.3　内部传感器

内部传感器检测对象包括关节的位移和转角等几何量，角速度和角加速度等运动量，以及倾斜角、方位角、振动角等物理量，对各种传感器的要求是精度高、响应速度快、测量范围宽。

在内部传感器中，位置传感器和速度传感器又称为伺服传感器，是当今机器人反馈控制中不可缺少的元器件。通过对位置、速度数据进行一阶或二阶微分（或差分）得到速度、角速度或加速度、角加速度的数据，然后将它们代入运动方程，这样的信号处理方法在机器人中被广泛应用。高性能机器人还要获取另外一些信息的传感器，如测量姿态角的陀螺仪、测量绝对位置的 GPS 等。

下面分别介绍检测上述各种量的内部传感器。从传感器本身的用途来说，有些外部传感器也可以当作内部传感器使用。例如力觉传感器，在测量操作对象或障碍物的反作用力时，它是外部传感器，如果把它用于末端执行器或手臂的自重补偿中，又可以认为它是内部传感器。

5.3.1　位置和角度测量

位置和角度的测量本质是相同的，都是把几何量的变化转变为数字系统的编码。首先了解脉冲发生器（pulse generator）和编码器（encoder）的区别。脉冲发生器只能检测单方向的位移或角速度，它输出与位移增量相对应的串行脉冲序列，而编码器则输出表示位移增量的带有符号的编码脉冲信号。

根据测量原理的不同，编码器可分为光学式编码器、磁式编码器和感应式编码器（旋转变压器）。根据刻度的形状不同，编码器可分为测量直线位移的直线编码器（linear encoder）和测量旋转位移的旋转编码器（rotary encoder）。根据信号的输出形式不同，编码器可分为增量式（incremental）编码器和绝对式（absolute）编码器。增量式编码器对应每个单位直线位移或单位角位移输出一个脉冲；绝对式编码器则从码盘上读出表示绝对位置的编码。

（1）增量式编码器   增量式编码器是将位移转换成周期性的电信号，再把这个电信号转变成计数脉冲，用脉冲的个数表示位移的大小。增量式编码器的结构如图 5.1 所示，编码圆盘每转过单位角度就发出一个脉冲信号（也有发正余弦信号，然后对其进行细分，斩波出频率更高的脉冲），通常为 A 相、B 相、Z 相输出，A 相、B 相为相互延迟 1/4 周期的脉冲输出，根据延迟关系可以区别正反转，而且通过取 A 相、B 相的上升和下降沿可以进行 2 倍频或 4 倍频；Z 相为单圈脉冲，即每圈发出一个脉冲，代表零位参考位。

为了增强信号的稳定性，工业上使用的编码器的输出信号采用差分信号，也就是 A 相、B 相、Z 相信号均为差分信号，分别为 A+、A-，B+、B-，Z+，Z-，这些信号相位相反，以信号的差表示脉冲输出，可以消除共模的干扰。

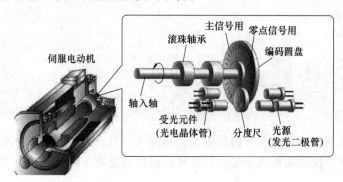

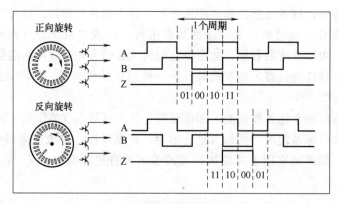

图 5.1   增量式编码器的结构

旋转增量式编码器转动时输出脉冲，通过计数设备记录其位置；当编码器不动或停电时，依靠计数设备的内部记忆来记住位置。因此，停电后，编码器不能有任何的移动，来电工作时，在编码器输出脉冲的过程中，也不能有干扰丢失脉冲。否则，计数设备记忆的零点就会偏移，而且这种偏移的量只有出现错误结果后才能知道。解决的方法是使用零位参考点，编码器每经过参考点，用参考位置修正计数设备的记忆位置。在参考点以前，是不能保证位置的准确性的。为此，在工业控制中就有每次操作先找参考点，即开机找零等方法。这样由编码器确定机械位置，不受停电、干扰的影响。

（2）绝对式编码器 绝对式编码器的每一个位置对应一个确定的数字编码，因此它的示值只与测量的起始和终止位置有关，而与测量的中间过程无关。

如图5.2所示的绝对式旋转编码器编码圆盘上有许多道光通道刻线，每道刻线依次以2线、4线、8线、16线、……编码，这样，在编码器的每一个位置，通过读取每道刻线的编码，即可获得一组从 $2^0 \sim 2^{n-1}$ 的唯一的二进制编码（或格雷码），称为 n 位绝对式编码器。这样的编码器是由编码圆盘的机械位置决定的，它不受停电、干扰的影响。

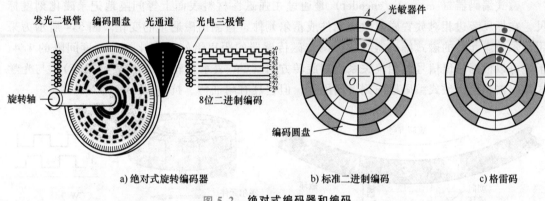

图 5.2 绝对式编码器和编码

a) 绝对式旋转编码器　　　　b) 标准二进制编码　　　　c) 格雷码

绝对式编码器由编码唯一记录机械位置，它无须记忆，无须找参考点，而且不用一直计数，什么时候需要知道位置时去读取就可以。这样，编码器的抗干扰特性、数据的可靠性都大大提高了。即使在电动机断电后，编码器的位置检测仍然有效，这对于设备的稳定性而言是极为重要的。

因为绝对式编码器在定位方面明显地优于增量式编码器，所以已经越来越多地应用于工控定位中。绝对式编码器因其高精度，输出位数较多，如仍用并行输出，应确保每一位输出信号都连接很好，对于较复杂工况还要进行光电隔离，且连接电缆芯数多，带来诸多不便并降低可靠性。因此，绝对式编码器的多位编码输出，一般均选用串行输出或总线型输出。

编码器生产厂家运用齿轮传动的原理，当编码圆盘旋转时，通过齿轮驱动另一编码圆盘（或多组齿轮、多组编码圆盘），在单圈编码的基础上再增加记录圈数的编码，以扩大编码器的测量范围，这样的绝对式编码器称为多圈绝对式编码器。它同样是由机械位置确定编码，每个位置编码唯一不重复。多圈编码器另一个优点是由于测量范围大，实际使用往往余量较大，这样在安装时不必要精确找零点，将某一中间位置作为起始点就可以了，大大简化了安装调试难度。多圈绝对式编码器在长度定位方面的优势明显，已经越来越多地应用于工控定位中。随着技术发展，13位、17位的编码器成本都降低很多，形成了逐渐普及的趋势。

（3）磁式编码器 磁式编码器采用磁电式设计，通过磁感应器件、利用磁场的变化产生和提供转子的绝对位置，利用磁感应器件代替传统的码盘，弥补了光学编码器的一些缺陷，具有抗振、耐腐蚀、耐污染、性能可靠、结构简单等特点。而技术的发展使磁式编码器可以实现低至 $1\mu m$ 的分辨率，从而在许多应用中与光学技术形成竞争。

区别磁式脉冲发生器和磁式编码器的方法与上述光学式编码器的方法相同。磁式脉冲发生器的原理如图5.3所示，霍尔型是用半导体材料制成的霍尔元件，能产生与磁感应强度成正比的输出电压。将多个磁铁的两极交互配置组成旋转磁铁标尺，在其旁边放置的霍尔元件可以检测出标尺转动时磁感应强度的变化。磁阻效应型用半导体或磁阻效应元件充当磁传感器，当旋转齿轮的齿靠近时，磁通量增加；反之，齿轮远离时，气隙增大，磁通量减少，于是导致传感器的阻值发生变化。

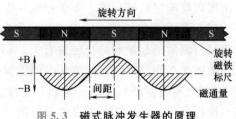

图 5.3   磁式脉冲发生器的原理

磁式编码器（magnetic encoder）是通过在强磁性材料表面上等间隔地记录磁化刻度标尺，在标尺旁边相对放置磁阻效应元件或霍尔元件，检测出磁通量的变化。图 5.4 所示为采用霍尔效应元件的磁式编码器结构。两个磁传感器的距离恰好是磁化标尺刻度间隔的 1/4，于是可以根据输出信号的相位关系检测旋转方向（CW 表示正转，CCW 表示反转）。与光学式编码器相比，磁式编码器的刻度间隔大，但它具有耐油污、抗冲击等特点。

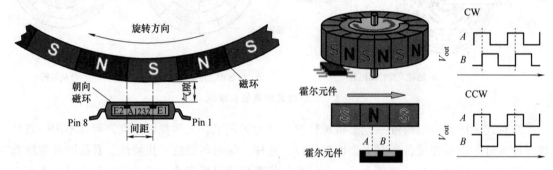

图 5.4   磁式编码器结构

可靠的编码器必须保证每次转过相同的角度发出同样数量的脉冲。光学式编码器在测量精度方面较磁式编码器具有一定优势；但因为它们不同的感应原理，光学式编码器比磁式编码器更容易失效。因为光学式编码器靠旋转码盘和光收发器配合工作。它们的距离非常近，但又不能接触。但是在振动和结构间隙变大的情况下，码盘会和光收发器碰撞。光学式编码器的运动部件互相撞击后，它们的位置就发生了变化，从而导致编码器的精度降低，多次的撞击最终会导致光学式编码器彻底失效。磁编码器内部几乎没有运动部件，可靠性要高很多。

（4）旋转变压器   旋转变压器（resolver）由铁心、定子线圈和转子线圈组成，是测量旋转角度的传感器。其中定子绕组作为变压器的原边，接受励磁电压，励磁频率通常为400Hz、3000Hz 及 5000Hz。转子绕组作为变压器的副边，通过电磁耦合得到感应电压。旋转变压器一般有两极绕组和四极绕组两种结构形式。两极绕组旋转变压器的定子和转子各有一对磁极，四极绕组则各有两对磁极，主要用于高精度的检测系统。除此之外，还有多极式旋转变压器，用于高精度绝对式检测系统。

旋转变压器的定子和转子由硅钢片和坡莫合金叠层制成，在槽内绕制成线圈，定子和转子分别由互相垂直的两相绕组构成。图 5.5 所示为旋转变压器内部接线电路，在各个定子线圈上加交流电压，由于交流磁通量的变化在转子线圈中产生感应电压，感应电压和励磁电压之间相关联的耦合系数是随转子转角的变化而改变的，因此根据测得的输出电压，就可以知道转角的大小。可以认为，旋转变压器是由随转角而改变且耦合系数为 $T\sin\theta$ 或 $T\cos\theta$ 的两个变压器构成的。

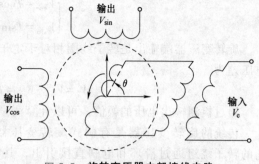

在旋转变压器的励磁线圈上，加上正弦励磁电压 V_e。励磁电压的绕组一般是两个绕组，所加电压经过耦合得到感应电压。

根据所加励磁正弦电压的不同，利用感应电压判断旋转的角度信息有以下两种工作方式。

图 5.5 旋转变压器内部接线电路

1）鉴相工作方式。在励磁绕组上施加幅值、频率相同，但相位差为 90° 的电压 V_{e1}、V_{e2} 为

$$\begin{cases} V_{e1} = A\cos\omega t \\ V_{e2} = A\sin\omega t \end{cases} \tag{5.1}$$

则转子绕组的正、余弦感应电压为

$$\begin{cases} V_{\cos} = T\cos\theta A\sin\omega t \\ V_{\sin} = T\sin\theta A\cos\omega t \end{cases} \tag{5.2}$$

输出的感应电压差为

$$V_r = V_{\cos} - V_{\sin} = TA\sin(\omega t - \theta) \tag{5.3}$$

检测出感应电压相对于激励的相位差，就可以计算出要测量的角度。

2）鉴幅工作方式。在定子的两励磁绕组上施加频率、相位均相同，但幅值按某角度 α 做正、余弦变化的电压 V_{e1}、V_{e2}

$$\begin{cases} V_{e1} = A\sin\alpha\sin\omega t \\ V_{e2} = A\cos\alpha\sin\omega t \end{cases} \tag{5.4}$$

如图 5.6 所示，转子绕组的正、余弦感应电压为

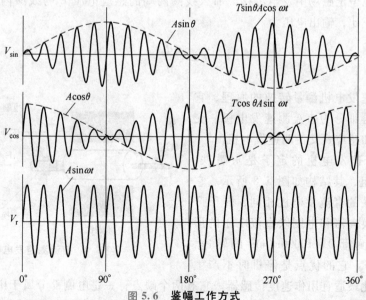

图 5.6 鉴幅工作方式

$$\begin{cases} V_{\cos} = T\cos\theta A\sin\alpha\sin\omega t \\ V_{\sin} = T\sin\theta A\cos\alpha\sin\omega t \end{cases} \qquad (5.5)$$

旋转变压器端输出是转子线圈相对于定子线圈空间转角 θ 的幅值调制信号。输出的感应电压差为

$$V_r = V_{\cos} - V_{\sin} = TA\sin(\alpha-\theta)\sin\omega t \qquad (5.6)$$

通过检测输出电压的幅值,可以计算测量的角度。

传统的旋转变压器是有刷式旋转变压器。它的转子绕组通过滑环和电刷直接引出,其特点是结构简单、体积小,但因电刷与滑环是机械滑动接触的,所以旋转变压器的可靠性差,寿命也较短。近年来大多采用无刷旋转变压器(图 5.7),其结构分为两大部分,即旋转变压器本体和附加变压器。附加变压器的原、副边铁心及其线圈均成环形,分别固定于转子轴和

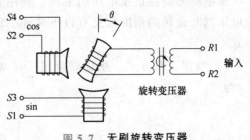

图 5.7   无刷旋转变压器

壳体上,径向留有一定的间隙。旋转变压器本体的转子绕组与附加变压器原边线圈连在一起,在附加变压器原边线圈中的电信号,即转子绕组中的电信号,通过电磁耦合,经附加变压器副边线圈间接地送出去。这种结构避免了电刷与滑环之间的不良接触造成的影响,提高了旋转变压器的可靠性及使用寿命,但其体积、质量、成本均有所增加。

5.3.2   线速度和角速度测量

线速度和角速度的测量是在驱动器的速度反馈控制中必不可少的环节,利用位移传感器测量速度,即测量单位采样时间的位移量,然后用差分方法计算速度。下面介绍与位移传感器不同的转速传感器——测速发电机。

测速发电机是基于发电机原理的速度或角速度测量传感器。

如果线圈在恒定磁场中发生位移,那么线圈两端的感应电压 E 与线圈内交变磁通量 Φ 的变化速率成正比,输出电压为

$$E = -\frac{\mathrm{d}\Phi}{\mathrm{d}t} \qquad (5.7)$$

这就是测速发电机测量转速的原理,它又可以按结构再细分为直流测速发电机、交流测速发电机和感应式交流测速发电机。

1)直流测速发电机的定子是永磁铁,转子是线圈绕组,其结构如图 5.8 所示。它的原理和永磁铁的直流发电机相同,转子产生的电压通过换向器和电刷以直流电压的形式输出,可以测量 0~10000r/min 的转速,线性度为 0.1%。它的优点是停机时不产生

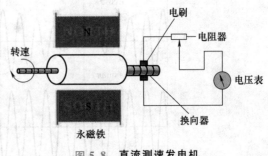

图 5.8   直流测速发电机

残留电压,因此最适宜用作速度传感器。它有两个缺点:一是电刷部分属于机械接触,对维

修的要求高；另一个是换向器在切换时产生的脉动电流会导致测量精度降低。因此，出现了无刷直流测速发电机。

2）交流测速发电机和交流伺服电动机类似，由转子、励磁线圈和输出线圈组成，其原理如图 5.9 所示。它的转子由铜、铝等导体构成，定子由相互分离的、空间位置成 90° 的励磁线圈和输出线圈组成。在励磁线圈上施加一定频率的正弦交流电压产生磁场，使转子在磁场中旋转产生涡流，而涡流产生的磁通量又反过来使交流磁场发生偏转，于是合成的交链磁通在输出线圈中感应出与转子旋转速度成正比的电压。

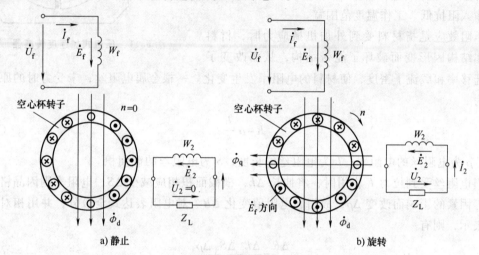

图 5.9 交流测速发电机

3）永磁式（感应式）交流测速发电机（图 5.10）的构造和直流测速发电机恰好相反，它在转子上安装多磁极永磁铁，定子线圈输出与转速成正比的交流电压。

5.3.3 加速度和角加速度测量

随着机器人的高速化、高精度化的发展，机械运动部分刚性不足引起的振动问题成为制约其性能的重要问题。作为抑制振动问题的对策，在机器人的各个构件上安装加速度传感器（accelerometer）测量振动加速度，并把它反馈到构件底部的驱动器上。有时把加速度传感器安装在机器人的手爪部位，将测得的加速度进行数值积分，然后反馈

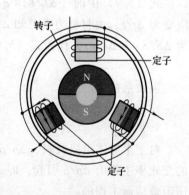

图 5.10 永磁式交流测速发电机

给控制模块，以改善机器人的性能。如果将它安装在移动机器人本体上，伴随着移动机器人的运动，对加速度传感器所得到的时间序列信号积分，可以获得速度和位移信息。同样，在虚拟现实和人机交互领域，把加速度传感器直接安装在人体的各个部位，就可以在比较短的时间内提取出相应部位的速度和位移信息。

加速度传感器有单轴、两轴、三轴之分。目前，人们已经开发了同时检测三个轴方向的加速度传感器。加速传感器能够测量传感器所承受的加速力。加速力就是当物体在加速过程中作用在物体上的力。重力传感器实际就是加速度传感器的一种。

（1）压阻式加速度传感器 压阻式器件是最早微型化和商业化的一类加速度传感器。

如图 5.11 所示，这类加速度传感器的悬臂梁上制造
有压敏电阻，当惯性质量块发生位移时，引起悬臂
梁的伸长或压缩，改变梁上的应力分布，进而影响
压敏电阻的阻值。压阻式加速度传感器多位于应力
变化最明显的部位。这样，通过两个或四个压敏电
阻形成的电桥就可实现对加速度的测量。压阻式加
速度传感器的特点包括低频信号好、可测量直流信
号、输入阻抗低、工作温度范围宽。

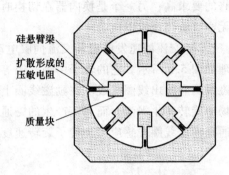

图 5.11   压阻式加速度传感器

压阻效应是指材料受到外加机械应力时，材料
的晶体结构因形变而破坏了能带结构，从而改变了
电子迁移率和载流子密度，使材料的电阻率发生变化。一根金属电阻丝，未受力时的原始电
阻值为

$$R = \rho \frac{L}{S} \tag{5.8}$$

式中，ρ 为电阻丝的电阻率；L 为电阻丝的长度；S 为电阻丝的截面积。

当电阻丝受到拉力 F 作用时，将伸长 ΔL，横截面积相应减少 ΔS，电阻率则因晶格发生
变形等因素的影响而改变 $\Delta \rho$，故引起电阻值变化 ΔR。对电阻表达式全微分，并用相对变化
量来表示，则有

$$\frac{\Delta R}{R} = \frac{\Delta L}{L} - \frac{\Delta S}{S} + \frac{\Delta \rho}{\rho} \tag{5.9}$$

式（5.9）中的（$\Delta L/L$）$= \varepsilon$ 为电阻丝的轴向应变，常用单位 $\mu\varepsilon$（$1\mu\varepsilon = 1 \times 10^{-6}$）。若径向
应变为 $\Delta r/r$，由材料力学可知 $\Delta r/r = -\mu(\Delta L/L) = -\mu\varepsilon$，其中 μ 为电阻丝材料的泊松比，又因
为 $\Delta S/S = 2(\Delta r/r)$，代入式（5.9）可得

$$\Delta R/R = (1+2\mu)\varepsilon + \Delta \rho/\rho \tag{5.10}$$

灵敏系数为

$$GF = \frac{1}{\varepsilon} \frac{dR}{R} = \frac{1}{\varepsilon} \frac{d\rho}{\rho} + (1+2\mu) \tag{5.11}$$

对于半导体电阻材料，$\Delta \rho/\rho \gg (1+2\mu)\varepsilon$，即因机械变形引起的电阻变化可以忽略，电阻
的变化率主要由 $\Delta \rho/\rho$ 引起，即 $\Delta R/R \approx \Delta \rho/\rho$。可见，压阻式传感器就是基于半导体材料的
压阻效应而工作的。

传感器的敏感元件由弹性梁、质量块、固定框组成。压阻式加速度传感器本质上是一个
力传感器，是利用测量固定质量块在受到加速度作用时产生的力 F 来测得加速度 a 的。其
基本原理遵从牛顿第二定律。也就是说当有加速度 a 作用于传感器时，传感器的惯性质量块
便会产生一个惯性力 $F = ma$，此惯性力 F 作用于传感器的弹性梁上，便会产生一个正比于 F
的应变。此时弹性梁上的压敏电阻也会随之产生一个变化量 ΔR，由压敏电阻组成的惠斯通
电桥输出一个与 ΔR 成正比的电压信号 V。

（2）电容式加速度传感器   电容式加速度传感器是基于电容极距变化原理的传感器，
其中一个电极是固定的，另一变化电极是弹性膜片。弹性膜片在外力（气压、液压等）作
用下发生位移，使电容量发生变化。这种传感器可以测量气流（或液流）的振动速度（或

加速度），还可以进一步测出压力。

当前大多数的电容式加速度传感器都是由三部分硅晶体圆片构成的，中间层是由双层硅片制成的活动电容极板。如图 5.12 所示，中间的活动电容极板是由弹性梁（图示为 4 个）所支撑，夹在上下层两块固定的电容极板之间。上下两层电容极板形成差动测量方式，极大地提高了信噪比。

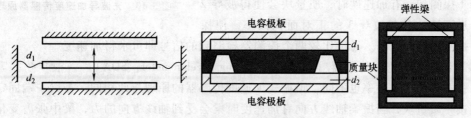

图 5.12　电容式加速度传感器

当加速度 $a = 0$ 时，质量块位于平衡位置，两差动电容相等，即

$$C_1 = C_2 = C_0 = \frac{\varepsilon A}{d_0} \tag{5.12}$$

当加速度 a 不为 0 时，质量块受到加速度引起的惯性力产生位移 x，两差动电容间隙分别变为

$$d_1 = d_0 - x \tag{5.13}$$

$$d_2 = d_0 + x \tag{5.14}$$

$$C_1 = \frac{\varepsilon A}{d_0 - x} = C_0 \frac{1}{1 - x/d_0} \tag{5.15}$$

$$C_2 = \frac{\varepsilon A}{d_0 + x} = C_0 \frac{1}{1 + x/d_0} \tag{5.16}$$

可得差动方式时总的电容变化量为

$$\Delta C = C_1 - C_2 = C_0 \left(1 + \frac{x}{d_0} \right) - C_0 \left(1 - \frac{x}{d_0} \right) = 2 C_0 \frac{x}{d_0} \tag{5.17}$$

质量块由于加速度造成的微小位移可转化为差动电容的变化，并且两电容的差值与位移量成正比。可得输入加速度 a 和差动电容变化的关系为

$$x = \frac{ma}{k} = \frac{a}{\omega_0^2} \tag{5.18}$$

$$\Delta C = \frac{2 C_0 a}{d_0 \omega_0^2} \tag{5.19}$$

由加速度变化到敏感电容变化的灵敏度为

$$a = \frac{\Delta C d_0 k}{2 C_0 m} \tag{5.20}$$

电容式加速度传感器的分辨率受到电容检测电路分辨率的限制，分辨率为

$$a_{\min} = k \frac{d_0}{2 m C_0} \Delta C_{\min} = \frac{\omega_n^2 d_0}{2 C_0} \Delta C_{\min} \tag{5.21}$$

（3）光波导加速度传感器　光波导加速度传感器的原理如图 5.13 所示：光源从波导 1 进入，经过分束器后分成两部分，分别通入波导 4 和波导 2，进入波导 4 的一束直接被探测器 2 探测，而进入波导 2 的一束会经过一段微小的间隙后进入波导 3，最终被探测器 1 探测到。有加速度时，质量块会使得波导 2 弯曲，进而导致其与波导 3 的正对面积减小，使探

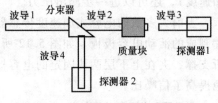

图 5.13　光波导加速度传感器原理

测器 1 探测到的光减弱。通过比较两个探测器检测到的信号即可求得加速度。

（4）谐振式加速度传感器（silicon oscillating accelerometer，SOA）　一根琴弦绷紧程度不同时弹奏出的声音频率也不同，谐振式加速度传感器的原理与此相同。振梁一端固定，另一端连接一质量块，当振梁轴线方向有加速度时梁会受到轴线方向的力，梁中张力变化，其固有频率也相应发生变化。若对梁施加确定的激振，检测其响应就可测出其固有频率，进而测出加速度。激振的施加和响应的检测通常都是通过梳齿机构实现的。

SOA 的特点在于，它是通过改变二阶系统本身的特性来反映加速度的变化，这种方式与电容式、压阻式和光波导加速度传感器不同。

SOA 常见的有单端结构和双端固定音叉结构两种。单端结构原理图如图 5.14 所示，检测质量由于加速度改变梳齿结构。双端固定音叉结构就是在检测质量的右边加上和左边对称的一套机构。双端结构是目前 SOA 的主流结构。

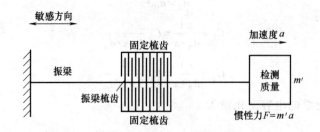

图 5.14　谐振式加速度传感器单端结构原理

5.3.4　姿态测量

在三维空间里，坐标系的方向可以用三个欧拉角来表示。姿态传感器（posture sensor）就是能够检测重力方向或姿态角变化（角速度）的传感器，因此它通常用于移动机器人的姿态控制方面。

陀螺仪（gyroscope sensor）是检测随物体转动而产生的角速度的传感器，即使没有安装在转动轴上，它也能检测物体的转动角速度，因此它可以检测移动机器人的姿态，以及转轴不固定的转动物体的角速度。根据具体的检测方法陀螺仪可以分为机械转动型、振动型、气体型及光学型等。下面，首先介绍振动陀螺仪的检测原理，由于利用了微机械加工技术，它具有小型、使用方便、价格低廉、精度高等特点。

（1）振动陀螺仪　振动陀螺仪（vibratory gyroscope）是指给振动中的物体施加恒定的转速，利用科里奥利（Coriolis）力作用于物体的现象来检测转速的传感器。

科里奥利力（科氏力）是对旋转体系中进行直线运动的质点由于惯性相对于旋转体系产生直线运动偏移的一种描述。科氏力是质量为 m 的质点同时具有速度 v 和角速度 ω，相对于惯性参考系运动时所产生的惯性力。如图 5.15a 所示，惯性力作用在对应于物体的两个运动方向的垂直方向上，该方向即为科氏加速度 a_c 的方向，它的矢量为

$$F_c = ma_c = 2mv \times \omega \tag{5.22}$$

以如图 5.15b 所示的音叉型振动子为例，进一步说明陀螺仪利用科氏力检测转速的原理。在图 5.15b 中，设定与图 5.15a 中相同的姿态坐标系。这时，假设音叉的两根振子相互沿 y 轴振动，在 z 轴方向有一个转动速度 ω。在一个瞬间，音叉左侧的分叉沿 $-x$ 方向、右侧的分叉沿 $+x$ 方向产生科氏力，它们的合力作用在音叉根部产生向左转动的力矩；如果两侧的音叉运动反向，则科氏力的方向反向，产生的合力矩也反向。当旋转方向相反时，同样感觉到交替的扭转，只是在同一瞬间，所有的力的方向与原方向相反。可见，逆时针方向旋转和顺时针方向旋转时的扭力正好相差 180°，因此，音叉产生的扭力将提供转动速率大小和方向的信息，给出一个惯性空间的参考信号。音叉设计为两个分叉，可以消除音叉加速度的影响。

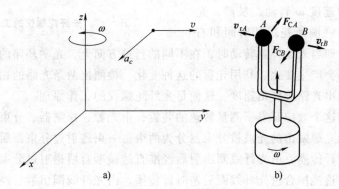

图 5.15 振动陀螺仪

随着技术发展，这种音叉振动陀螺仪有了一些重大改进，包括：在结构上采用了耦合元件和弹性支撑元件；在电路上增加了振动信号提取电路；激励信号的引入只加于一个激励元件上，另一个激励元件为振动监测元件。近年来，人们利用石英材料，采用光刻技术制造出了石英音叉微机械振动陀螺仪，使音叉技术在惯性仪表中的地位跃上了一个新台阶。

（2）垂直振子式 图 5.16 所示是垂直振子式伺服倾斜角传感器的原理。振子由挠性薄片支撑，即使传感器处于倾斜状态振子也能保持铅直姿态，为此振子将离开相对于壳体的平衡位置。通过检测振子是否偏离了平衡点，或者检测由偏离角函数（通常是正弦函数）所给出的信号，就可以求出输入倾斜角度。

该装置的缺点是，如果允许振子自由摆动，由于容器的空间有限，因此不能进行与倾斜角度对应的检测。实际应用对图 5.16 所示的结构做了改进，把代表位移函数所输出的电流反馈到可动

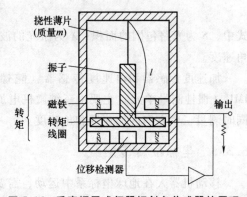

挠性薄片
（质量 m）

振子

磁铁

转矩

转矩线圈

位移检测器

输出

图 5.16 垂直振子式伺服倾斜角传感器的原理

线圈部分，让振子返回平衡位置，此时振子质量产生的力矩 M 为

$$M = mgl\sin\theta \tag{5.23}$$

转矩 T 和电流成正比，记该系数为 K，T 和 M 平衡，于是由电流 i 可以计算倾角 θ

$$\theta = \arcsin\frac{Ki}{mgl} \tag{5.24}$$

这样，根据测出的线圈电流 i，即可求出倾斜角 θ，并克服了上述装置测量范围小的缺点。

（3）光纤陀螺仪　光纤陀螺仪是一种高精度的姿态传感器。光纤陀螺仪的工作原理是基于萨尼亚克（Sagnac）效应。在如图 5.17 所示的环状光通路中，来自光源的入射光经过光束分离（分束）器被分成两束，在同一个环状光路中，一束向左，另一束向右传播。这时，如果系统整体相对于惯性空间以角速度 ω 转动，显然，光束沿环状光路左转一圈所花费的时间和右转一圈是不同的。即当光学环路转动时，在不同的行进方向上，光学环路的光程相对于环路

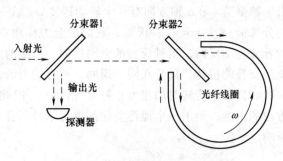

图 5.17　光纤陀螺仪的工作原理

在静止时的光程都会产生变化。利用光程的这种变化，检测出两条光路的相位差或干涉条纹的变化，就可以测出光路旋转角速度，这便是光纤陀螺仪的工作原理。

人们已经利用这个效应开发了测量转速的装置，由光源、探测器、分束器、准直透镜和光纤线圈构成。从光源发出的光波被分束器分为两束，一束透射过分束器后经准直透镜耦合进光纤线圈后顺时针传播，由光纤线圈出射后经准直透镜准直后透射过分束器；另一束被分束器反射后经准直透镜耦合进光纤线圈后逆时针传播，由光纤线圈出射后经准直透镜准直后被分束器反射。

两束光会合后产生干涉信号，干涉信号的强度随光纤线圈法向的输入角速度变化而变化，通过探测器检测干涉信号的强度变化，可以获得输入的角速度变化。

如果围绕与光路垂直的轴以角速度 ω 转动时，左右转动的两束传播光波将出现光路长度差，导致频率上的差别。使两个方向的光发生干涉，该频率差就呈现出干涉条纹。这时有

$$\Delta f = \frac{4S\omega}{\lambda L} \tag{5.25}$$

式中，S 为光路包围的面积；λ 为激光的波长；L 为光路长度。通过干涉测量 Δf 进而计算出角速度。

加速度传感器和角速度传感器（陀螺仪）统称为惯性传感器。目前应用比较广泛的 IMU（惯性测量单元）主要由三维微机电加速度传感器及三维陀螺仪以及解算电路组成，可同时测量三个方向的加速度和角速度。

5.3.5　坐标位置传感器

移动机器人在地球坐标系中运动，需要确定本身在坐标系中的绝对坐标位置，实现这一功能的是全球定位系统（global positioning system，GPS）。它的含义是利用导航卫星测时和

测距，以构成全球定位系统。它能连续、独立和精确地求出随时间变化的飞机、火箭等各种物体在地球上的任何位置。同时，也可以计算出移动物体的速度和运动方向，因此它很适合作为机器人领域，特别是测量移动机器人绝对位置的方法。

GPS 用户部分的核心是 GPS 接收机，其主要由基带信号处理和导航解算两部分组成。其中基带信号处理部分主要包括对 GPS 卫星信号的二维搜索、捕获、跟踪、伪距计算、导航数据解码等工作。导航解算部分主要包括根据导航数据中的星历参数实时进行各可视卫星位置计算；对导航数据中各参数进行星钟误差、相对论效应误差、地球自转影响误差、信号传输误差（主要包括电离层实时传输误差及对流层实时传输误差）等各种实时误差的计算，并将其从伪距中消除；根据上述结果进行接收机 PVT（位置、速度、时间）的解算；对各精度因子（DOP）进行实时计算和监测以确定定位解的精度。这是一个复杂的过程，下面重点介绍接收机位置计算的数学原理。

要得到接收机的位置，在接收机时钟和 GPS 标准时严格同步的情况下，则待求解位置是 3 个未知变量，需要 3 个独立方程来求解。但在实际情况中，很难做到接收机时钟和 GPS 标准时钟严格同步，于是把接收机时钟和 GPS 标准时钟偏差也作为一个未知变量，这样，求解就需要 4 个独立方程，也就是需要有 4 颗观测卫星。

GPS 定位的基本原理是根据高速运动的卫星瞬间位置作为已知的起算数据，采用空间距离后方交会的方法，确定待测点的位置。

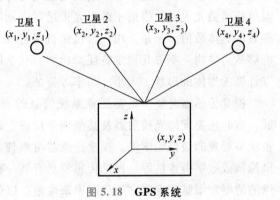

图 5.18　GPS 系统

如图 5.18 所示，假设 t 时刻在地面待测点上安置 GPS 接收机，可以测定 GPS 信号到达接收机的时间 Δt，再加上接收机所接收到的卫星星历等其他数据可以确定以下 4 个方程式

$$[(x_1-x)^2+(y_1-y)^2+(z_1-z)^2]^{1/2}+c(v_{t1}-v_{t0})=d_1$$
$$[(x_2-x)^2+(y_2-y)^2+(z_2-z)^2]^{1/2}+c(v_{t2}-v_{t0})=d_2$$
$$[(x_3-x)^2+(y_3-y)^2+(z_3-z)^2]^{1/2}+c(v_{t3}-v_{t0})=d_3 \tag{5.26}$$
$$[(x_4-x)^2+(y_4-y)^2+(z_4-z)^2]^{1/2}+c(v_{t4}-v_{t0})=d_4$$

4 个方程式中各个参数意义如下：x、y、z 为待测点坐标的空间直角坐标。x_i、y_i、z_i（$i=1$、2、3、4）分别为卫星 1、卫星 2、卫星 3、卫星 4 在 t 时刻的空间直角坐标，可由卫星导航电文求得。v_{ti}（$i=1$、2、3、4）分别为卫星 1、卫星 2、卫星 3、卫星 4 的卫星时钟的时钟差，由卫星星历提供。v_{t0} 为接收机的时钟差。

上述 4 个方程式中待测点坐标 x、y、z 和 v_{t0} 为未知参数，其中 $d_i=c\Delta ti$（$i=1$、2、3、4）。d_i（$i=1$、2、3、4）分别为卫星 1、卫星 2、卫星 3、卫星 4 到接收机之间的距离。Δti（$i=1$、2、3、4）分别为卫星 1、卫星 2、卫星 3、卫星 4 的信号到达接收机所经历的时间。c 为 GPS 信号的传播速度（即光速）。由以上 4 个方程式即可解算出待测点的坐标 x、y、z 和接收机的时钟差 v_{t0}。

5.4 外部传感器

5.4.1 视觉传感器

视觉传感器是指利用光学元件和成像装置获取外部环境图像信息的仪器。根据用途的不同，视觉传感器可以检测距离和位置，也可以识别对象物形状、大小、朝向、颜色、温度等特征。

一般情况下，检测用途的视觉传感器是基于二角测量原理，其输入量为长度和角度。也就是说，将传感器稍加分离位于两处，根据对象物和受光面的对应点，确定上下方向和左右方向的角度参数，将这些参数输入就能同时计算出对象物的方向和相对距离。如果将一个摄像机换成激光光点，借助于激光光束进行主动照射，读取照射角度，那么就能得到上述两个参数的具体数值。于是，用一台摄像机便可以完成三维位置测量。用于识别的传感器，一般能够从对象物上提取几何学特征。比如，从获取的二维平面图像数据和多个距离数据中就可以计算出物体的形状、大小、曲率等特征。

视觉传感器是整个机器视觉系统信息的直接来源，主要由一个或者两个图形传感器组成，有时还要配以光投射器及其他辅助设备。视觉传感器的主要功能是获取足够的机器视觉系统要处理的最原始图像。视觉传感器可以使用激光扫描器、线阵和面阵 CCD 摄像机、TV 摄像机或数字摄像机等。视觉传感器具有从一整幅图像捕获光线的数以千计像素的能力。图像的清晰和细腻程度通常用分辨率来衡量，以像素数量表示。

视觉传感器技术的大量工作就是图像处理技术，通过对摄像机拍摄到的图像进行处理，来计算对象物的特征量（面积、重心、长度、位置等），并输出数据和判断结果。图像处理技术和视觉传感器技术结合紧密，已经成为一门独立的学科。本节中侧重介绍获得图像的传感元件及其原理。视觉传感器的图像采集单元主要由 CCD/CMOS 摄像机、光学系统、照明系统和图像采集卡组成，将光学影像转换成数字图像，传递给图像处理单元。通常使用的图像传感器件主要有 CCD 图像传感器和 CMOS 图像传感器两种。

（1）CCD 图像传感器　电荷耦合器件（charge coupled device，CCD）是由多个光电二极管传送储存电荷的装置。CCD 图像传感器的每一个感光元件由一个光电二极管和控制相邻电荷的存储单元组成，光电二极管用于捕捉光子，它将光子转化成电子，收集到的光线越强，产生的电子数量就越多，而电子信号越强则越容易被记录且不容易丢失，图像细节也更加丰富。CCD 图像传感器是由大量独立的光电二极管组成，一般按照矩阵形式排列，相当于传统相机的胶卷。

感光元件铺满在光学镜头后方，当光线从镜头透过，投影到 CCD 表面时，CCD 就会产生电流，将感应到的内容转换成数字信号储存在相机内部的存储器或内置硬盘内。CCD 像素数目越多、单一像素尺寸越大，收集到的图像就会越清晰。

如图 5.19 所示，CCD 图像传感器由微镜头、滤色片、感光片三层组成。

1）微镜头。相机成像的关键在于其感光层，为了扩展 CCD 的采光率，必须扩展单一像素的受光面积。但是提高采光率的办法也容易使画质下降。微镜头就等于在感光层前面加上一副眼镜。因此感光面积不再由传感器的开口面积决定，而改由微镜头镜片的表面积来决定。

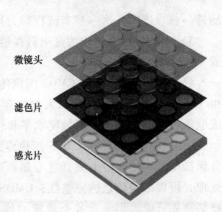

微镜头

滤色片

感光片

图 5.19 CCD 图像传感器结构

2）滤色片。目前有两种分色方式，一是 RGB 原色分色法，另一个则是 CMYK 补色分色法。这两种方法各有优缺点。RGB 即红、绿、蓝三原色，几乎所有人类眼睛可以识别的颜色，都可以通过红、绿、蓝来组成。RGB 原色分色法是通过这三个通道的颜色调节而成。CMYK 补色分色法是由四个通道的颜色配合而成，分别是青（C）、洋红（M）、黄（Y）、黑（K）。在印刷业中，CMYK 更为适用，但其调节出来的颜色不及 RGB 的多。

原色 CCD 的优势在于画质锐利，色彩真实，但缺点则是噪声大。因此，一般采用原色 CCD 的数码相机，感光度多半不会超过 400。相对的，补色 CCD 多了一个 Y（黄色）滤色器，在色彩的分辨上比较细致，但却牺牲了部分影像的分辨率，补色 CCD 可以有较高的感光度，一般都可设定在 800 以上。

3）感光片。感光片主要是负责将穿过滤色片的光源转换成电子信号，并将信号传送到影像处理芯片，将影像还原。CCD 是一种半导体器件，能够把光学影像转化为数字信号，CCD 上植入的微小光敏物质称为像素（pixel），一块 CCD 上包含的像素数越多，其提供的画面分辨率也就越高。CCD 的作用就像胶片一样，但它是把图像像素转换成数字信号，其上有许多排列整齐的电容，能感应光线，并将影像转变成数字信号。

（2）CMOS 图像传感器 CCD 和互补金属氧化物半导体器件（Complementary metal oxide semiconductor，CMOS）在制造上的主要区别是 CCD 集成在半导体单晶材料上，而 CMOS 集成在被称作金属氧化物的半导体材料上。CMOS 图像传感器是模拟电路和数字电路的集成，如图 5.20 所示。主要由微透镜、彩色滤光片（CF）、光电二极管（PD）、像素单元组成。

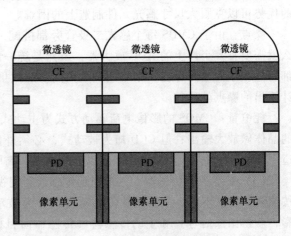

微透镜 微透镜 微透镜

CF CF CF

PD PD PD

像素单元 像素单元 像素单元

图 5.20 CMOS 图像传感器

1）微透镜：具有球形表面和网状透镜。光通过微透镜时，CMOS 图像传感器的非活性部分负责将光收集起来并将其聚焦到彩色滤光片。

2）彩色滤光片：拆分反射光中的红、绿、蓝成分，并通过感光元件形成拜耳阵列滤镜。滤镜上每个小方块与感光元件的像素单元对应，即在每个像素前覆盖一个特定的颜色滤镜。比如红色滤镜单元，只允许红色光线投到感光元件上，那么对应的这个像素单元就只反映红色光线的信息。随后还需要后期色彩还原，最后形成一张完整的彩色照片。感光元件→

滤镜→色彩还原，这一整套流程称为拜耳阵列。

3）光电二极管：作为光电转换器件，捕捉光并将其转换成电流。一般采用 PIN 二极管或 PN 结器件制成。

4）像素单元：通过 CMOS 图像传感器上装配的有源像素传感器（APS）实现。APS 常由 3~6 个晶体管构成，可从大型电容阵列中获得或缓冲像素，并在像素内部将光电流转换成电压，具有较完美的灵敏度水平和较低的噪声指标。

CCD 图像传感器和 CMOS 图像传感器性能上有所不同。CCD 图像传感器的特色在于充分保持信号在传输时不失真（专属通道设计），透过每一个像素集合至单一放大器上再统一处理，可以保持信息的完整性；CMOS 图像传感器的制造较简单，没有专属通道的设计，因此必须先行放大再整合各个像素的信息。整体来说，CCD 与 CMOS 两种图像传感器在 ISO 感光度、制造成本、解析度、噪点与耗电量等方面存在一些差异。

感光度：由于 CMOS 的每个像素包含了放大器与 A-D 转换电路，这些元件会占据部分感光区域的表面积。因此相对于 CCD 图像传感器，同样大小的感光器尺寸下，CMOS 的感光度会稍低。

制造成本：CMOS 应用半导体工业常用的 MOS 制程，可以一次整合全部周边设施于单晶片中，节省加工晶片所需的成本和良率的损失；CCD 采用电荷传递的方式输出信息，必须另辟传输通道，如果通道中有一个像素故障，就会导致一整排的信号堵塞，无法传递。因此 CCD 的良率比 CMOS 低，加上另辟传输通道和外加 ADC 等周边，CCD 的制造成本相对高于 CMOS。

解析度：由于 CMOS 每个像素的结构比 CCD 复杂，其感光开口不及 CCD 大。比较相同尺寸的 CCD 与 CMOS 感光器时，CCD 感光器的解析度通常会优于 CMOS。不过，如果不考虑尺寸限制，CMOS 感光元件已经可达到 1400 万像素/全片幅的设计，CMOS 技术在良率上的优势可以克服大尺寸感光元件制造上的困难。

噪点：由于 CMOS 每个感光二极管旁都搭配一个 ADC 放大器，如果以百万像素计，那么就需要百万个以上的 ADC 放大器，虽然是统一制造下的产品，但是每个放大器或多或少都有些微小的差异存在，很难达到放大同步的效果，对比单一个放大器的 CCD，CMOS 最终计算出的噪点就比较多。

耗电量：CMOS 的影像电荷驱动方式为主动式，感光二极管所产生的电荷会直接由旁边的晶体做放大输出；但 CCD 却为被动式，必须外加电压让每个像素中的电荷移动至传输通道。而这外加电压通常需要 12 V 以上的水平，高驱动电压使 CCD 的耗电量远高于 CMOS。

（3）三维视觉传感器　三维视觉传感器利用视觉传感器技术可实现对物体的三维测量。按照测量方法不同，三维视觉传感器可以分为被动传感器（用摄像机等对目标物体进行摄影，获得图像信号）和主动传感器（传感器向目标物体投射信号，再接收返回信号，测量距离）两大类。下面介绍常用的被动传感方法。

1）单目视觉利用单个摄像机拍摄物体图像，测量图像中各点的像素坐标和对应的实际物体位置，然后根据相机模型和成像原理计算出物体与相机之间的距离。常用的有两种方法：一种方法是测量视野内各点在透镜聚焦的位置，以推算出透镜和物体之间的距离；另一种方法是移动摄像机，拍摄到对象物体的多个图像，求出各个点的移动量再设法复原形状。

2）双目立体视觉是被动视觉传感器中最常用的方式。如图 5.21 所示，左右两个摄像机给物体拍照,然后对任意点 P 在图像上的位置做图像处理。如果此时已知两个摄像机的相对关系,就可以计算出 P 的三维位置。增大摄像机之间的间隔,能提高纵深测量精度,不过这是以减少两个摄像机的公共视野为代价的。可见这种方法受观察角度的影响,有时适应性会较差。于是,有人进一步开发了利用三个摄像机的三目视觉方法和由不同基线长度的多个摄像机组合成的多基线立体视觉方法。

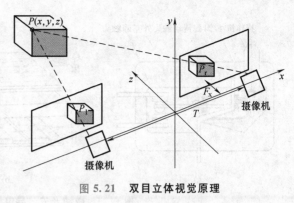

图 5.21 双目立体视觉原理

5.4.2 触觉传感器

触觉传感器是具有人体皮肤感觉功能的传感器的总称。人体皮肤有多种感觉接收器,能感觉多种刺激。皮肤由表皮、真皮和皮下组织三层构成,通过神经末梢感受外界对皮肤的刺激。在生理学领域内,把触觉系统感受到的感觉分为压觉、接触觉、温度觉和痛觉等。机器人系统常需要在机械手的手指上安装触觉传感器 (图 5.22),增加抓取的触觉控制。

机器人触觉传感器不需要实现人体全部的触觉功能。人类对机器人触觉的研究集中在扩展机器人能力所必需的触觉功能上。一般地,把检测感知和外部直接接触而产生的接触觉、压觉、滑觉的传感器,称为机器人触觉传感器。触觉传感器可以具体分为集中式和分布式 (或阵列式)。前者用单个传感器检测各种信息,后者则检测分布在表面上的力或位移,并通过对多个输出信号模式的解释

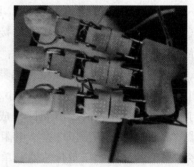

图 5.22 机械手的触觉传感器

而得到各种信息。触觉传感器按种类可以分为接触觉传感器、压觉传感器、滑觉传感器等。

(1) 接触觉传感器 接触觉传感器是用于寻找物体或感知碰撞,判断机器人(主要指四肢)是否接触到外界物体或测量被接触物体特征的传感器。接触觉传感器常用的有微动开关、导电橡胶接触觉传感器和含碳海绵接触觉传感器,此外还有碳素纤维接触觉传感器、气动复位接触觉传感器等。

1) 微动开关。由弹簧和触头构成 (图 5.23a)。触头接触外界物体后移动,造成常闭通路断开,常开通路闭合,从而测到与外界物体的接触。这种微动开关的优点是使用方便、结构简单,缺点是易产生机械振荡且触头易氧化。

2) 导电橡胶接触觉传感器。以导电橡胶为敏感元件 (图 5.23b)。当触头接触外界物体受压后,压迫导电橡胶,使它的电阻发生改变,从而使流经导电橡胶的电流发生变化。这种传感器的缺点是由于导电橡胶的材料配方存在差异,出现的漂移和滞后特性也不一致,优点是具有柔性。

3) 含碳海绵接触觉传感器。基板上装有海绵构成的弹性体,在海绵中按阵列布以含碳海绵 (图 5.23c)。接触物体受压后,含碳海绵的电阻减小,测量流经含碳海绵电流的大小,可确定受压程度。这种传感器也可作为压觉传感器,优点是结构简单、弹性好、使用方便,

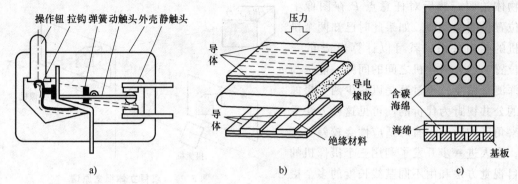

图 5.23　微动开关、导电橡胶和含碳海绵

缺点是碳素分布均匀性直接影响测量结果且受压后恢复能力较差。

4）碳素纤维接触觉传感器。以碳素纤维为上表层，下表层为基板，中间装有氨基甲酸酯和金属电极。接触外界物体时，碳素纤维受压与电极接触导电。优点是柔性好，可装于机械手曲面处，但滞后较大。

5）气动复位接触觉传感器。具有柔性绝缘表面，受压时变形，脱离接触时则由压缩空气作为复位的动力。与外界物体接触时，其内部的弹性圆泡（铍铜箔）与下部触点接触而导电。优点是柔性好、可靠性高，但需要压缩空气源。

（2）压觉传感器　压觉传感器实际是接触觉传感器的引申。压觉传感器的作用是单方向（一维）、连续地检测力的大小，其输出随外力的变化而改变。压觉传感器一般由弹性体与检测弹性体位移的敏感元件构成。利用半导体力敏器件与信号电路构成的集成压敏传感器，常用的有三种：压电型、电阻型和电容型。压觉传感器可分为单一输出值压觉传感器和多输出值的分布式压觉传感器。单点型压觉传感器适合检测点状压力，分布型压觉传感器则适合检测成面状分布的压力。

常见的压觉传感器利用某些材料的内阻随压力变化而变化的压阻效应，制成压阻器件检测压力的大小，如压敏导电橡胶或塑料等。图 5.24 所示为一个用弹簧和电位器制成的弹簧电位器压觉传感器，它用弹簧支撑的平板作为机械手手部的物体夹持面。往平板上加负载，

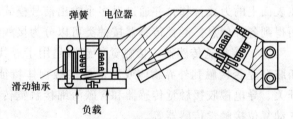

图 5.24　弹簧电位器压觉传感器

平板就发生位移，该位移量由电位器检测出，如果已知弹簧的刚性系数，则可以根据电位器的输出求出力的大小。感压导电橡胶是一种常用的感压材料。如果感压导电橡胶被压缩，橡胶中导电粉末的密度发生变化，电阻减小。把导电橡胶夹在两个电极之间构成传感器，其电阻变化可以通过电压测量出来。

压电晶体是一种典型的压电效应器件，具有自发电荷可逆的重要特性。该器件具有体积小、质量轻、结构简单、工作可靠、固有频率高、灵敏度和信噪比高、性能稳定等优点。将它们制成类似人皮肤的压电薄膜，可以感知外界压力。它的主要缺点是无直流响应，不能直接检测静态信号。

硅电容压觉传感器也是一种应用广泛的压觉传感器。硅电容压觉传感器单元电容的两个

电极分别由局部蚀刻的硅藻膜和玻璃板上被金属化的极板组成。采用静电作用把基片黏贴在玻璃衬底上，用二氧化硅作电容极板与基片间的绝缘膜，每行上的电容板连接起来，但行与行之间是绝缘的。行导线在槽里垂直地穿过硅片；金属列线水平分布在硅片槽下的玻璃板上，在单元区域扩展成电容电极，这样就形成一个 xy 平面的电容阵列。阵列上覆盖有带孔的保护盖板，盖板上有一块带孔的表面覆盖有薄膜层的垫片，垫片上开有槽沟，以减少局部作用力的图像扩展。盖板与垫片的孔相连通，在孔中填满传递力的物质，如硅胶。其灵敏度取决于硅膜片厚度和极板的几何尺寸。

三维压觉传感器取材自感压导电橡胶、光传感器、压电薄膜传感器。如图 5.25 所示的三维压觉传感器由一个在中心的圆形电极和四个在周围的扇形电极组成，传感器单元按照 2×6 的阵列排列。每个传感器单元由四层结构组成：顶部为触头，第二层为扇形电极，第三层为压敏材料，第四层为圆形电极。在传感器受到压力时，压阻材料压缩，圆形电极与扇形电极间的电阻值发生变化，在受到剪切力时，电极产生绕轴的扭矩使压阻材料压缩变形来改变电阻值，从而实现三维压觉的检测。

触头
扇形电极
压敏材料
圆形电极

500μm
3000μm

图 5.25　三维压觉传感器

（3）滑觉传感器　为了在抓握物体时确定一个适当的握力值，需要实时检测接触表面的相对滑动，然后判断握力，在不损伤物体的情况下逐渐增加力量。滑觉检测功能是实现机器人柔性抓握的必备条件。机器人中的"滑动"是指机器人手部与对象物体的接触点产生相对位移，检测这个位移或速度的传感器称为滑觉传感器。通过滑觉传感器可对被抓物体进行表面粗糙度和硬度的判断。滑觉传感器按被测物体滑动方向可分为三类：无方向性、单方向性和全方向性传感器。其中无方向性传感器只能检测是否产生滑动，无法判别方向；单方向性传感器只能检测单一方向的滑动；全方向性传感器可检测各方向的滑动情况。

全方向性滑觉传感器一般被制成球形以满足需要。滑觉传感器有滚轮式和滚球式，还有一种通过振动检测滑觉的传感器。如果仅有重力作用，由于作用力的方向是一定的，接触部分用滚轮即可，而且检测的灵敏度相当高。只要检测滚轮的转动变化即可得到滑动量和输入值。如果是面接触滑动，则可以同时安装多个可伸缩的点接触传感器，再根据它们的微分输出来综合评价滑动情况。

图 5.26 所示的机器人手部与被抓持的物体之间通过滚轮接触，把滑动变换为转动。然后采用光纤探头探测滚轮滚动，具有很高的探测精度。

图 5.27 所示的传感器中用滚球代替滚轮，可以检测各个方向的滑动。滚球表面有黑白相间的图形，黑色为导电部分，白色为绝缘部分。有两个电极和球面接触，随着球面的滚动，检测两个电极之间的导通状态的变化，就可以知道滚球的转动，即感知滑动。例如，计算机鼠标使用的是 2 轴滑觉传感器。

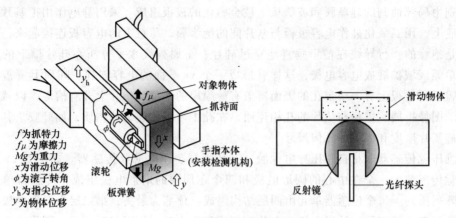

图 5.26 滚轮滑觉传感器

5.4.3 力觉传感器

在机器人工程领域，"力"狭义地指力与力矩的总称。力觉传感器（force sensor）是测量作用在机器人上的力和力矩的传感器。力觉传感器和触觉传感器都必须直接接触目标才能获取所需的信息。二者不同之处在于：触觉传感器用来检测特定方向的力（通常判断有无接触），而力觉传感器一般可以检测三个力分量，或者再加上三个力矩分量在内的一共六个分量。力觉传感器的工作原理是将力或力矩作用下产生的机械应变变换成电信号。半导体应变片是常用力觉传感器。为了提高检测灵敏度，通常在梁或其他骨架的内、外两面贴上应变片，将输出信号送入差动放大器中，

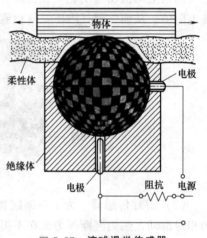

图 5.27 滚球滑觉传感器

或借助桥式电路或差动变压器，然后经过普通的放大器进行放大。有时也可以引入光路代替应变片，机械应变将引起反射光量大小的变化，然后再转换成电信号输出。

（1）应变仪　应变仪又称变形仪，是利用变形材料的变形量测量外力的传感器。金属体的电阻 $R(\Omega)$ 与其长度 $L(\mathrm{m})$ 成正比，与其截面面积 $S(\mathrm{m}^2)$ 成反比。

因此，若取金属体的电阻率为 $\rho(\Omega \cdot \mathrm{m})$，则有

$$R = \frac{\rho L}{S} \tag{5.27}$$

当该金属体受到沿长度方向的张力伸长 ΔL 时，应变量 $\varepsilon = \dfrac{\Delta L}{L}$，直径缩小 Δd，截面面积缩小 ΔS。于是，长度方向的应变与直径方向的应变之比为 $\dfrac{\Delta L / L}{\Delta d / d}$。这个比称为泊松比。根据以上分析就可以求出应变引起的电阻值变化，近似为

$$\frac{\Delta R}{R} = k\varepsilon \tag{5.28}$$

式中，k 是取决于金属的材料、形状、泊松比的常数，也称为应变仪的灵敏度。

如图 5.28 所示，应变片是一种固定在底板上的细电阻丝，根据所用材料的不同，它可以分为电阻丝应变仪（采用电阻细线）、铂应变仪（采用金属铂）、半导体应变仪（采用压电半导体）。应变片的电阻变化可以用桥式电路从电压的变化中测量出来。

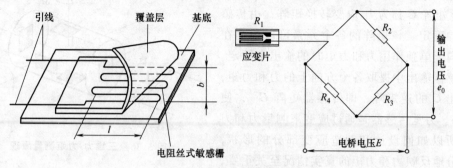

图 5.28　应变片的结构原理

应变片能测量一个方向的应变，也可以做成多种模式来测量二轴或三轴方向的应变。在如图 5.29a 所示的悬臂梁的上、下两个表面贴上应变片，在力 F 的作用下，R_1、R_4 受到拉伸力，R_2、R_3 受到压缩力。这样不但灵敏度高达 2 倍，同时还消除了梁的横向拉力及温度膨胀的影响。这就是二应变片法，在电桥的四边粘贴应变片的方法称为四应变片法。图 5.29b、c 分别为二应变片法和四应变片法的桥式测量电路。

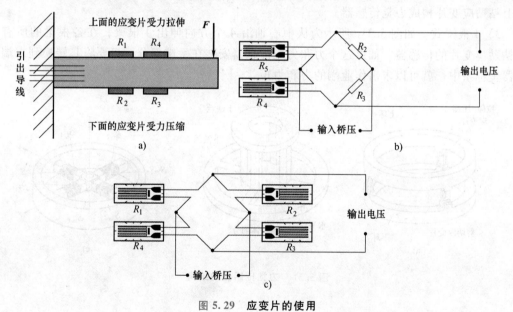

图 5.29　应变片的使用

（2）力-力矩的测量　三维力-力矩测量原理如图 5.30 所示。把传感器结构体设计成圆筒形，它受到各个方向作用的力和力矩后均能产生应变。检测粘贴在相应部分应变片的应变，便可以计算出力和力矩。建立坐标系，假设各个方向的力为 F_x、F_y、F_z，围绕各个轴的力矩为 M_x、M_y、M_z，所受总的力矢量为 F，应变片粘贴在由传感器结构体发生特定应变的 6 个部位，应变片的输出为 S_1、S_2、$\cdots$、S_6。分别与各个部分的应变成比例。于是，传感器的输出矢量 S 可以通过下式求出

$$S = CF$$

$$\begin{cases} S = \begin{bmatrix} S_1 S_2 S_3 S_4 S_5 S_6 \end{bmatrix}^T \\ F = \begin{bmatrix} F_x F_y F_z M_x M_y M_z \end{bmatrix}^T \end{cases} \quad (5.29)$$

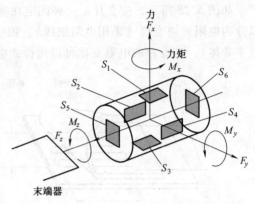

图 5.30　三维力-力矩测量原理

6×6 矩阵 C 称为力-应变转换矩阵，由传感器的结构确定。该矩阵的各个元素可以根据在各个方向上单独作用力和力矩时的输出来标定。要从传感器输出中提取各个方向上的力和力矩，需要求出 C 的逆矩阵，即传感器矩阵 C^{-1}，使 $F = C^{-1}S$。力觉传感器是通过应变来测量力和力矩的，所以如何设计和制造应变部分的形状，恰如其分地反映力和力矩的真实情况至关重要，应该注意以下几点：无产生摩擦的滑动部分，无迟滞现象；变形应力不超出材料的弹性范围；获得 6 个彼此独立的应变信息；各个轴之间干涉小。

力觉传感器的基本结构除了圆筒形之外，还有其他几种结构。

1）环式。图 5.31a 中在两个环之间设计了 3 根支柱，在环的外侧粘贴测量剪切变形的应变片，内侧粘贴测量拉伸-压缩变形的应变片。

2）竖直水平梁式。如图 5.31b 所示在上、下法兰之间设计了竖直梁和水平梁，在各个梁上粘贴应变片构成力觉传感器。

3）4 根梁式。如图 5.31c 所示为从中心轴沿 4 个方向伸出 4 根梁，在各根梁的所有侧面粘贴应变片的传感器。如果这个力和力矩传感器安装在手腕部分，只要将其转换到末端执行器坐标系中，就可以求出作业端的力和力矩。

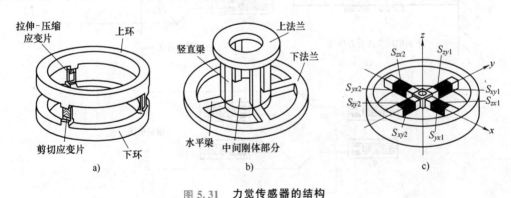

图 5.31　力觉传感器的结构

5.4.4　接近觉传感器

接近觉传感器是一种能在近距离范围内获取执行器和对象物体之间空间相对关系信息的传感器。它的用途是确保安全，防止接近或碰撞，确认物体的存在或通过，测量物体的位置和姿态，检测物体的形状，进而用于作业规划和动作规划的生成、修正、躲避障碍物、避免碰撞等。通常，接近觉传感器安装的空间比较狭窄、有限，因此要求其体积小、质量轻、结构简单以及稳定和坚固。在设计和制造时，必须在理解检测基本原理的基础上，充分考虑周围环境条件及空间限制，选择适合目标的检测方法（图 5.32），以满足要求的性能。

非接触检测方法一般采用光和声波的原理，但是在近距离的场合，空气压、磁场、电场等方法也很有效。例如，喷嘴以一定的压力喷出空气，如果它的前面有物体，则距离越近，喷嘴的背压越高。因此，测出喷嘴的背压后，就可以根据预先计算出的对应关系求出其到物体的距离，这就是空气式接近觉传感器的原理。磁场式或电场式接近觉传感器则是基于接近物体时，磁通或电场随距离的变化而产生变化的原理测量距离。磁场式接近觉传感器可检测钢铁等高磁导率的物质（容易产生电涡流），而电场式接近觉传感器则宜检测高分子材料等介电常数较高的物质。如果对象物为金属，那么用磁场式方法测量距离会很有效，因此磁场式接近觉传感器常用于焊接机器人的示教或仿形控制中。光学式接近觉传感器的原理是通过测量光反射的光通量或光路变化来判断物体的存在或大概的距离。因此，被测物体表面必须光滑，否则传感器无法测量目标。

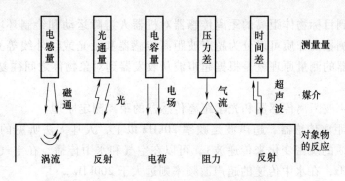

图 5.32 接近觉传感器的检测方法

（1）接触式接近觉传感器 接触式接近觉传感器用于定位或触觉，是检测物体是否存在的最可靠的一种方法。接触式接近觉传感器的输出信号有多种形式，如接触或不接触状态对应于开关的通断、对象物体与触点间有无电流产生、梁的弹性变形产生的应变片电阻的变化等。探针法利用探针与对象物体表面的接触作用甚至能检测出纳米数量级晶粒的高低不平度。但是，接触式接近觉传感器的使用范围受到一定限制：在分离状态下无法实现检测；有时会成为运动的障碍，甚至损坏物体表面。

（2）电容式接近觉传感器 电容式接近觉传感器的原理是电容量与电极面积、电介质的介电系数成正比，与电极之间的距离成反比。如果固定相对电极的面积和介电系数，则根据电容的变化就可以检测出电极和导体对象物体之间的距离。

（3）电磁式接近觉传感器 如果钢铁等强磁性对象物体和气隙组成了磁路的一部分，那么用霍尔元件等器件测量磁场强度，或者测量由磁阻变化引起的线圈感抗的变化，就可以测量对象物体与磁路元件之间的距离。如果被测对象属于非磁性导电物体，那么在交变电磁场的作用下将会产生涡流，引起励磁线圈输入电流的变化，同样可以测量距离。

（4）流体接近觉传感器 流体接近觉传感器的原理是将气体或液体喷向物体表面，通过测量压力、流量的变化来判定有无物体存在，或者用以测量物体的距离。流体传感器不受磁场、电场、光线等的干扰，对环境的适应性强，可用于焊接和切割焊枪的控制、零件组装工序、搬运等应用场合。

（5）超声波接近觉传感器 超声波接近觉传感器发射超声波脉冲信号，测量回波的返回时间便可得知是否接近物体表面。这种方法特别适用于不允许使用光学方法的混浊液体环境。

如果安装多个接收器，根据相位差还可以得到物体表面的倾斜状态信息。但是，超声波在空气中衰减得很快（在1MHz的条件下为12dB/cm）。因此其频率无法太高，通常使用20kHz以下的频率，要提高分辨率比较困难。

（6）光学接近觉传感器　光学接近觉传感器适合对远处物体的非接触测量，这种方法很早就被广泛应用。测量距离可以利用光的直线传播性、聚束性、波动性、光速等各种性质。使用光学接近觉传感器的方法大致可以分为被动法（利用自然光）和主动法（利用强光源照射）。三角测量原理是最基本、最重要的原理，大多数光学接近觉传感器的使用都与这个原理相关。近年来，超小型摄像装置问世，同时信息处理器的体积也越来越小，性能越来越高，视觉开始应用于接近觉传感。

5.4.5　距离传感器

测量机器人到目标物体距离的距离传感器对机器人避障运动和绘制环境地图非常有用。距离传感器根据测量的介质可以分为超声波距离传感器和激光或红外线等光学距离传感器；超声波距离传感器的测量原理就是根据超声波从收发器到对象物体之间往复传递所花费的时间长短来计算距离。

下面介绍超声波距离传感器和光学距离传感器的距离测定原理。

（1）超声波距离传感器　超声波是频率20kHz以上，人耳无法听见的机械波。超声波属于纵波（靠介质的疏密变化来传递波），可以在空气和水中传播。在空气中传递的超声波频率在25～200kHz，在水中传递的超声波频率则远大于200kHz。

超声波的产生和检测借助于电-声变换器（图5.33）。敲击某一物体使其产生振动，振动的频率是一定的，由物体的形状、尺寸、质量等决定。这个频率称为固有频率。激励信号等于固有频率时，可以谐振产生强烈的振动。一般通过压电晶体的压电效应来产生超声波。给压电晶体施加交流电压激励，压电陶瓷产生机械振动。在压电晶体的基础上安置共振片，当振动等于固有频率时，共振片振动产生超声波。

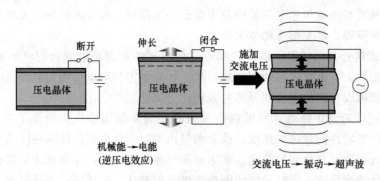

图5.33　超声波的产生

声速与频率无关，仅取决于介质。例如，在20℃的空气中声音的传播速度是340m/s，在20℃的水中是1530m/s，在固体铁中是5180m/s。一般来说，介质越坚硬、密度越大，则声速越快。超声波的波长与超声波的频率、声速之间的关系为

$$\lambda = \frac{c}{f} \tag{5.30}$$

在式（5.30）中，声速 c 随介质数值的不同而不同，波长 λ 随频率 f 的增高而降低。因此，换算后得到空气中 40kHz 的超声波的波长是 8.6mm。超声波测量距离的精度在很大程度上取决于波长，如果测量精度的要求高，波长应该短，即需要采用频率较高的超声波。

超声波的波长比一般声波要短，具有较好的方向性。超声波会在固有声阻抗的不同边界产生反射。声阻抗 Z 是材质的固有值，与材质的相对密度 ρ、声速 c 有以下关系

$$Z = \rho c \tag{5.31}$$

如果材质之间的 Z 相差很大（如空气和墙壁），那么超声波在它们的边界处几乎完全被反射回来。随着超声波的传递，它的振幅将慢慢地衰减。这是由于波的扩散效应，波能量被介质吸收的缘故。由于这个原因，超声波传感器的测量范围不可能很大，在空气中只能测量数米左右的距离。由于衰减程度随频率的增大而趋于严重，而频率升高传播的直线性更好，因此在实际应用的场合应该彼此协调，以取得满意的测量结果。

如图 5.34 所示，超声波测量距离的原理通常采用脉冲回波方式，即向物体发射超声波后，测量发射和返回的往复时间。如果取往复时间为 t，声速为 c，则到对象物体之间的距离 L 为

$$L = \frac{ct}{2} \tag{5.32}$$

超声波距离传感器测量距离的优点是电路及信号处理简单、测量精度较高、装置小、价格便宜，与光学方法相比它所受到的干扰也小一些。超声波能在液体，特别是不透光的、混浊的液体中传播，所以可以应用在光学传感器无法胜任的场合，具备更广泛的适用性。在机器人领域，超声波距离传感器多被用于环境识别。超声波距离传感器的缺点是，往复传送的时间相对较长，与光学的方法相比，它花费的测量时间比较长。另外，单个超声波距离传感器只能得到一维距离信息，因此要想获取二维信息就需要增加传感器的数量，或者改成扫描形式。

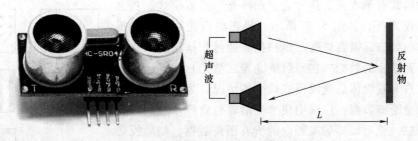

图 5.34 超声波距离传感器实物及原理

然而，在使用中同时输出的超声波相互之间存在着干扰。在多个超声波距离传感器发送声波的条件下，目前基本上还没有手段能够得知所接收的信号到底对应于哪个传感器。为了防止超声波彼此之间的干涉，有人提出控制发送时序，使相互之间发送不重叠的方案。

（2）光学距离传感器 与超声波相比，光学方法测量距离的优点在于测量范围大，光的直线性高，可以很精确地求出距离，而且能在短时间内获得大范围的二维或三维距离信息。光学方法的缺点是摄像机和光源位置及姿态的标定比较复杂，测量范围受到摄像机视野的限制，并且无法用于不透光的环境。光学距离传感器有被动型和主动型两种。

1）被动型。被动型光学距离传感器视觉距离测量有两种方法：一种是用多个摄像机得

到立体视觉；另一种是用单个摄像机得到单张图像，然后经过分析获取距离信息。立体视觉的测量方法是通过提取多个画面中对象同一个位置的对应点（图 5.35），再用三角测量方法计算对象的距离。

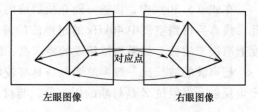

图 5.35　被动测距

三角测量方法的原理如图 5.36 所示。L 是到对象物体的距离，d 是观测两点之间的距离，α、β 是从平行的两个摄像机的视线方向到对象物体方向之间的角度。距离 L 可由下式求出

$$L = \frac{d}{\tan\alpha + \tan\beta} \qquad (5.33)$$

只要摄像机能拍摄出环境的图像，那么这个方法就是有效的。不过，求出两台摄像机所拍摄图像之间的对应点却是一个很大的难题。原则上，可以在两张图像中设置小窗口，寻找它们之间的相关值最高的部分，就可以求出对应点。不过这个方法要花费很多处理时间，由于硬件的进步，实时处理已经实用化。当然，一台摄像机自身移动，从多个视角获得图像的方法也是可行的，但是却随之衍生了精确求解移动前、后的视点之间位置关系的新问题。

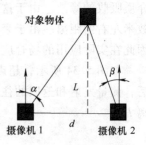

图 5.36　三角测量
方法的原理

其他还有一些方法。例如，借助于事先已有的知识对某台摄像机获取的图像进行分析，从而求出对象物体的位置和姿态。如果对象物体种类和大小已知，那么这种方法在工厂的零部件识别等方面是非常有效的。

2）主动型。主动型传感器的三角测量方法的原理，实际上是把被动型立体视觉的两台摄像机中的一台变为模式光投影器，由另一台摄像机捕捉它所投影的模式图案。

投影的模式有单点光、狭缝光、点阵光、二值模式、灰度模式、彩色模式等，如图 5.37 所示。投影单点光时，为了得到全视野内的数据，需要进行二维扫描，通过扫描反复细密的采样后可得到精密的数据。在照射狭缝光（激光）的场合，用摄像机获取投影到物体后光线模式畸变的情况。为了在一次测量中获得二维距离数据，应该用狭缝光沿着与狭缝垂直的方向进行一维扫描，就可以得到视野内的所有距离数据。如果投影二维光点阵列（点阵光），那么根本无须进行扫描，一次性即可测量视野内的全部空间。如果在空间中粗略地对单点光的间隔进行扫描，就可以实现高速测量。其他还有把二值模式、灰度模式、彩色模式等二维模式向空间投影等快速测量的方法。

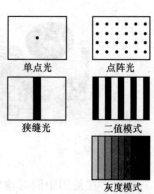

图 5.37　主动型投影模式

主动型传感器的最大优点是很容易解决对应点的搜索问题，这在被动型中是相当困难的。以单点光为例，根据投影器的方向立即就可以判断摄像机所拍摄的点像被投影的方向。但是主动型传感器的缺点是激光投射器的输出大小受到安全的限制，不能照射得很远，因此测量范围也就被限制在传感器的附近。如果采用红外线或可视光，还会受到太阳光的干扰，因此它在室外使用比较困难。

主动型传感器也有仿照超声波原理测量往复传播时间的方法。对于光波来讲，它的速度比超声波快得多，因此直接测量光线的传播时间会有一定的困难。于是，人们想到将激光调制后再照射出去，测量调制信号与接收的变调信号之间的相位差即可求出物体的距离。这种方法的测量精度一般为数毫米至数厘米，测量范围一般为数十厘米至数十米，甚至在户外也可以使用，但是一般价格较高，要进行三维测量时要求对激光束进行二维扫描。

还有一些其他光学测距的方法，如根据照射光到达物体后返回的光强度求算距离。显然，离物体越近，返回光的强度就越强，反之就越弱，因此可以用于距离测量。然而实际上，由于受到对象物体颜色和光反射特性等因素的影响，这种方法很难满足定量测量的要求，检测的范围一般仅数十厘米。

5.4.6 听觉、味觉、嗅觉传感器

（1）听觉传感器 听觉传感器（voice sensor）是机器人和操作人员之间的重要接口，它可以使机器人按照"语言"执行命令，进行操作。在应用语音感觉之前必须经过语音合成和语音识别，目前有关语音合成和语音识别的技术已经进入实用阶段。

我们首先来看看人耳的结构和语音处理的原理。图 5.38 所示为耳朵的结构，主要由外耳、中耳和内耳构成。从各个方向传来的声音，经过耳廓反射导入外耳，引起鼓膜振动。这时，由于声音传入左右耳时有时间差，加上耳廓的非对称性使反射声波产生微妙的变化，从而可以完成声源的定位。

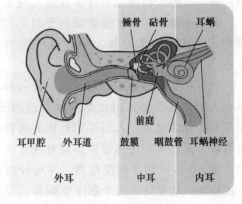

图 5.38　耳朵的结构

鼓膜的振动通过三块听小骨头传到基底层，并产生行波传至耳蜗。基底层的厚度和宽度从入口向深处变薄变细，共振频率发生改变。因此，声波范围内的频率高低造成基底层最大振动强度位置的变化。毛细胞检测基底层上出现的振动并产生神经脉冲，就可以进行频率分析。

语音属于 20Hz~20kHz 的疏密波，工程上用空气振动检测器作为听觉器官，"话筒"就是典型的实用例子。人们已开发出各种各样的语音传感器产品。图 5.39 所示为听觉传感器的结构。

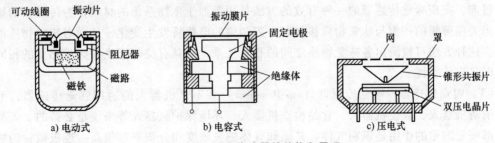

图 5.39　听觉传感器的结构和原理

1）电磁式（电动式）听觉传感器由可动线圈和磁铁构成，也称为动态话筒。其特点是失真小、稳定、阻抗低。

2）静电式（电容式）听觉传感器由振动膜片和固定电极构成电容，它的动态范围大，体积小。

3）压电式听觉传感器用晶体或陶瓷（钛酸钡等材料）作为变换元件，其灵敏度高、体积小，一般用作超大型的声波传感器。

在工业生产中，为了感知声音，控制器经常带有话筒，移动机器人的场合也可以将它安装在机器人的本体上。就机器人听觉传感器的具体要求而言，除了体积小、质量轻之处，频率特性和灵敏度也是很重要的指标。

语音信号转换成电信号后，要进行预处理。预处理包括信号放大、除去噪声（滤波）、频率分析等。信号放大和噪声滤波一般在模拟电路中进行，然后将信号进行模数转换，用数字信号处理的方法进行频率分析，频率分析通常借助于快速傅里叶变换（FFT）方法。

（2）味觉传感器　机器人一般不具备味觉，但海洋资源勘探机器人、食品分析机器人、烹调机器人等则需要用味觉传感器进行液体成分的分析。

人的味蕾约有 9000 个，每个味蕾中包含 40~60 个味细胞，味蕾结构如图 5.40 所示。味蕾的大小为 50~70μm，每一个味蕾由支持细胞及 5~18 个毛细胞构成，后者即为味觉感受器。每一个感受器细胞有许多微绒毛突出于味孔，此为味蕾在舌头上皮表面的开口。当液体状物质到达舌头的时候，味蕾便可感知各种味道。

味觉可粗略分为酸、甜、咸、苦和鲜 5 种基本类型，这些都是由化学刺激引起的感觉，通常称为化学感觉。人们对味觉研究尚处于探索阶段。虽然某些传感器可实现对味觉的敏感性，如 pH 计可用于酸度检测，导电计可用于

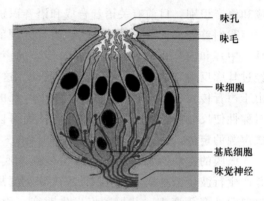

图 5.40　味蕾结构

咸度检测，比重计可用于甜度检测等。但这些传感器只能检测味觉物质的某些物理化学特性，并不能模拟实际的生物味觉敏感功能，测量的物理化学参数要受到外界非味觉物质的影响。此外，这些特性还不能反映味觉物质之间的关系，如协作作用和抑制效应等。另一方面，用于味觉检测的化学传感器一般是对化学物质的选择识别，但要研制出对多种物质具有选择性的化学传感器仍十分困难。

目前，实现味觉传感器的一种有效的方法是用类似于生物系统的材料作为传感器的敏感膜。当类脂薄膜的一侧与味觉物质接触时，膜两侧的电势将发生变化，从而对味觉物质产生响应。这种方法可检测出各味觉物质之间的相互关系，并具有类似于生物味觉感受的相同方式，即具有仿生性。

（3）嗅觉传感器　嗅觉传感器（smell sensor）并不是机器人的通用感觉传感器，不过对于消防机器人、救援机器人、食品检查机器人、环境保护机器人等来说是必备的。人类鼻腔内部嗅觉细胞的作用是识别气体。其感知气体的灵敏度和分辨率都很高，连极微量的物质成分都能感知到。动物对气体的感知也特别敏锐，其灵敏度甚至高于人类几千倍。

如图 5.41 所示，嗅觉感受器位于鼻腔的顶部。当用鼻子嗅和吸气时，一些空气中的化学物质会与感受器结合。这会触发一个顺着神经纤维向上传递的信号，穿过上皮和上方的颅

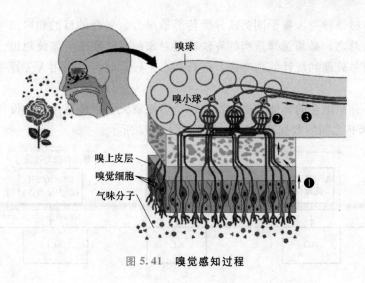

图 5.41 嗅觉感知过程

骨到达嗅球。嗅球包含神经元细胞体，其将信号顺着嗅球的颅神经传递。然后将信号朝着大脑皮层的嗅觉区域向下传递到嗅神经。

人们认为嗅味有多种基本成分，它们可以组合成各种特别的嗅味。嗅味的浓度不同，感觉也大不一样，在考虑人的嗅觉时必须注意这个特点的影响。工程中制造嗅觉传感器的材料，一般要放上几种能吸附气体的材料，如陶瓷、半导体等，检测它们电阻的变化或振动频率的变化，然后综合起来辨别嗅味。也有的传感器是采用对气体有敏感性的生物材料，即所谓的生物嗅觉传感器。如：

1）水晶振子嗅觉传感器，在水晶振子电极表面上覆盖脂质膜，该层膜在吸附嗅觉成分后，能检测出振动频率的变化。

2）半导体嗅觉传感器，半导体聚合体表面依据是否吸附了嗅味成分，能引起电阻的变化，从而进行测量感知。

3）热式嗅觉传感器，在加热金属的表面，嗅味物质发生氧化还原反应引起电阻的变化，从而进行测量感知。

5.5 传感器融合应用示例

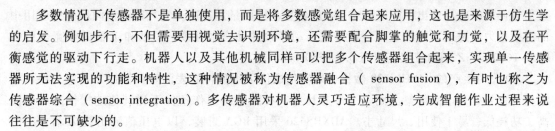

多数情况下传感器不是单独使用，而是将多数感觉组合起来应用，这也是来源于仿生学的启发。例如步行，不但需要用视觉去识别环境，还需要配合脚掌的触觉和力觉，以及在平衡感觉的驱动下行走。机器人以及其他机械同样可以把多个传感器组合起来，实现单一传感器所无法实现的功能和特性，这种情况被称为传感器融合（sensor fusion），有时也称之为传感器综合（sensor integration）。多传感器对机器人灵巧适应环境，完成智能作业过程来说往往是不可缺少的。

传感器信息融合的算法是一门专门的技术。尚无一个结构和算法能够普遍适用于所有传感器的融合，结构不单单与融合的概念以及等级有关，在具体对象的传感器融合的实施层面上，必须依据传感器种类、属于同类或异类传感器融合、融合的目的和输出等因素，相应地构建融合结构。总之，必须选择适当的算法满足对象的具体要求。笼统地说，进行低水平融合时多半采用信号处理和统计处理方法，进行高水平融合时多半采用人工智能和知识工程的方法。

本节中不再介绍融合的具体算法，给出一个多旋翼无人机传感系统的设计示例。传感器元件与控制器 DSP 之间的数据通信接口连接如图 5.42 所示。

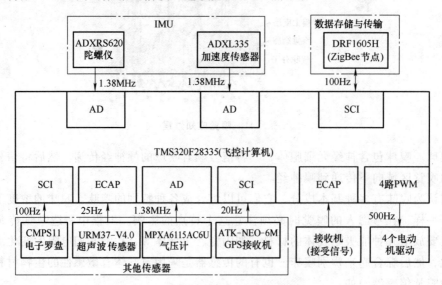

图 5.42 多旋翼无人机的传感系统

该系统采用 TI 公司的高性能浮点 DSP 处理器作为飞控计算机，没有选择集成的惯性测量单元（IMU），而是由分体式惯性器件自主搭建 IMU，并配合滤波算法获取航姿信息。其他传感器包括超声波传感器、气压计、电子罗盘、GPS 等。系统采用 ZigBee 模块作为无线通信装置。下面分别介绍各子系统的硬件选型与设计。

（1）飞控计算机 采用 TI 公司的高性能浮点 DSP（TMS 320 F28335）处理器作为飞控计算机。TMS320F288335 芯片具有丰富的外部资源和高效的指令集。

（2）传感器系统 目前的传感器系统包括惯性测量单元 IMU、电子罗盘、超声波传感器、气压计、GPS 等。

惯性测量单元 IMU 的主要传感器为 ADXL335 数字三轴加速度传感器和三个 ADXRS620 单轴陀螺仪。ADXL335 是一款小尺寸、薄型、低功耗、完整的三轴加速度传感器，提供经过信号调理的电压输出，能以最小 $\pm 3g$ 的量程范围测量加速度。它可以测量倾斜检测应用中的静态重力加速度，以及运动、冲击或振动导致的动态加速度。X 轴和 Y 轴的带宽范围为 $0.5 \sim 1600Hz$，Z 轴的带宽范围为 $0.5 \sim 550Hz$。

AD 公司生产的 ADXRS620 微机械单轴陀螺仪采用独特的表面微机械加工工艺，将机械结构与信号处理电路都集成到一个单芯片上，在严峻的工作条件下比其他陀螺仪的可靠性高、功耗低、易于使用、尺寸小。ADXRS620 采用 BGA 封装，以电压值输出绕 Z 轴方向的角速度，可测量量程为 $\pm 300°/s$，带宽为 $2kHz$。

CMPS11 是 robot-electronics 公司第三代带倾斜补偿的电子罗盘。利用三轴磁强传感器、三轴陀螺仪和三轴加速度传感器，基于卡尔曼滤波的陀螺仪，可以补偿由于 PCB 板生产倾斜引起的误差。CMPS11 输出 0~3599 代表 0°~359.9°或 0°~255°。三个传感器经过数据处理后的输出值，可以用于计算目标的运动状态，模块也支持每个组件有原始数据输出。经过校准之后，精度可达 2%，CMPS11 模块需要 3.6~5V 的电源，并产生约 25mA 的电流。支持串口通信或 I^2C 接口。

URM37-V4.0 是一款来自 DFRobot 独立研发的超声波传感器，这个传感器的设计支持多个连接的同时使用，可用于测量无人机与动态或静态目标之间的距离。这款传感器的设计基于声纳原理。通过监测发射一连串调制后的超声波及其回波的时间差来得知传感器与目标物体间的距离值。该传感器带有温度补偿，可测范围为 0.05~5m，分辨率可达到 1cm。通信接口支持 PWM 输出、RS-232 信号输出、TTL 电平输出。

ATK-NEO-6M GPS 是一款高性能 GPS 定位模块。该模块采用 U-BLOX NEO-6M 模组，模块自带 MAXIM 公司高增益（20.5dB）LNA 芯片与高性能陶瓷天线结合，组成接收天线，相当于集成了有源天线。该款 GPS 定位模块体积小巧，搜星能力强，可通过串口进行各种参数设置，并可保存在 EEPROM，使用方便。自带 IPX 接口，可以连接各种有源天线，适应能力强，兼容 3.3V/5V 电平，方便连接各种单片机系统。

MPXA6115AC6U 气压计是新型的单片式带信号调节的硅压力传感器。该传感器集先进的微机械技术、薄膜金属化和双极半导体工艺于一身，具有温度补偿功能，可提供与所施压力成正比、精确的高电平模拟输出信号。传感器具有体积小巧、可靠性高的优点。精度可达到±1.5%，工作温度为-40~125℃，在 0~85℃范围内的最大误差率为 1.5%。

（3）数据存储与传输系统　DRF1605H 的主要功能是串口（UART）转 Zigbee 无线数据传输，与 DRF1605PIN 脚完全兼容，传输距离可达 1.6km。所有的模块上电即自动组网，网络内模块若掉电，网络具有自我修复功能。

利用 ZigBee 模块构建无线通信网络，可以实现空中平台与地面站之间以及多旋翼无人机之间的通信。ZigBee 这种自组织、易扩展的特性可以为后续多机飞行的通信组网提供极大的便利。

（4）设计要求　上述传感器形成传感系统，还要考虑以下几点系统的设计要求。

1）数字三轴加速度传感器、三个 ADXRS620 单轴陀螺仪、CMPS11 电子罗盘主要用于内环（姿态环）的角度信息采集。采样频率要求尽可能高，设计为 100Hz 以上。陀螺仪和加速度计采用 AD 接口；电子罗盘采用 SCI 接口。CMPS11 电子罗盘固定在电路板上，但是由于其容易受到电路系统的电磁干扰，应尽量远离其他干扰源。另外，电子罗盘的方向应与数字三轴加速度传感器和三个 ADXRS620 单轴陀螺仪 X 轴、Y 轴和 Z 轴对齐。

2）用于外环（位置环）的传感器有 GPS、超声波传感器、气压计。尽管外环对于采样速率的要求不是很高，也应尽量保证在 20Hz 以上。GPS 采用 SCI 接口、超声波传感器用 ECAP 接口、气压计没有特殊要求。

3）URM37 超声波传感器主要测量飞机与平整地面之间的高度距离。安装时，传感器需要正对地面向下测高度。

4）GPS 需要一根 30~40cm 的接收天线立于电路板上方 30cm 以上，采用支架与机体固定，尽量远离电子系统以避免干扰。

5）飞控算法总的更新速率为 500Hz。

1. 移动机器人的工作环境分为室内和室外，试分别设计一下，在两种工作环境中，要实现移动机器人的定位，应该怎么选择和使用传感器？

2. 常用工业机器人，旋转关节是比较普遍的。关节机构设计多采用减速器的设计方法，而关节的角度、角速度的测量是机器人控制的最基本反馈。结合机器人运动学对于机器人控制的几何解算，分析角度测量如何影响控制精度。传感器的选择和应用需要考虑哪些因素？

3. 协作机械臂的设计理念是改变工业机器人需要和人隔离的状态。这种机械臂的一个核心技术是控制机械臂和环境的作用力，如果选择传感器来实现力控制，传感器应该怎么选择？怎么布置？

4. 视觉传感器是目前机器人应用最广泛的传感器。作为本章知识的拓展，查找资料，详述你所了解的视觉传感器目前主要的应用场景。

5. 假设一个检测环境是密闭、狭窄的方形截面管道（俯视图和侧视图如图 5.43 所示），内部有障碍物。检测机器人是全方位移动机器人，采用视觉方式检测内部的状态。怎么选择和使用传感器，能够使移动机器人自动在管道内部往返检测？

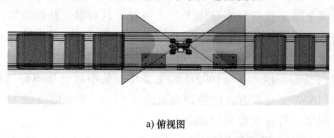

a) 俯视图

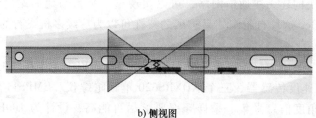

b) 侧视图

图 5.43 管道

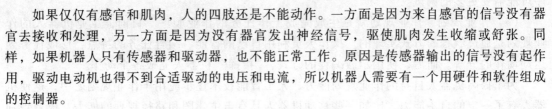

第 6 章

机器人控制器

如果仅仅有感官和肌肉，人的四肢还是不能动作。一方面是因为来自感官的信号没有器官去接收和处理，另一方面是因为没有器官发出神经信号，驱使肌肉发生收缩或舒张。同样，如果机器人只有传感器和驱动器，也不能正常工作。原因是传感器输出的信号没有起作用，驱动电动机也得不到合适驱动的电压和电流，所以机器人需要有一个用硬件和软件组成的控制器。

机器人控制器的概念在工业机器人上体现得尤为显著——工业机器人本体近旁会放置一个控制箱。本章以工业机器人为例，从控制器要实现的功能开始，介绍控制器的组成结构。

6.1 控制器的功能

控制器设计的目标是实现机器人的功能。以工业机器人为例，图 6.1 所示为机器人控制系统的功能。工业机器人是基于示教或者编程生成轨迹点的序列，并反复再现这些轨迹的点序列。作业规划（顺序）一般由操作者通过人机交互方式输入。运动规划系统的任务主要是将机器人的运动转换成轨迹点的序列，它们多半通过直线或圆弧等简单函数平滑地连接起点和终点。点和轨迹的执行由位置伺服实现。

（1）人机交互 机器人想要发挥作用，还需要拥有与人交互的能力。工业机器人常用的人机交互方法有键盘、示教盒、触摸屏、操作编程界面。服务机器人的发展促进了交互方式的创新，主要包含语音识别、语义理解、人脸识别、图像识别、体感/手势交互等。通过语音识别、合成、理解等技术，实现了更精准的交互服务。通过人脸识别，可帮助机器人精准的识别用户，并主动与用户打招呼，提升用户体验。这些交互方式的改变将会深层次影响机器人在日常生活的应用场景。

（2）编程 目前工业机器人的作业动作要靠操作人员根据具体工况指定，人告诉机器

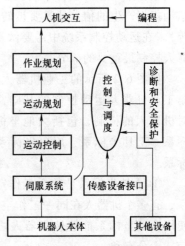

图 6.1 机器人控制系统的功能

人怎么工作的方式称为编程。常用的编程包括示教编程和离线编程。

示教编程分为示教和再现两个过程。示教阶段，由人工用示教盒、操纵杆、开关等工具，导引机器人末端执行器（安装于机器人关节结构末端的夹持器、工具、焊枪、喷枪等）使机器人完成预期的动作。控制器可以存储这些路径点。再现阶段，任务程序结合辅助功能指令，可以控制机器人末端执行器按存储的路径点运动。

在工业机器人领域中，离线编程可以减少停机时间，加速机器人系统集成，并且在不影响生产率的情况下可以不断编辑、改善机器人程序。在离线状态下，用户使用文字编辑器编写程序，之后加载到机器人控制器上运行。使用生产商提供的编程语言，可以利用到更多的机器人功能。但是，因为程序具有特殊性与难度，且用户群体也较封闭，所以编写的轨迹程序可能需要更多的调试。

（3）作业规划 作业规划就是生成完成工作任务的作业顺序。目前，工业机器人的作业规划是通过编程的方式实现的。操作人员利用自己的智能、结合任务的特点，形成任务到运动动作的分解。而后，使用示教编程的方式，"指挥"机器人完成各个动作。

为了提高机器人自身的作业规划能力，人工智能技术逐步应用于作业规划之中，这使机器人有了一定的自主能力。比如一些移动机器人具有自主建图和路径规划的能力，语音识别技术达到了通过语言进行人机交互的能力。尽管如此，机器人达到对人类指令的理解和执行，还有很长一段路要走。

（4）运动规划 运动规划这一级的主要任务是基于作业或移动的规划，生成适合现场作业或移动的轨迹，将命令通过旁路直接发送给下位系统处理。对于机械手，运动规划是手部轨迹生成、障碍物回避等。对于移动机器人，运动规划是生成与机器人能力相应的轨迹（如回转曲率、根据路面状况修正轨迹）、障碍物回避等。

（5）运动控制 运动规划得到的轨迹一般表述在相对于人和机器人来说都具有同样感觉的坐标系（世界坐标系或机器人基准坐标系）中。机器人要完成末端执行器的位姿控制，运动规划产生的信息就需要被转换到机器人的关节空间中（关节角度、角速度、关节转矩等）。在运动控制系统中需要做复杂的实时坐标变换计算，因此它与伺服系统一起构成了机器人控制最重要的部分。

如图 6.2 所示的工业机器人的坐标系，是工业机器人运动控制的基础，可以方便对机器人的控制，包括大地坐标系、基坐标系、工具坐标系、用户坐标系和工件坐标系。

① 大地坐标系是整个工作空间的坐标系，有多个机器人在同一工作空间内工作，使用大地坐标系能够使机器人之间相互通信，十分有利。

② 基坐标系 $\{B\}$ 是工业机器人的基础坐标系，与机器人的基座固连，是机器人几何解算的基础。

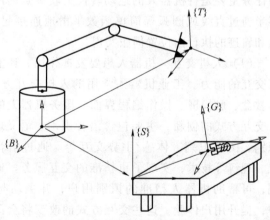

图 6.2 工业机器人的坐标系

③ 工具坐标系 $\{T\}$ 是以工具中心点 TCP 为原点建立的坐标系。TCP 的设定方便了编

程和调整程序。

④ 用户坐标系 $\{S\}$ 基于大地坐标系进行定义。工业机器人的应用通常会涉及工作台或夹具，用户坐标系是为了处理具有不同位置和方向的不同夹具或工作台 —— 为每个夹具或工作台定义用户坐标系。

⑤ 工件坐标系 $\{G\}$ 基于用户坐标系定义。当夹具包含机器人要处理的多个工件时，为每个工件定义一个坐标系，能够方便调整程序。工件坐标系同样适合离线编程和手动操作机器人。

（6）伺服系统 运动控制需要实现运动学的解耦和各个关节运动过程的伺服控制，这包括多轴联动、运动控制、速度和加速度控制、动态补偿等。伺服系统需要依据一条条命令的执行来运行，因此需要将控制信息分解为下达到单个自由度系统的命令。伺服系统首先要确保多个自由度的时间同步，这样才能形成协调的动作，完成规定的运动。其次，系统对于独立自由度的控制，是在闭环控制结构下的跟随过程。

采用电动机作为元件的伺服控制的设计在第4章中已经给出了比较详细的讲述。

（7）传感设备接口 在机器人的反馈控制中，要求采用各种传感器来掌握机器人各层级的状况，需要传感器来反馈各种环境信息。传感器获取的原始数据需要转换成最简单的物理量，并以适合伺服系统的反馈信息（位置、速度、转矩）进行输出，实现机器人的柔顺控制，一般为力觉、触觉和视觉传感器。

除了传感器接口之外，机器人的工作需要和辅助设备等连接，因此需要相应的接口功能。数字和模拟量输入或输出：各种状态和控制命令的输入或输出。打印机接口：记录需要输出的各种信息。

（8）诊断和安全保护 该功能可在系统运行时进行系统状态监视、故障状态下的安全保护和故障自诊断、进行异常处理。异常就是无法预测的事件。该功能对各层级的信息和当前信息做适当的诊断，判断异常事件发生的可能性，并通过有效的显示提醒操作者。

6.2 控制器的结构

我们把伺服电动机等执行元件作为执行机构，相当于人的肌肉，包含在如图6.3所示的机器人本体中。从功能上考虑，机器人的控制器包括伺服驱动、运动控制规划、人机交互编程、传感设备接口等几个模块。如果从硬件的结构来看，伺服驱动器多是独立的一个模块，有自己独立的微处理器，其作用是接收控制器的运动指令，并控制机器人关节的运动。其他的功能，会在一个微处理或几个微处理形成的硬件中实现。

机器人控制器根据指令依靠微处理器以及传感信息控制机器人完成一定的动作或作业任务。随着微电子技术的发展，微处理器的性能越来越高，而价格则越来越便宜。高性价比的微处理器为机器人控制器带来了新的发展机遇，使开发低成本、高性能的机器人控制器成为可能。为了保证系统具有足够的计算与存储能力，目前机器人控制器多采用计算能力较强的 ARM 系列、DSP 系列、POWERPC 系列、Intel 系列等芯片。从机器人控制算法的处理方式来看，机器人控制器可分为集中控制方式、主从控制方式、分布式

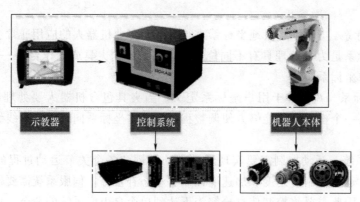

示教器　　　　控制系统　　　　机器人本体

图 6.3　机器人控制系统

控制方式三种。

1）集中控制方式，即单 CPU 结构，用一台功能较强的计算机实现全部控制功能，机器人有一个单独的控制器。这个控制器收集从机器人各个关节、各个附加传感器传送来的位置、角度等信息，通过控制器处理后，计算机器人下一步的工作。整个机器人是在这个控制器的控制下运作，对于一些异常的处理也在程序的设定范围内。

传统的机器人大都是工业机器人，通常工作在流水线的一个工位上，每个机器人的位置是已知、确定的；设计者在每台机器人开始工作之前也很清楚它的工作是什么，它的工作对象在什么位置。这种情况下，对机器人的控制就变成了数值计算，或者说"符号化"的计算。例如，通过实地测量可以得到一台搬运机器人的底座坐标；再通过空间机构几何学的计算（空间机器人的正解、逆解），可以得到机器人的各个关节处于什么样位置的时候其末端的搬运装置可以到达给定位置。这样，机器人控制策略设计者是在一个静态的、结构化的、符号化的环境中编写程序。他不需要考虑太多的突发情况，最多需要考虑一些意外，如利用简单的传感器检测应该被搬运的工件是否在正确的位置，从而决定是否报警或者停止工作等。

对于上面描述的工作内容，集中控制方式的结构是非常理想的。如前所述，机器人不会遇到太多动态的、非符号化的环境变化，并且控制器能够得到足够多的、准确的环境信息。设计者可以在机器人工作前预先设计好最优的策略，然后让机器人开始工作，过程中只需要处理一些可以预料到的异常事件。

2）主从控制方式，即二级 CPU 结构。一级 CPU 为主机，担当系统管理、机器人语言编译和人机交互功能，同时也利用它的运算能力完成坐标变换、轨迹插补，并定时地把运算结果作为关节运动的增量送到公用内存，供二级 CPU 读取。二级 CPU 完成全部关节位置数字控制。这类系统的两个 CPU 总线之间基本没有联系，仅通过公用内存交换数据，是一个松耦合的关系。

3）分布式控制方式，是一种多 CPU 结构。目前，普遍采用上、下位机二级分布式结构。上位机负责整个系统管理以及运动学计算、轨迹规划等；下位机由多 CPU 组成，每个 CPU 控制一个关节运动，这些 CPU 和上位机联系是通过总线形式的紧耦合。这种结构的控制器工作速度和控制性能明显提高。目前世界上大多数商品化机器人控制器都是分布式控制方式。

6.3 运动规划

在控制器的功能模块中，机器人运动规划的任务是针对应用环境，得到执行器的运动轨迹（考虑障碍时也要进行关节运动的约束）。运动控制器接收规划的输出信息，以运动学为基础，把运动轨迹转化为单关节的运动变量，形成关节空间的伺服控制。

轨迹规划是根据作业任务要求计算出满足约束条件的机器人运动轨迹。轨迹是包含时间变量的机器人的运动曲线，机器人在运动轨迹上受到位置、速度、加速度及时间变量的约束。轨迹规划生成的是机器人的运动执行指令，是执行层级的机器人运动。规划的轨迹通常包含机器人的位置、速度、加速度等信息，机器人需要严格执行规划的运动。机器人的轨迹规划包含关节空间轨迹规划和操作空间轨迹规划两大类。

由于不平稳的运动将导致机器人产生振动和冲击，使机械零部件的磨损和破坏加剧，因此进行机器人轨迹规划时要求机器人的运动轨迹必须是光滑连续的，而且轨迹函数的一阶导数（速度）也是光滑连续的，对于一些要求，需要轨迹函数的二阶导数（加速度）也是光滑连续的。

6.3.1 关节空间的轨迹规划

机器人是由多个关节组成，关节空间的轨迹规划就是对每个关节都基于关节运动约束条件规划它的光滑运动轨迹。关节的运动约束条件包括它的运动范围、运动速度、加速度等。例如，在机器人的运动控制中，采用关节空间轨迹规划的流程如图6.4所示。首先在机器人的操作空间中确定机器人要路过的路径点（一般称之为节点），由运动学逆解方法求出对应的各个关节值；针对每个关节，在每两个相邻关节值之间规划其过渡运动轨迹，即采用光滑函数规划关节变量的平稳变化曲线；最后让每个关节在相同的时间段内执行完规划的关节轨迹，即可实现预期的机器人在操作空间中的运动。

图 6.4 关节空间轨迹规划的流程

1. 用三次多项式函数规划关节空间轨迹

三次多项式函数具有一阶、二阶微分光滑特性，所以在机器人关节空间轨迹规划中被普遍采用。

假设某机器人关节运动过程中需要通过五个关节位置，如图6.5所示，在这五个关节值中，任意两个相邻的关节值都需要做轨迹规划，所有的规划轨迹连起来即可构成该关节的运动轨迹或运动曲线。定义一对关节值中的起始点为 θ_0，终止点为 θ_f，轨迹规划的任务就是构造出满足关节运动约束条件且通过起始点和终止点的光滑轨迹函数 $\theta(t)$。下面以图中起始的两个关节值为对象，介绍如何采用三次多项式函数规划关节空间轨迹。

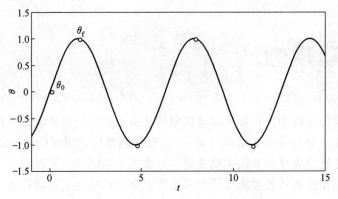

图 6.5 三次多项式函数规划关节空间轨迹

三次多项式函数的通式为

$$\theta(t) = a_0 + a_1 t + a_2 t^2 + a_3 t^3 \tag{6.1}$$

为了实现关节的平稳运动，轨迹函数 $\theta(t)$ 至少需要满足四个约束条件，即起始点和终止点的角度约束和速度约束。

角度约束

$$\begin{cases} \theta(0) = \theta_0 \\ \theta(t_f) = \theta_f \end{cases} \tag{6.2}$$

速度约束

$$\begin{cases} \dot{\theta}(0) = \dot{\theta}_0 \\ \dot{\theta}(t_f) = \dot{\theta}_f \end{cases} \tag{6.3}$$

将四个约束条件代入三次多项式函数通式（6.1），可得到下面四个方程

$$\begin{cases} \theta_0 = a_0 \\ \theta_f = a_0 + a_1 t_f + a_2 t_f^2 + a_3 t_f^3 \\ \dot{\theta}_0 = a_1 \\ \dot{\theta}_f = a_1 + 2a_2 t_f + 3a_3 t_f^2 \end{cases} \tag{6.4}$$

求解可得到三次多项式系数为

$$\begin{cases} a_0 = \theta_0 \\ a_1 = \dot{\theta}_0 \\ a_2 = \dfrac{3}{t_f^2}(\theta_f - \theta_0) - \dfrac{2}{t_f}\dot{\theta}_0 - \dfrac{1}{t_f}\dot{\theta}_f \\ a_3 = -\dfrac{2}{t_f^3}(\theta_f - \theta_0) + \dfrac{1}{t_f^2}(\dot{\theta}_f + \dot{\theta}_0) \end{cases} \tag{6.5}$$

将上述系数代入三次多项式通式，即可得到这两个关节点之间的轨迹函数 $\theta(t)$。

2. 用五次多项式函数规划关节空间轨迹

五次多项式函数的通式为

$$\theta(t) = a_0 + a_1 t + a_2 t^2 + a_3 t^3 + a_4 t^4 + a_5 t^5 \tag{6.6}$$

轨迹函数 $\theta(t)$ 需要满足六个约束条件，即起始点和终止点的角度约束、速度约束和加速度约束。

角度约束

$$\begin{cases} \theta(0) = \theta_0 \\ \theta(t_f) = \theta_f \end{cases} \tag{6.7}$$

速度约束

$$\begin{cases} \dot{\theta}(0) = \dot{\theta}_0 \\ \dot{\theta}(t_f) = \dot{\theta}_f \end{cases} \tag{6.8}$$

加速度约束

$$\begin{cases} \ddot{\theta}(0) = \ddot{\theta}_0 \\ \ddot{\theta}(t_f) = \ddot{\theta}_f \end{cases} \tag{6.9}$$

将上述六个约束条件代入五次多项式通式，可得下面六个方程

$$\begin{cases} \theta_0 = a_0 \\ \theta_f = a_0 + a_1 t_f + a_2 t_f^2 + a_3 t_f^3 + a_4 t_f^4 + a_5 t_f^5 \\ \dot{\theta}_0 = a_1 \\ \dot{\theta}_f = a_1 + 2a_2 t_f + 3a_3 t_f^2 + 4a_4 t_f^3 + 5a_5 t_f^4 \\ \ddot{\theta}_0 = 2a_2 \\ \ddot{\theta}_f = 2a_2 + 6a_3 t_f + 12a_4 t_f^2 + 20a_5 t_f^3 \end{cases} \tag{6.10}$$

求解上述方程组，可得五次多项式的系数为

$$\begin{cases} a_0 = \theta_0 \\ a_1 = \dot{\theta}_0 \\ a_2 = \dfrac{\ddot{\theta}_0}{2} \\ a_3 = \dfrac{20\theta_f - 20\theta_0 - (8\dot{\theta}_f + 12\dot{\theta}_0)t_f - (3\ddot{\theta}_0 - \ddot{\theta}_f)t_f^2}{2t_f^3} \\ a_4 = \dfrac{30\theta_0 - 30\theta_f + (14\dot{\theta}_f + 16\dot{\theta}_0)t_f + (3\ddot{\theta}_0 - 2\ddot{\theta}_f)t_f^2}{2t_f^4} \\ a_5 = \dfrac{12\theta_f - 12\theta_0 - (6\dot{\theta}_f + 6\dot{\theta}_0)t_f - (\ddot{\theta}_0 - \ddot{\theta}_f)t_f^2}{2t_f^5} \end{cases} \tag{6.11}$$

将上述系数代入五次多项式通式，即可得到这两个关节点之间的轨迹函数 $\theta(t)$。

3. 关节空间规划举例

一个具有旋转关节的单杆机器人，处于静止状态时，$\theta = 15°$。期望在 3s 内平滑地运动关节至 $\theta = 75°$。求出满足该运动的一个三次多项式的系数，并且使操作臂在目标位置为静止

状态。画出关节的位置、速度和加速度随时间变化的函数曲线。

将已知条件代入式（6.5），可以得到

$$\begin{cases} a_0 = 15.0 \\ a_1 = 0.0 \\ a_2 = 20.0 \\ a_3 = -4.44 \end{cases} \tag{6.12}$$

根据三次多项式公式可以求得

$$\begin{cases} \theta(t) = 15.0 + 20.0t^2 - 4.44t^3 \\ \dot{\theta}(t) = 40.0t - 13.33t^2 \\ \ddot{\theta}(t) = 40.0 - 26.66t \end{cases} \tag{6.13}$$

图 6.6 所示为在 40Hz 时，对应于该运动的关节位置、速度和加速度函数曲线。该三次函数的速度曲线为抛物线，加速度曲线为直线。

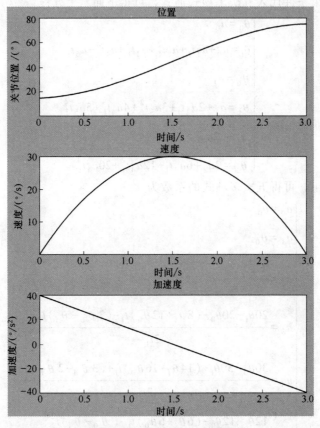

图 6.6　一个三次函数的关节位置、速度和加速度函数曲线图（起始和终止时均为静止）

6.3.2　操作空间的轨迹规划

机器人的操作空间即机器人的工作空间。

在机器人的关节空间中规划其关节运动轨迹，可保证机器人的末端经过起点和终点，但在两点之间的轨迹是未知的，它依赖于每个机器人独特的运动学特性。在很多应用中需要保证机器人末端的运动轨迹，比如弧焊，这就需要在机器人的操作空间中规划机器人的轨迹。

操作空间的轨迹规划一般是在笛卡儿（直角坐标）系中进行的。规划出机器人操作空间的轨迹后，通过循环对机器人的末端定位点反解求出各关节值，即可控制机器人实现预期的操作空间运动轨迹。在笛卡儿坐标系中进行轨迹规划具有下列优点：

1）机器人的运动轨迹是直观的，容易理解和描述。

2）笛卡儿坐标系中的机器人运动可以非常容易地推广到圆柱坐标系、球坐标系以及其他正交坐标系中。

在笛卡儿坐标系中，机器人末端的轨迹可用一系列的节点来表示。节点就是机器人操作空间轨迹上的拐点或关键点，可用机器人末端坐标系相对于参考系的位姿来表示。

笛卡儿空间和关节空间的轨迹规划，所规划的变量不同，曲线的选择、计算的方法是相同的。笛卡儿空间规划的点要换算到关节空间，带来了比较大的计算量。

6.4 机器人编程

在机器人的智能没有达到可以自主完成复杂作业的情况下，机器人的工作要靠人类编程实现。机器人程序的作用是向机器人下达的期望执行作业的顺序。机器人编程语言就是为方便实现这种描述形式而开发的程序语言。所谓机器人控制，最终都可以归结为对关节角度（或速度、力矩）变化的控制。机器人控制器中已经集成了从末端执行器运动到关节参数映射的运动学和动力学算法，这部分工作不需要系统集成去考虑。

如图 6.7 所示工况，我们想发出的智能指令是"把工件从 A 盒子中拿出来，放到 B 盒子中排列整齐"。机器人不会自己完成这个操作，操作要分成可以执行的步骤，用程序语言指挥机器人执行。

1）找到工件的位置（可以使用视觉传感器获得后传输给机器人控制器，也可以是人工设定）。

2）执行器移动到工件位置（有障碍物的话要规划避障）。

3）抓取工件（一般通过工具 I/O 信号，控制执行器去抓取）。

图 6.7　机器人上下料

4）获得放置工件的位置（可以是视觉传感器获得后传输，也可以是设定的固定位置）。

5）移动工件到放置位置。

6）放下工件（通过工具 I/O 信号操作执行器）。

这种任务的分解称为任务规划，它是由作业对象相关知识、工序分解相关知识等组成的知识库系统，研究在作业中按照作业规范自动生成机器人的动作。比如运动中间点的位置，可以根据环境内障碍物信息用避障算法计算。这些处理实现了任务的描述。

机器人语言负责处理 1)~6) 中已经经过任务分解之后的动作，也称为动作描述。机器人完成指定动作所必需的功能包括三方面：动作控制、环境信息交互、逻辑处理能力。

面向这样的需求，描述动作的机器人语言与一般通用算法语言或系统描述语言（即形式语言）具有几乎相同的语法结构。本节主要介绍动作描述型机器人语言，重点讲解该语言的语法结构和应用方法。

6.4.1 机器人编程级别

机器人编程的目的是向机器人下达期望执行的作业的顺序，机器人语言就是为方便实现这种描述形式而开发的程序语言，是以人们容易理解的形式把向机器人下达期望作业或动作的命令记述成用软件输入的形式语言。使机器人完成指定动作所必需的信息主要包括：动作顺序信息、环境信息、机器人结构信息。

这些信息可以是现场检测反馈的，也可以是存储在计算机内供调用的。实际上除了使用机器人实际作业的示教再现方式和借助于计算机内部模型计算所有机器人动作的 CAD/CAM 方式之外，其他多种方式是介于两者之间的。从语言的控制级别来看，机器人编程可以分为下述的三个级别。

（1）示教　早期的机器人都是通过一种称之为示教的方法进行编程的，这种方法是移动机器人到一个期望目标点，并在存储器中将这个位置记录下来，使得顺序控制器可以在再现时读取这个位置。在示教阶段，用户通过手或者示教盒交互方式来操纵机器人。如图 6.8 所示，示教盒是手持的控制器，它可以控制每一个操作臂关节或者每一个笛卡儿自由度。这种控制器可以进行调试和分步执行，因此，能够输入包含逻辑功能的简单程序。一些示教盒带有字符显示，并且在性能上接近复杂的手持终端。

图 6.8　机器人示教

（2）动作级机器人编程语言　自从廉价且功能强大的计算机出现以来，这种通过计算机语言编写程序的可编程机器人日益成为主流。通常，这些计算机编程语言的特征是可应用于各种可编程操作臂，因此称为机器人编程语言（RPLs）。大多数机器人系统配备了机器人编程语言，但同时也保留了示教盒接口。

机器人编程语言常用的是专用操作语言，是作为全新的语言开发出来的，专门用于机器人领域，相比通用的计算机编程语言要欠缺一些功能。例如，Unimation 公司开发的用来控制工业机器人的 VAL 语言，如果作为通用的计算机语言，它的功能是相当弱的，它不支持浮点型数据或字符串，并且子程序不能传递函数。斯坦福大学开发的 AL 语言也是专用操作语言的一个例子。

除专用语言以外，应用已有计算机语言的机器人程序库也很常见。这种机器人编程语言的开发始于一种流行的计算机语言（如 Pascal 语言），并且附加了一个机器人专用的子程序库。这样，用户只要写一段 Pascal 程序就可以根据机器人的控制要求访问预定义的子程序包。由 NASA 的喷气机推进实验室开发的 JARS 语言就是一种基于 Pascal 语言的机器人编程语言。美国 Cimflex 公司的 AR-Basic 语言是一个标准 Basic 应用程序的子程序库。

（3）任务级编程语言　机器人编程方法的第三个发展阶段是任务级编程语言。这种语言允许用户直接给定期望任务的子目标指令，在更高水平上给出应用程序的指令，而不是详细指定机器人的每一个动作细节。一个任务级机器人编程系统必须拥有自动执行许多任务规划的能力。例如，如果已经发出"抓住螺钉"的指令，系统必须为操作臂规划一个路径，使其避免与周围的任何障碍物碰撞，必须在螺钉上自动选择合适的抓取位置，且必须抓住螺钉。相反，对于动作级机器人编程语言来说，所有的这些选择都需要编程者来完成。

动作级机器人编程语言与任务级编程语言之间的区别是非常显著的。虽然对动作级机器人编程语言的不断改善有助于使编程简化，但是不能认为这些改进是一个任务级编程系统的组成部分。至今还没有真正的工业机器人任务级编程语言，但是它已经成为当今一个活跃的研究课题。

6.4.2　机器人语言的功能

我们以工业机器人为例介绍机器人语言的功能。编程语言描述的机器人动作，包括两种控制路径的方式：一种是连续路径控制（continuous path control），控制机器人全部路径；一种是点对点控制（point-to-point control），控制机器人运动路径上的有限个路径点。典型的连续路径控制，是对喷漆作业和弧焊作业机器人的控制；典型的点对点控制，如对上下料和装配作业机器人的控制。在连续路径控制方式中，实际上还包括一种伪连续路径控制方式，它把点对点控制中的插补点间隔取得很小，从而生成近似连续的曲线。轨迹插补的方式是连续路径控制的关键，不同的插补方式，会产生不同的运动轨迹。常见的插补方式有以下三种。

（1）关节角直线插补　首先将点 PT_1 和点 PT_2 变换到关节角坐标系中，用速度除以点 PT_1 和点 PT_2 在直角坐标系内的距离，以确定路径点 PT_1 到路径点 PT_2 的时间。在以各个关节角为纵轴、时间为横轴的图形上，在 PT_1 和 PT_2 两点之间进行对时间的直线插补运算。假设两个点的通过时间为 T，起始点和终点的关节角分别为 $\theta[PT_1]$ 和 $\theta[PT_2]$，在关节角坐标系内的直线插补运算公式为

$$\theta_i\left(\frac{t}{T}\right) = \theta_i[PT_1] + \frac{t}{T}(\theta_i[PT_2] - \theta_i[PT_1]) \tag{6.14}$$

式中，$\theta_i[PT_1]$ 和 $\theta_i[PT_2]$ 表示在相应点的关节角。

（2）直角坐标系直线插补　首先求得通过时间 T，然后在直角坐标系内针对点 PT_1 和点 PT_2 之间进行插补运算，运算公式为

$$P\left(\frac{t}{T}\right) = PT_1 + \frac{t}{T}(PT_2 - PT_1) \tag{6.15}$$

再选择适当的点数进行逆运动学变换，得到关节角 θ。在大多数情况下，选择位置指令指定的时间间隔来分隔点数，可以直接计算相应关节角。必要时允许在关节角坐标系内再次做直线插补运算，然后向伺服系统输出命令。

（3）直角坐标系圆弧插补　圆弧插补是机器人编程指令中常用的插补方式。几何学确

定圆弧有多种方法。例如，指定圆心和圆周上的一点及其方向、指定三个圆周点等。用这些方法可以在直角坐标系内定义圆的方程。与前述在直角坐标系直线插补的方式相同，在圆周上以适当的间隔进行逆运动学变换，得到坐标系内的插补点。后面的步骤与直角坐标系直线插补方式一样。

上述的路径控制是机器人编程语言的核心功能。机器人指令功能有移动插补功能、数据结构和运算功能、程序控制功能、数值运算功能、输入输出和中断功能、文件管理功能、其他功能。除机器人动作命令外，和一些通用的程序语言的差别不大。不同机器人语言的功能各不相同，大多数工业机器人语言却具有共同的功能。

1）移动插补功能。移动插补功能是机器人语言所特有的，主要可以分成以下几种：

① 速度设定（JSPEED，SPEED）。

② 路径插补（JMOVE，LMOVE，VMOVE，CMOVE，CMOVE3，ATRAN，ITRAN）。

③ 动作定时（PAUSE，DELAY）。

④ 定位精度（COARSE，FINE）。

⑤ 手部控制（OPEN，CLOSE）。

其中，JMOVE 是关节角坐标系中的直接插补指令，LMOVE 是作业坐标系（通常为三维直角坐标系）中的直接插补指令。在 AL 语言中，通过 with 语句可以描述力控制和沿着轴的控制，不过这种功能应用的例子很少。

2）数据结构和运算功能。一般说来，通用的数据结构有字符串和数组（最多为二维）。机器人语言应该增加专用数据结构，通常如坐标变换矩阵、三维矢量、点数据（位置和姿态）、点数据列等。矢量的运算包含加、减、内积等。

3）程序控制功能。在面向顺序处理的通用程序语言中，为了能够选择下一步处理，或者执行反复处理，设计了程序控制语句。但是在生产现场常用的指令级语言中，只需要采用基本汇编语句、goto 语句、计数器控制语句等即可控制程序流程。现有的机器人语言中，多数具有主程序和子程序，能对过程、子程序等进行说明。

4）数值运算功能。与通用程序语言相比，机器人语言的数值运算功能和 Basic 语言几乎具有同等水平。不过，机器人语言往往追加一些频繁使用的特殊功能，去除了一些高级数学运算功能（如对数、阶乘等）。

5）输入输出和中断功能。在顺序控制的程序中，与外部传感器信息的输入输出交互和中断处理是最为重要的功能。机器人与周边装置的连接点很多，因此机器人都具有现成的数字输入输出接口，连接能力从 16~512 点。机器人一般还备有标准 RS-232 串行口和以太网接口。

虽然中断功能十分必要，但从实际使用的情况看，工业机器人通常都按照顺序重复作业，中断功能至多能处理子程序的分支和返回，而且屏蔽性较低。多数工业机器人还设有 1~4 个可组态定时器。

6）文件管理功能。机器人语言应处理的文件包括程序本体和位置姿态数据集。为了使处理机器人语言的计算机能在工厂恶劣的环境下可靠运行，文件应该尽量简单。许多机器人语言都有程序读出、写入、示教数据集（示教点群）的编辑功能。

7）其他功能。机器人语言的其他功能还有：工具变换、基本坐标设定和系统的初始化，作业条件（如焊接条件）的设置，图像的处理，力传感器的管理等。

这些功能虽然很重要，但不同机器人语言的表示方法和功能结构不尽相同。

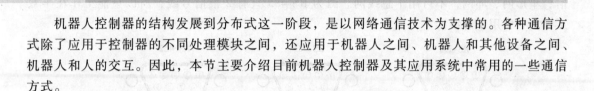

6.5 控制系统中的通信

机器人控制器的结构发展到分布式这一阶段，是以网络通信技术为支撑的。各种通信方式除了应用于控制器的不同处理模块之间，还应用于机器人之间、机器人和其他设备之间、机器人和人的交互。因此，本节主要介绍目前机器人控制器及其应用系统中常用的一些通信方式。

6.5.1 RS-232

RS-232 是美国电子工业联盟（EIA）制定的串行数据通信的接口标准，原始编号全称是 EIA-RS-232。在 PC 机上的 COM1、COM2 接口，就是 RS-232 接口。RS-232 对电气特性、逻辑电平和各种信号线功能都做了规定。

在 RS-232 标准中，字符以串行方式传输，优点是传输线少、配线简单、发送距离可以较远。最常用的编码格式是如图 6.9 所示的异步起停（asynchronous start-stop）格式，它使用 1 个起始位后面紧跟 8 个数据位，然后是可选的奇偶校验位，最后是 1 或 2 个停止位。所以发送 1 个字符至少需要 10bit、带来的方便是发送信号的速率以 10 划分。

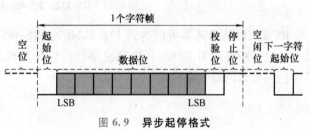

图 6.9　异步起停格式

在 RS-232 标准中定义了逻辑 1 和逻辑 0 电压级数，以及标准的传输速率和连接器类型。RS-232 的电平以信号地为基准，规定接近零的电平是无效的。逻辑 1 为负电平，电平有效范围为 $-15\sim-3\text{V}$；逻辑 0 为正电平，电平有效范围为 $+3\sim+15\text{V}$。根据设备供电电源的不同，正负电平的取值可能为 ±5、±10、±12 和 ±15。

RS-232 通信的接口标准有 25 针的 DB25 和 9 针的 DB9、比较常用的是 DB9 接口，其各引脚定义如图 6.10 所示。

RS-232 使用时比较常用的是 2、3、5、7、8 引脚（图 6.11a）。RS-232 接口可以实现点对点的通信方式，但这种方式不能实现联网功能。于是，为了解决这个问题，一个新的标准 RS-485（图 6.11b）产生了。RS-485 的数据信号采用差分传输方式，也称为平衡传输，它使

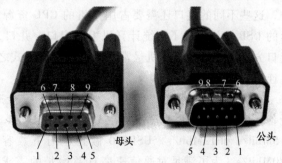

图 6.10　DB9 接口及引脚

1—DCD 载波检测　2—RXD 接收数据　3—TXD 发送数据
4—DTR 数据终端准备好　5—SGND 信号地线
6—DSR 数据准备好　7—RTS 请求发送
8—CTS 清除发送　9—RI 振铃提示

用一对双绞线，将其中一线定义为 A，另一线定义为 B。通常情况下，信号传输的正电平在 +2~+6V，是一个逻辑状态，负电平在-2~-6V，是另一个逻辑状态。

另一种标准 RS-422（图 6.11c）的电气性能与 RS-485 完全一样。主要的区别在于 RS-422 有 4 根信号线：2 根发送、2 根接收。由于 RS-422 的收与发是分开的，所以可以同时收和发（全双工），也正因为全双工要求收发要有单独的信道，所以 RS-422 适用于点对点通信、星形网、环网，不可用于总线网。因为 RS-485 只有 2 根信号线，所以只能工作在半双工模式，常用于总线网。

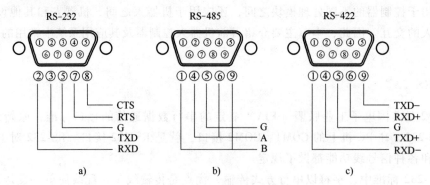

图 6.11　RS-232、RS-485 和 RS-422

RS-232 的传输速率可以达到 115.2kbit/s；RS-485 和 RS-422 最大传输速率为 10Mbit/s，最大的通信距离约为 1200m，传输速率与传输距离成反比，在 100kbit/s 的传输速率下，才可以达到最大的通信距离。

6.5.2　USB

通用串行总线（universal serial bus，USB）是为解决即插即用需求而诞生的，支持热插拔。USB 协议版本有 USB1.0、USB1.1、USB2.0、USB3.1 等。

USB 的一个核心设计理念就是，为个人计算机上各种各样的接口提供一种统一的解决方案。在早期的个人计算机上，有串口、并口，就连鼠标键盘、游戏手柄都有特定的接口。而且这些接口都不支持热插拔，必须在个人计算机开机之前插入设备才可以正常使用。此外，这些不同的接口还需要占用宝贵的 CPU 资源（比如硬件中断、DMA 通道等）。已经普及的 USB 协议淘汰了传统计算机上的串口、并口，也为各种外设提供了一种支持热插拔的接口方式，是目前计算机最常用的外设扩展方式之一，它也成了目前键盘、鼠标、手柄的默认连接方式。

在 USB2.0 的年代，有低速（low speed）、全速（full speed）和高速（high speed）三种设备。其中低速和全速设备是在 USB1.0 和 USB1.1 中就已经定义的设备，传输速率分别为 1.5Mbit/s 和 12Mbit/s，USB2.0 做到了向下兼容，定义了高速设备，传输速率可以达到 480Mbit/s。为了满足对通信速率日益增长的需求，在 2008 年 USB-IF 推出了 USB3.0 的标准，传输速率可以达到 5Gbit/s。

标准的 USB2.0 接口和线缆都是 4 线的，如图 6.12 所示。其中 VBUS 和 GND 分别是电源线和地线，用于给一些 USB 设备供电。VBUS 通常提供的是 5V 的电压。D+ 和 D- 则是一对差分双绞线，用于传送数据，这与 RS-485 串口类似，只是工作电压不一样。低速和全速输出的低电平电压为 0~0.3V；输出的高电平电压为 2.8~3.6V；高速输出的差分低电平电压为 -10~+10mV；输出的差分高电平电压为 360~440mV。USB 的传输距离比较短，一般是 3~5m。如果需要长距离传输，需要专用的信号增强装置。

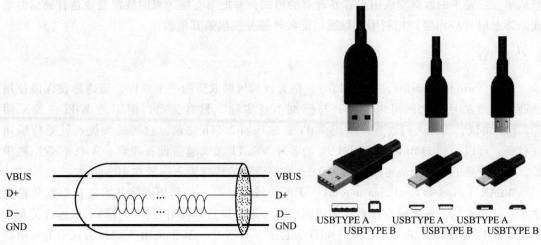

图 6.12　USB2.0 的接口和连接器

6.5.3　Ethernet

Ethernet（以太网）是一种计算机局域网技术。IEEE 组织的 IEEE 802.3 标准制定了以太网的技术标准，它规定了包括物理层的连线、电子信号和介质访问控制的内容。以太网是目前应用最普遍的局域网技术。以太网的标准拓扑结构为总线型拓扑，但目前的快速以太网（100BASE-T、1000BASE-T 标准）为了减少冲突，将能提高的网络速度和使用效率最大化，使用交换机（switch hub）进行网络连接和组织。如此一来，以太网的拓扑结构就成了星形；但在逻辑上，以太网仍然使用总线型拓扑和带冲击检测的载波监听多路访问（carrier sense multiple access with collision detection，CSMA/CD）的总线技术。

国际标准化机构制定的网络结构的模型把以太网的通信功能分为如图 6.13 所示的 7 层，各层都定义了标准功能模块。其中第一层（物理层）是为把数据传送到通信线路进行电气变换和机械作业的层。针脚的形状以及电缆的特性等也在第一层里规定。第二层（数据链路层）确保与通信对象的物理通信线路，校验通信线路中传送数据的错误。第三层（网络

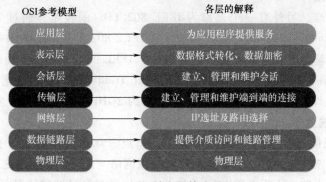

图 6.13　以太网的分层

层）选择数据达到对方所经过的通信线路，以及线路内部地址的管理。第四层（传输层）进行数据压缩、错误订正和再发送控制，以便使数据正确且高效地传送到对方。第五层（会话层）负责通信程序彼此发送和接收数据的假想通路的建立和释放。第六层（表示层）把从第五层接手的数据变成用户容易理解的形式，并把第七层送来的数据变成适合通信的形式。第七层（应用层）把利用数据通信的各种服务提供给其他程序。

6.5.4　WiFi

WiFi（wireless fidelity，无线保真），是无线局域网联盟的一个商标，该商标仅保障使用该商标的商品互相之间可以合作，与标准本身实际上没有关系，但因为 WiFi 主要采用802.11b 协议，因此人们逐渐习惯用 WiFi 来称呼 802.11b 协议。它的最大优点就是传输速度较高，可以达到 11Mbit/s，也与已有的各种 802.11 无线通信设备兼容。WiFi 有效距离很长，商用设备的传输距离可以达到 300m；家用设备的传输距离一般在 10~50m。

WLAN（wireless local area network，无线局域网）是一种利用无线技术进行数据传输的系统。该技术的出现能够弥补有线局域网络的不足，以达到网络延伸的目的。从包含关系上来说，WiFi 是 WLAN 的一个标准，WiFi 包含于 WLAN 中，属于采用 WLAN 协议中的一项新技术。WiFi 与蓝牙技术一样，同属于在办公室和家庭中使用的短距离无线技术。同蓝牙技术相比，它具备更高的传输速率，更远的传播距离，目前已经广泛应用于计算机、手机、汽车等领域中。

IEEE 802.11 是针对 WiFi 技术制定的一系列标准，第一个版本发表于 1997 年，其中定义了介质访问接入控制层和物理层。物理层定义了工作在 2.4GHz 的 ISM 频段上的两种无线调频方式和一种红外传输的方式，总数据传输速率设计为 2Mbit/s。1999 年加上了两个补充版本：802.11a 定义了一个在 5GHz ISM 频段上的数据传输速率可达 54Mbit/s 的物理层，802.11b 定义了一个在 2.4GHz ISM 频段上但数据传输速率高达 11Mbit/s 的物理层。802.11g 在 2003 年 7 月被通过，其载波的频率为 2.4GHz（与 802.11b 相同），传输速率达 54Mbit/s。802.11g 的设备向下与 802.11b 兼容。后来有些无线路由器厂商因市场需要而在 IEEE 802.11g 的标准上另行开发了新标准，并将理论传输速度提升至 108~125Mbit/s。IEEE 802.11n，于 2009 年 9 月正式批准，最大传输速度理论值为 600Mbit/s，并且能够传输更远的距离。IEEE 802.11ac 是一个正在发展中的 802.11 无线计算机网络通信标准，它通过5GHz 频带进行无线局域网通信，在理论上，它能够提供高达 1Gbit/s 的传输速率，进行多站式无线局域网通信。

除了上述的标准，另外有一个被称为 IEEE 802.11b+的技术，通过分组二进制卷积码（packet binary convolutional code，PBCC）技术在 IEEE 802.11b（2.4GHz 频段）基础上提供22Mbit/s 的数据传输速率。但其事实上并不是一个 IEEE 的公开标准，而是一项产权私有的技术，产权属于德州仪器。IEEE 的一个工作组 TGad 与无线千兆比特联盟联合提出802.11ad 的标准，即在 60GHz 的频段上面使用大约 2GHz 的频谱带宽，实现近距离范围内高达 7Gbit/s 的传输速率。

WiFi 是由无线接入点（access point，AP）、站点（station）等组成的无线网络。AP 一般称为网络桥接器或接入点，它是传统的有线局域网络与无线局域网络之间的桥梁，因此任何一台装有无线网卡的个人计算机均可透过 AP 去分享有线局域网络甚至广域网络的资源。

它的工作原理相当于一个内置无线发射器的集线器或路由，而无线网卡则是负责接收由 AP 所发射信号的客户端设备。

为了尽量减少数据的传输碰撞和重复发送，防止各站点无序地争用信道，无线局域网中采用了带冲突避免的载波感应多路访问（CSMA/CA）。CSMA/CA 通信方式将时间域的划分与帧格式紧密联系起来，保证某一时刻只有一个站点发送，实现了网络系统的集中控制。

6.5.5 蓝牙

蓝牙最初由爱立信公司研发，目前其发展主要由 Bluetooth SIG 控制，该组织现在有 200 多家联盟成员公司以及约 6000 家应用成员企业。蓝牙的主要技术特性如下。

1）工作频段：2.4 GHz 的 ISM 频段，无须申请许可证。大多数国家使用 79 个频点，载频为（2402+k）MHz（$k=0$，1，2，…，78），载频间隔 1MHz。采用时分双工方式。传输速率为 1Mbit/s。

蓝牙采用跳频技术，跳频速率为 1600 跳/s，在建立链路时（包括寻呼和查询）提高为 3200 跳/s。蓝牙通过快跳频和短分组技术减少同频干扰，保证传输的可靠性。

2）支持电路交换和分组交换业务：蓝牙支持实时的同步定向连接（SCO 链路）和非实时的异步不定向连接（ACL 链路）。前者主要传送语音等实时性强的信息，后者以数据包为主。语音和数据可以单独或同时传输。蓝牙支持一个异步数据通道，或三个并发的同步语音通道，或同时传送异步数据和同步语音的通道。每个语音通道支持 64kbit/s 的同步语音；异步通道支持 723.2/57.6kbit/s 的非对称双工通信或 433.9kbits 的对称全双工通信。

3）支持点对点及点对多点通信：蓝牙设备按特定方式可组成微微网（piconet）和分布式网络（scatternet），其中微微网的建立由两台设备的连接开始，最多可由 8 台设备组成。在一个微微网中，只有一台为主设备（master），其他均为从设备（slave），不同的主从设备对可以采用不同的连接方式，在一次通信中，连接方式也可以任意改变。几个相互独立的微微网以特定方式连接在一起便构成了分布式网络。所有的蓝牙设备都是对等的，所以在蓝牙中没有基站的概念。

4）通信距离：蓝牙设备分为三个功率等级，分别是 100 mW（20 dBm）、2.5 mW（4 dBm）和 1 mW（0 dBm），相应的有效通信距离为 100 m、10 m 和 1 m。

5）蓝牙系统由射频层、基带层、链路管理层和主机组成。

① 射频层：负责数据和语音的发送和接收，特点是短距离、低功耗。蓝牙天线一般体积小、质量轻，属于微带天线。

② 基带层：进行射频信号与数字或语音信号的相互转化，实现基带协议和其他的底层连接规程。

③ 链路管理层：负责管理蓝牙设备之间的通信，实现链路的建立、验证和配置等操作。

④ 主机：协议的实现代码称为协议栈，主机负责运行蓝牙协议栈。

6.5.6 IrDA

红外线数据协会（infrared data association，IrDA）协议是 1993 年，由 50 多个公司共同推进制定的红外线数据传输协议。红外通信是利用 950nm 近红外波段的红外线作为传递信息的媒体。发送端采用脉冲位置调制（PPM）方式，将二进制数字信号调制成某一频率的脉冲序列，并驱动红外发射管以光脉冲的形式发送出去。接收端将接收到的光脉冲转换成电信号，再经过放大、滤波等处理后送给解调电路进行解调，还原为二进制数字信号后输出。

红外数据通信容易受到外界的干扰，只有符合一定格式的数据才是正确的数据。为此，IrDA 标准指定了三个基本的规范和协议：物理层链路规范（physical layer link specification），红外链路建立协议（infrared link access protocol，IrLAP）和红外链路管理协议（infrared link management protocol，IrLMP）。物理层链路规范制定了红外通信硬件设计上的目标和要求，IrLAP 和 IrLMP 为两个软件层，负责对连接进行设置、管理和维护。在 IrLAP 和 IrLMP 基础上，针对一些特定的红外通信应用领域，IrDA 还陆续发布了一些更高级别的红外协议，如 TinyTP、IrOBEX、IrCOMM、IrLAN、IrTran-P 等。

IrDA 的规格共有 3 种：1.0 版的通信距离 1m，最大速率 115.2kbit/s；1.1 版的通信距离小于 1m，最大速率 4Mbit/s；1.2 版（低耗电版）的通信距离小于 0.2m，最大速率 115.2Kbit/s。

6.5.7 CAN

控制器局域网（controller area network，CAN），是 ISO 的串行通信协议。在汽车产业中，出于对安全性、舒适性、方便性、低功耗、低成本的要求，各种各样的电子控制系统被开发了出来。由于这些系统之间通信所用的数据类型及对可靠性的要求不尽相同，由多条总线构成的情况很多，线束的数量也随之增加。为适应减少线束的数量、通过多个 LAN 进行大量数据高速通信的需要，1986 年德国电气商博世公司开发出面向汽车的 CAN 通信协议。此后，CAN 通过 ISO 11898 及 ISO 11519 进行了标准化，在工业控制领域被广泛应用。

CAN 协议的一个最大特点是废除了传统的站地址编码，代之以对通信数据块进行编码。采用这种方法的优点可使网络内的节点个数在理论上不受限制。数据块的标识符可由 11 位或 29 位二进制数组成。这种按数据块编码的方式，还可使不同的节点同时接收到相同的数据，这一点在分布式控制系统中非常有用。数据段长度最多为 8 个字节，不会占用总线时间过长，从而保证了通信的实时性；还可满足通常工业领域中控制命令、工作状态及测试数据的一般要求。CAN 协议采用循环冗余检验（CRC）并可提供相应的错误处理功能，保证了数据通信的可靠性。CAN 卓越的特性、极高的可靠性和独特的设计，特别适合工业过程监控设备的互联，因此，越来越受到工业界的重视，并已公认为最有前途的现场总线之一。

CAN 总线的特点包括：①数据通信没有主从之分，任意一个节点可以向任何其他（一个或多个）节点发起数据通信，靠各个节点信息优先级先后顺序来决定通信次序；②多个节点同时发起通信时，优先级低的避让优先级高的，不会对通信线路造成拥塞；③通信距离最远可达 10km（速度低于 5kbit/s），速率可达到 1Mbit/s（通信距离小于 40m）；④CAN 总线传输介质可以是双绞线，同轴电缆。CAN 总线适用于大数据量短距离通信或长距离小数据量通信，实时性要求比较高，多主多从或者各个节点平等的现场中使用。

CAN 协议中的一个重要概念是位仲裁。CAN 总线报文的优先级标识在 11 位标识符中，具有最低二进制数的标识符有最高的优先级。这种优先级一旦在系统设计时被确立后就不能更改。总线读取中的冲突可通过位仲裁解决。例如，标识符 0111111、0100100、0100111 发生位仲裁时，0100100 报文将会被跟踪，而其余报文会被丢弃。具体过程为：当几个站同时发送报文时，站 1 的报文标识符为 0111111，站 2 的报文标识符为 0100100，站 3 的报文标识符为 0100111，所有标识符都有相同的两位 01，直到第 3 位进行比较时，站 1 的报文被丢弃，因为它的第 3 位为高，而其他两个站的报文第 3 位为低。站 2 和站 3 报文的 3、4、5 位相同，直到第 6 位时，站 3 的报文才被丢弃。仲裁过程持续跟踪最后获得总线读取权的站的报文。在此例中，站 2 的报文被跟踪。这种非破坏性位仲裁方法的优点在于，在网络最终确定哪一个站的报文被传送以前，报文的起始部分已经在网络上传送了。所有未获得总线读取权的站都成为具有最高优先权报文的接收站，并且不会在总线再次空闲前发送报文。

思 考 题

1. 每一个工业机器人都有一个控制器。查找资料，简要介绍一款目前六自由度工业机器人控制器的主要结构和功能？试分析该控制器中实现关于机器人控制的主要算法。

2. 对于本章"关节空间规划举例"所介绍的规划任务，请编写程序实现该功能。进一步改进程序，采用三次曲线的方式，实现机械臂运动轨迹的连续控制。

3. 结合机器人运动中正、逆解的相关知识，阐述拖动示教在机器人控制程序中的实现过程。

4. 用一种机器人编程语言写一段程序：在货架上拿取零件，如果货架上没有零件则等待；拿取零件后，放置在加工中心的上料区位置，如果上料区已经有零件，则等待；机器人不断重复这个过程。

5. 机器人控制系统的通信，包括控制系统和内部传感器、驱动器的通信，还包括控制系统和机器人外部的通信（如外部的调度系统、外部的传感器）。如果你设计控制器并选择通信方式，有哪些需要通信的接口？这些接口你会选择哪种通信协议？

第7章

机器人操作系统

7.1　概述

　　机器人的开发平台包括硬件平台和软件平台。机器人硬件平台随机器人产品的功能不同而各有差异，很难统一，给机器人的开发和应用带来了麻烦。因此，开发者希望机器人软件平台能够对机器人应用中使用的硬件进行抽象化。从目前机器人发展的水平来看，这种抽象化包括机器人工程中常用的传感、识别、实时自定位、绘图、导航（navigation）和机械臂控制（manipulation）等功能，还包含功能包管理、开发环境所需的库、多种开发/调试工具等。经过这样的软件抽象后，即使没有硬件专业知识，也可以用软件平台来开发机器人应用程序。机器人操作系统就是这样的一个软件平台。

　　机器人操作系统（robot operating system，ROS）是一种应用于机器人及相关领域的开源操作系统。如图 7.1 所示，ROS 是一个应用程序和分布式计算资源之间的虚拟化层，它运用分布式计算资源执行调度、加载、监视、错误处理等任务。它并不是像 Windows、Linux 和嵌入式操作系统一样的计算机硬件和应用软件之间的平台，而是类似于 Player、YARP、

图 7.1　ROS

Orocos、Orca、MOOS 和 Microsoft Robotics Studio 等软件的一种"机器人架构"。它提供类似操作系统所提供的功能,包含硬件抽象描述、底层驱动程序管理、共用功能的执行、程序间的消息传递、程序发行包管理等。它还提供一些工具程序和库,用于获取、建立、编写和运行多机整合的程序。

ROS 是一些包、软件工具的集合。使用 ROS 前需要先安装诸如 Ubuntu 的 Linux 发行版操作系统,以使用进程管理系统、文件系统、用户界面、编译器、线程模型等。ROS 是基于传统的操作系统,通过硬件抽象概念支持用户开发机器人应用程序的。它的体系架构是跨机器通信的,提供了系统实时数据分析、编程语言独立等功能。ROS 开发和管理基于各种应用功能包,并拥有一个负责分享用户所开发的功能包的生态系统(ecosystem)。

7.1.1 为什么使用机器人操作系统

ROS 的一个显著特点是不需要完全重新开发已有的系统和程序,而是通过加入一些标准化的代码就能对已有的非 ROS 程序进行 ROS 化的转化。并且 ROS 提供很多通用的工具和软件,开发者可以专注于自己感兴趣的部分,可以节省开发和维护所需的时间。ROS 被广泛应用可以归结为下述 5 方面的优点。

1)程序的可重用性。随着机器人研究的发展,诞生了一批解决导航、路径规划、建图等通用任务的算法。ROS 用功能包的方式支持这些算法应用于新的领域,且不必重复开发。相应地,开发者可以将自己开发出来的程序和其他人分享使用。例如,美国的 NASA 为了控制宇宙空间站里使用的 Robonaout2 机器人,除了使用自行开发的程序,还结合了 ROS 中提供各种算法资源,使其得以在宇宙中执行任务。

2)基于通信机制,支持分布式计算。机器人控制需要在同一个框架里编写很多程序,如传感器或舵机的硬件驱动、传感和识别处理、动作控制等,既影响了程序的重用,也给程序的调试造成困难。ROS 采用通信的方法,把不同的程序模块划分为最小执行单元节点,节点之间发送和接收数据。这样的结构方便支持分布式计算。机器人往往需要多个计算机同时运行多个进程,例如,一些机器人搭载多台计算机,每台计算机用于控制机器人的部分驱动器或传感器;即使只有一台计算机,通常将程序划分为独立运行且相互协作的小模块来完成复杂的控制任务;多个机器人协同完成一个任务时,需要互相通信来支撑任务的完成;用户通过个人计算机或者移动设备发送指令控制机器人,这种人机交互接口可以认为是机器人软件的一部分。ROS 采用相对简单、完备的机制实现了单计算机或者多计算机不同进程间的通信。

3)提供开发工具,方便快速开发测试。为了管理复杂的软件框架,ROS 利用了大量的小工具去编译和运行多种多样的组件,而不是构建一个庞大的开发和运行环境。这些工具担任了各种各样的任务,例如,组织源代码的结构、获取和设置配置参数、形象化端对端的拓扑连接、生动地描绘信息数据、自动生成文档等。

ROS 通过为机器人开发提供必要的软件工具,使开发的便利性达到最大化。ROS 提供调试相关二维绘图和三维视觉化工具 RViz。在机器人开发中,通过遵守规定的信息格式,可以直接实现机器人的模型。RViz 提供的 3D 仿真器,方便实现空间模型的仿真实验。ROS 另外提供了一种简单的方法,可以在调试过程中记录传感器数据及其他类型的消息数据,并在试验后按时间戳回放。通过这种方式,每次运行机器人可以获得更多的测试机会。

4）活跃的开发者社区。ROS 所有的源代码都是公开发布的，ROS 以分布式的关系遵循着 BSD 许可，也就是说允许各种商业和非商业的工程使用源代码开发。较为封闭的机器人学界和机器人业界都因为 ROS 的推广应用，开始重视互相之间的合作。

5）生态系统的形成。智能手机平台革命是由 Android 和 iOS 等软件平台创造的生态系统推进的。个人计算机领域也曾有各种各样的硬件制造商，而将其结合在一起的是微软的 Windows 操作系统和开源的 Linux 操作系统。这个过程和自然界的生态系统的发展类似，这一趋势在机器人领域延续。起初，各种硬件技术泛滥，却没有能整合它们的操作系统。在 ROS 正在形成的生态系统里，机器人硬件领域的开发者、ROS 开发运营团队、应用软件开发者以及用户也能像机器人公司和传感器公司一样从中受益。随着逐渐增多的用户数量和机器人公司，以及急剧增加的相关工具和库，不久的将来将会形成一个强大的生态系统（图 7.2）。

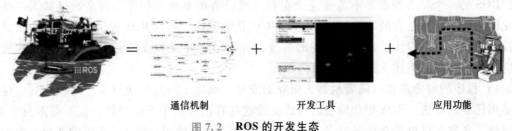

通信机制　　　　　　开发工具　　　　　　应用功能

图 7.2　ROS 的开发生态

7.1.2　ROS 的特点

正如 7.1.1 节所述的优点，ROS 的目标是"建立一个在全球范围内协作开发机器人软件的环境"。ROS 致力于将机器人研究和开发中的代码重用做到最大化，而不是做所谓的机器人软件平台、中间件和框架。为了支持这个目标，ROS 具有以下主要特征：

1）ROS 的运行架构是一种 P2P 松耦合网络连接的通信处理架构。它执行若干类型的通信，包括基于服务的同步 RPC（远程过程调用）通信、基于 Topic 的异步数据流通信，还有参数服务器上的数据存储，但是 ROS 本身并没有实时性。ROS 底层的通信是通过 HTTP 完成的，因此 ROS 内核本质上是一个 HTTP 服务器，它的地址一般是 http：//localhost：11311/，即本机的 11311 端口。当需要连接到另一台计算机上运行的 ROS 时，只要连上该机的 11311 端口即可。

2）ROS 运行机制。ROS 内核（roscore）是 ROS 运行的基础，具有参数服务器（parameter server）。一个运行中的 ROS 有且仅有一个 ROS 内核，ROS 上的一切都依赖这个内核。内核的主要功能是通信机制的管理和调度。

3）分布式进程。如图 7.3 所示，一个使用 ROS 的程序包括一系列进程，这些进程在运行过程中通过端对端的结构联系。其以可执行进程的最小单位（节点）的形式编程，每个进程独立运行，并有机地通过通信收发数据。ROS 的点对点设计以及服务和节点管理器等机制可以分散由计算机视觉和语音识别等功能带来的实时计算压力，能够适应多机器人协作遇到的挑战。

4）支持多种编程语言。ROS 设计成了语言中立性的框架结构，端对端的连接和配置利用 XML-RPC 机制实现，XML-RPC 也包含了大多数主要语言的合理实现描述，支持许多种不同的语言。它可以用于 JAVA、C#、Lua 和 Ruby 等语言，也可以用于机器人中常用的编程语言，如 Python、C++和 Lisp。为了支持交叉语言，ROS 利用了简单的、语言无关的接口定义语言去描述模块之间的消息传送。这种支持使得在全球范围开发机器人软件的合作成为可能，并且机器人研究和开发过程中的代码重用变得越来越普遍。

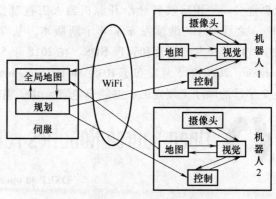

图 7.3 ROS 节点结构

5）功能包管理。ROS 以功能包的形式管理着多个进程，开发和使用起来很方便，并且很容易共享、修改和重新发布。ROS 建立的系统具有模块化的特点，各模块中的代码可以单独编译，而且编译使用的 CMake 工具使它实现精简的理念。ROS 基本将复杂的代码封装在库里，通过创建一些小的应用程序为 ROS 显示库的功能，就实现了对简单的代码超越原型进行移植和重新使用。ROS 利用了很多现在已经存在的开源项目的代码，比如从 Player 项目中借鉴了驱动、运动控制和仿真方面的代码，从 OpenCV 中借鉴了视觉算法方面的代码，从 OpenRAVE 中借鉴了规划算法的内容。在每一个实例中，ROS 实现了多种多样的配置选项以及和各软件之间的数据通信，也同时对它们进行微小的包装和改动。ROS 可以不断地从社区维护中升级，包括从其他的软件库、应用补丁中升级 ROS 的源代码。

7.1.3 ROS 的版本

1. ROS 的历史

ROS 的初始版本是 2007 年 5 月摩根·奎格利（Morgan Quigley）博士为美国斯坦福大学人工智能研究所（AI LAB）进行的 STAIR（STanford AI robot）项目开发的 Switchyard 系统。

2007 年 11 月，由美国的机器人公司 Willow Garage 承接开发 ROS。Willow Garage 是个人机器人（personal robotics）及服务机器人领域中非常有名的公司。它以开发和支持我们熟知的视觉处理开源代码 OpenCV 和 Kinect 等在三维设备广泛使用的点云库（PCL, point cloud library）而著名。

2010 年 1 月 22 日 Willow Garage 向全世界发布了 ROS 1.0。此后，与 Ubuntu、Android 一样，每个版本都以 C Turtle、Diamondback 等按字母顺序起名。

ROS 基于 BSD 许可证（BSD 3-Clause License）及 Apache License 2.0，因此任何人都可以修改、重用和重新发布。ROS 持续提供大量最新版本的软件，因此教育及学术领域的参与程度非常高，并通过机器人相关学术会议广为传播，有面向开发者和用户的学术会议，还有多种社区群。不仅如此，可以应用 ROS 的机器人平台的开发也在快速跟进。例如 Personal Robot 的代表产品 PR2 和 TurtleBot 机器人，有许多应用程序基于它们产生，这更加巩固了 ROS 的地位。

2. ROS 的版本

Willow Garage 公司在 2013 年进入商业服务机器人领域之后，遇到诸多困难并分解为多个创业公司。ROS 被转让给开源机器人工程基金会（Open Source Robotics Foundation, OS-RF）。之后 OSRF 继续发布了 4 个新版本。从 2017 年 5 月开始 OSRF 更名为 open robotics（图 7.4），开发、运营和管理 ROS。在 2018 年 5 月 23 日发布了 ROS 的第 12 版 ROS Melodic Morenia。2020 年 5 月发布了 ROS Noetic Ninjemys。ROS 的每个版本的名称的首字母是按照英文字母的顺序来制定的，并将乌龟（turtle）作为图标（图 7.5）。

图 7.4　**OSRF 和 open robotics 的标志**

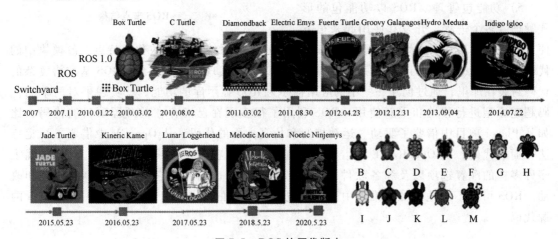

图 7.5　**ROS 的历代版本**

7.2　ROS 入门

　　ROS 是运行在个人计算机上的一套便于机器人开发的机制，它通常用作上位机控制机器人，也可以搭载在机器人上作为主控（如 Turtlebot 机器人使用了搭载 ROS 的个人计算机作为主控）。ROS 的运行依赖于宿主系统，这个宿主系统通常是 Ubuntu。因为它在 Ubuntu 有现成的软件仓库，但是事实上只要是 Linux 或 LINIX 都可以从源代码编译安装。

　　ROS 代码主要有两大部分，一部分是核心部分，一般称为 main，主要由 Willow Garage 公司和一些开发者设计与维护。它们提供一些分布式计算的基本工具，以及整个 ROS 核心部分的程序编写。这部分内容被存储在计算机的安装文件中。另外一部分是全球范围的代码，被称为 universe，是各种库的代码，如 OpenCV、PCL 等，由不同国家的 ROS 社区组织开发和维护。

　　ROS 可分为如图 7.6 所示的三个层级。

　　1）计算图级。ROS 作为一个程序，首先得运行起来，所以就要先考虑程序是如何运行的。计算图级就是表示系统运行的结构，这就是第一个层级。

2）文件系统级。程序运行后，进一步要考虑程序的管理，所以要考虑程序是如何组织和构建的，这就是第二个层级。

3）社区级。ROS强调分享和复用，鼓励大家将研究成果分享到开源社区，也是ROS的维护管理机制，这就是第三个层级。

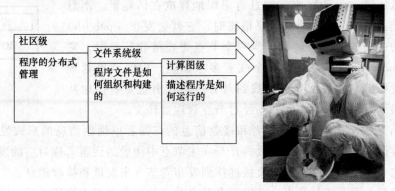

图7.6　ROS的三个层级

7.2.1　计算图

1. 计算图的概述

ROS的程序功能以节点为单位独立运行，可以分布于多个相同或不同的计算机中。节点之间通过消息通信。这种运行机制通过可视化工具显示出来，更加直观，也方便调试。计算图是广泛应用的一种可视化模型。如图7.7所示，计算图中描述了ROS的下述信息。

1）节点（node）。软件模块。执行任务的一个个单独的进程。

图7.7　计算图

2）节点管理器（ROS Master）。控制中心，提供参数管理。统筹管理多个节点，记录每一个节点的注册信息，帮助节点之间相互查找，相互连接，是一种集权化的管理机制。

3）话题（topic）。如图7.8所示，是节点间传输消息的异步通信机制，是从发布者到订阅者的单向数据传输。

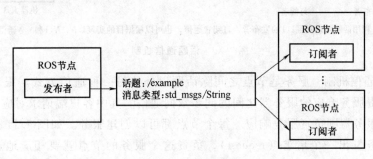

图7.8　话题模型

4）服务（Service）。如图7.9所示，是节点间的双向同步通信机制，传输请求和应答数据。

2. 初识节点间的通信

（1）话题通信机制　ROS节点之间进行通信所利用的最重要的机制就是消息传递。在ROS中，消息有组织地存放在话题里。消息传递的理念是：当一个节点想要分享信息时，它就会发布（publish）消息到对应的一个或者多个话题；当一个节点想要接收信息时，它就会订阅（subscribe）所需要的一个或者多个话题。ROS节点管理器负责确保发布节点和订阅节点能找到对方；而且消息是直接地从发布节点传递到订阅节点，中间并不经过节点管理器转交。

图7.9　服务模型

话题通信是指发送信息的发布者和接收信息的订阅者以话题消息的形式发送和接收信息。希望接收话题的订阅者节点接收的是与在主节点中注册的话题名称对应的发布者节点的信息。基于这个信息，订阅者节点直接连接到发布者节点来发送和接收消息。

形象点解释，话题就是故事。在发布者节点关于故事向主节点注册之后，它以消息形式发布关于该故事的广告。希望接收该故事的订阅者节点获得在主节点中以这个话题注册的那个发布者节点的信息。基于这个信息，订阅者节点直接连接到发布者节点，用话题发送和接收消息。

话题是单向的，适用于需要连续发送消息的传感器数据，因为它们通过一次的连接连续发送和接收消息。如图7.10所示，单个发布者可以与多个订阅者通信，相反，一个订阅者可以在单个话题上与多个发布者进行通信。当然，这两个发布者都可以和多个订阅者进行通信。例如，通过计算移动机器人的两个车轮的编码器值生成可以描述机器人当前位置的测位（odometry）信息，并以话题信息(x, y, θ)传达，以此实现异步单向的连续消息传输。也可以把障碍物距离作为消息，以话题(x, y)传给多个机器人。

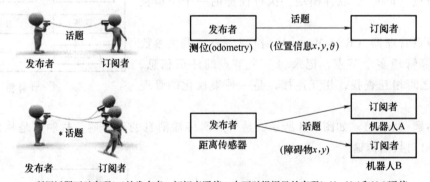

*利用话题可以实现1:1的发布者、订阅者通信，也可以根据目的实现1:N、N:1和N:N通信。

图7.10　话题通信机制

（2）服务通信机制　服务是节点之间除话题以外的另一种通信方式。服务是请求服务的客户端与负责服务响应的服务器之间的同步双向通信。其中客户端请求对应于特定目的任务的服务，而服务器则负责服务响应。每个节点都可以创建服务。如图7.11所示，其他节点可以向该服务发出一个请求（request），负责这个服务的节点就要相应地返回一个应答（response）。

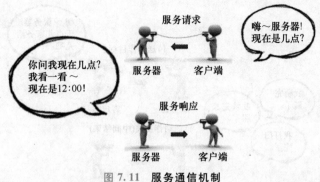

图 7.11 服务通信机制

（3）话题和服务的区别 话题和服务的区别见表7.1。通过话题通信时，不同的节点可以向同一个话题发送、接收数据。接收数据的节点不知道数据是从哪个节点发送过来的。同样地，发送数据的节点也不知道是哪个节点接收了数据。因此，每个节点都是相对独立的，只需要负责自己的功能实现以及外部接口，不需要关心其他节点的行为。这是一种开放式的收、发数据的方式，也是节点之间通信的主要形式，有利于构造分布式大系统。

服务则是一种请求+反馈的通信机制。消息的传输只涉及两个节点：发送请求的一方称为客户端（client），提供服务的一方称为服务器（server）。在通过服务形式进行通信时，客户端首先向服务器请求服务，收到消息之后服务器运行事先设置好的服务功能，并返回消息给客户端。服务通信一般用在事件触发情景中，例如满足某个条件就令节点开启某项功能，并希望确认功能确实顺利开启。

表 7.1 话题和服务的区别

	话题	服务
同步性	异步	同步
通信模型	发布/订阅	服务器/客户端
底层协议	ROSTCP/ROSUDP	ROSTCP/ROSUDP
反馈机制	无	有
缓冲区	有	无
实时性	弱	强
节点关系	多对多	一对多(一个服务器)
适用场景	数据传输	逻辑处理

（4）动作通信机制 动作通信是在如下情况使用的通信方式：服务器收到请求后，到响应所需的时间较长，且需要中途反馈值。这与服务非常相似，服务具有与请求和响应分别对应的目标（goal）和结果（result）。除此之外动作中还多了反馈（feedback）。收到请求后需要很长时间才能响应，又需要中间值时，使用这个反馈发送相关的数据。

动作通信机制与异步方式的话题（topic）相同。反馈在动作客户端（action client）和动作服务器（action server）之间执行异步双向消息通信，其中动作客户端设置动作目标（goal），而动作服务器根据目标执行指定的工作，并将动作反馈和动作结果发送给动作客户端。如图7.12所示，当客户端将家庭服务器设置为服务器时，服务器会实时地通知客户端

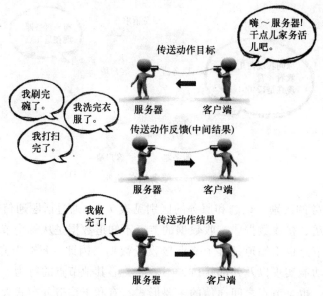

图 7.12　动作通信机制

洗碗、洗衣和清洁等进度，最后将结果值发送给客户端。与服务不同，动作通常用于指导复杂的机器人任务，例如发送一个目标值之后，还可以在任意时刻发送取消目标的命令。

7.2.2　ROS 的文件系统

（1）功能包　ROS 中的所有软件都被组织为软件包的形式，称为 ROS 软件包或功能包，也简单称为包。功能包是 ROS 文件系统这个层级中一个非常基础的单元。ROS 软件包是一组用于实现特定功能的相关文件的集合，包括可执行文件和其他支持文件。

使用 rospack list 命令，可以获取所有已安装的 ROS 软件包列表清单。

每个程序包由一个清单文件（文件名为 package. xml）定义。该文件定义关于包的一些细节，包括其名称、版本、维护者和依赖关系。包含 package. xml 文件的目录被称为软件包目录（任何 ROS 能找到的包含 package. xml 文件的目录）。这个目录存储所在软件包的大部分文件。

要找到一个软件包的目录，使用如下命令：

rospack find package-name

要查看软件包目录下的文件，使用如下命令：

rosls package-name

如果想"访问"某软件包目录，可以将当前目录切换至此软件包目录，使用如下命令：

roscd package-name

一个功能包主要包括以下文件。图 7.13 所示为 turtlesim 功能包文件（ROS 中的入门级例程，在 7.2.6 节中有详细介绍，这里只借其介绍文件构成）。

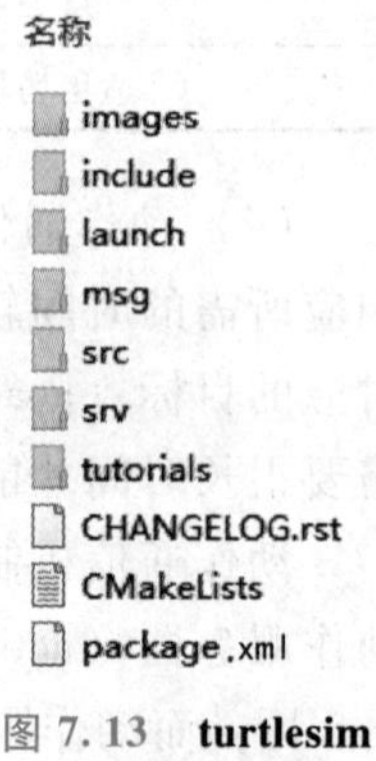

1）launch/：是编译和链接程序后，用于存储可执行文件的文件夹。

名称

📁 images
📁 include
📁 launch
📁 msg
📁 src
📁 srv
📁 tutorials
📄 CHANGELOG.rst
📄 CMakeLists
📄 package.xml

图 7.13　turtlesim
功能包文件

2）include/package_name/：这个文件夹包含所需要的库的头文件。

3）msg/：如果我们需要开发非标准信息，需要把文件放在这里。

4）scripts/：其中包括 Bash、Python 或任何其他脚本的可执行脚本文件（本例中无脚本文件，默认无 scripts/文件夹）。

5）src/：存储程序源文件。

6）srv/：存储服务类型的文件。服务类型定义了 ROS 服务器/客户端通信模型下的请求与应答数据类型，可以使用 ROS 系统提供的服务类型，也可以使用 .srv 文件在功能包的 srv 文件夹中定义。

7）CMakeLists.txt：CMake 的生成文件。

8）package.xml：功能包清单文件。

（2）功能包集（stack） 将几个具有某种功能的包组织在一起，就是一个功能包集，也称为元功能包。在 ROS 中，存在大量不同用途的功能包集，例如导航功能包集，其中包括建模、定位、导航等多个功能包。

元功能包清单类似于功能包清单，不同之处在于元功能包清单中可能会包含运行时需要依赖的功能包或者声明一些引用的标签。

（3）CMakeLists.txt 使用 cmake 进行程序编译时，会根据 CMakeLists.txt 这个文件处理，然后形成一个 MakeFile 文件，系统再通过这个文件设置进行程序编译。

7.2.3 ROS 的开源社区

过去几年 ROS 已经成为全世界范围内具有大量用户的大型社区。以前，很多用户来自于实验室，但现在，越来越多的商业用户也加入进来，特别是工业和服务机器人领域。

ROS 的开源社区有以下主要内容。

发行版（distribution）：ROS 发行版包括一系列带有版本号、可以直接安装的功能包。

软件源（repository）：ROS 依赖于共享网络上的开源代码，不同的组织机构可以开发或者共享自己的机器人软件。

ROS Wiki：记录 ROS 信息文档的主要论坛。

邮件列表（Mailing List）：交流 ROS 更新的主要渠道，同时也可以交流 ROS 开发的各种疑问。

ROS ANSWERS：咨询 ROS 相关问题的网站。

博客（blog）：发布 ROS 社区中的新闻、图片、视频。

7.2.4 安装 ROS

下载 ROS 的发行版后，需要手动安装到开发者的计算机。ROS kinetic 只支持 Wily（Ubuntu 15.10），Xenial（Ubuntu 16.04）和 Jessie（Debian 8）的 debian 包。

（1）配置 Ubuntu 软件仓库 配置 Ubuntu 软件仓库（repositories）以允许使用"restricted""universe"和"multiverse"存储库。可以根据 Ubuntu 软件仓库指南来完成这项工作。

（2）设置 sources.list 设置计算机以安装来自 packages.ros.org 的软件：

```
sudo sh -c 'echo " deb http://packages.ros.org/ros/ubuntu $ (lsb_ release -sc) main" > /etc/apt/sources.list.d/ros-latest.list'
```

（3）设置密钥

sudo apt-key adv --keyserver 'hkp：//keyserver. ubuntu. com：80' --recv-key C1CF6E31E6-BADE8868B172B4F42ED6FBAB17C654

若无法连接到密钥服务器，可以尝试替换上面命令中的 hkp：//keyserver. ubuntu. com：80 为 hkp：//pgp. mit. edu：80。

（4）安装　首先，确保 debian 软件包索引是最新的：

sudo apt-get update

在 ROS 中，有很多不同的库和工具。有四种默认的配置选项，也可以自定义安装 ROS 包。

1）桌面完整版（推荐）：包含 ROS、rqt、RViz、机器人通用库、2D/3D 模拟器、导航以及 2D/3D 感知。

sudo apt-get install ros-kinetic-desktop-full

2）桌面版安装：包含 ROS、rqt、RViz 以及通用机器人函数库。

sudo apt-get install ros-kinetic-desktop

3）基础版安装（简版）：包含 ROS 核心软件包、构建工具以及通信相关的程序库，无 GUI 工具。

sudo apt-get install ros-kinetic-ros-base

4）单个软件包安装：可以安装某个指定的 ROS 软件包（使用软件包名称替换掉下面的 PACKAGE）：

sudo apt-get install ros-kinetic-PACKAGE

例如：sudo apt-get install ros-kinetic-slam-gmapping

要查找可用软件包，可运行：

apt-cache search ros-kinetic

（5）初始化 rosdep　在开始使用 ROS 之前还需要初始化 rosdep。rosdep 可以方便地在需要编译某些源码时为其安装一些系统依赖，同时也是某些 ROS 核心功能组件所必须用到的工具。

sudo rosdep init

rosdep update

如果这一步报错，显示超时，则需开启代理，并设置好终端的代理。

（6）环境配置　如果每次打开一个新的终端时 ROS 环境变量都能够自动配置好（即添加到 bash 会话中），那将会方便很多。

echo "source /opt/ros/kinetic/setup. bash" >> ~/. bashrc

source ~/. bashrc

（7）运行 roscore　roscore 是在运行所有 ROS 程序前首先要运行的命令。

运行：

roscore

然后会看到类似下面的输出信息：

... logging to ~/. ros/log/9cf88ce4-b14d-11df-8a75-00251148e8cf/roslaunch-machine _ name-13039. log

Checking log directory for disk usage. This may take awhile.

Press Ctrl-C to interrupt

Done checking log file disk usage. Usage is <1GB.

started roslaunch server http://machine_name:33919/

ros_comm version 1.4.7

SUMMARY

========

PARAMETERS

 * /rosversion

 * /rosdistro

NODES

auto-starting new master

process[master]:started with pid [13054]

ROS_MASTER_URI=http://machine_name:11311/

setting /run_id to 9cf88ce4-b14d-11df-8a75-00251148e8cf

process[rosout-1]:started with pid [13067]

started core service [/rosout]

ROS 安装完成后默认是在计算机的/opt/ros 路径下，包含一些文件夹和环境变量文件，如图 7.14 所示。各文件夹内容如下所述。

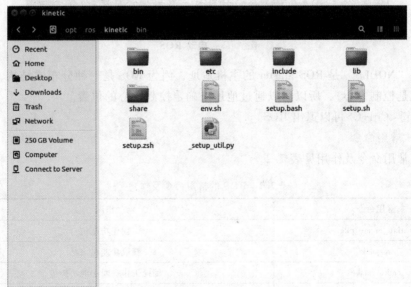

图 7.14 ROS 中的具体内容

bin 文件夹放置一些可执行的具体程序，在终端下可以执行的 ROS 的功能包，在运行前先设置环境变量。

etc 文件夹放置 ROS 的一些配置文件。

include 文件夹放置通过命令行和终端安装的一些头文件（.h），这里就包含了我们使用 C++编程的时候所有可以使用的功能包的头文件。

lib 文件夹放置一些 .py 文件，即 Python 文件，还有一些可执行文件和程序，即一些节点，通过运行这些节点，就可以使用这些文件的功能。

share 文件夹放置一些 cmake 配置文件，还有一些话题、消息的 msg srv 文件，声明接口信息。

7.2.5 ROS 的启动与命令工具

1. 启动 ROS

按快捷键<Ctrl+Alt+T>启动终端，输入 roscore 启动 ROS，出现如图 7.15 所示的提示就是启动成功，并且安装正确，白色部分显示的是 ROS 安装的版本，"kinetic"是版本名称，"1.12.14"是版本号。

图 7.15　启动 ROS

下面的"NODES"是 ROS Master 的主机地址，因为 ROS 是一种分布式结构，只有一个主机（也就是控制中心），所以可以通过地址来确定控制中心的位置。

按快捷键<Ctrl+C>可以退出 ROS。

2. ROS 常用命令

ROS 的常用命令及作用见表 7.2。

表 7.2　ROS 的常用命令及作用

常用命令	作用
catkin_create_pkg	创建功能包
rospack	获取功能包信息
catkin_make	编译工作空间中的功能包
rosdep	自动安装该功能包依赖的其他功能包

(续)

常用命令	作用
roscd	功能包目录跳转
roscp	复制功能包中的文件
rosed	编辑功能包中的文件
rosrun	运行功能包中的可执行文件
roslaunch	运行启动文件

在 ROS 中也可以通过一些命令行来了解这些命令的使用方法。例如，想知道 ROS 有哪些命令可以使用，就可以使用 ros+<Tab>键来查找。以 rosnode 为例，可以使用 rosnode+空格+<Tab>键来查看，也可以使用 rosnode+空格+--help 来查看详细说明，如图 7.16 所示。

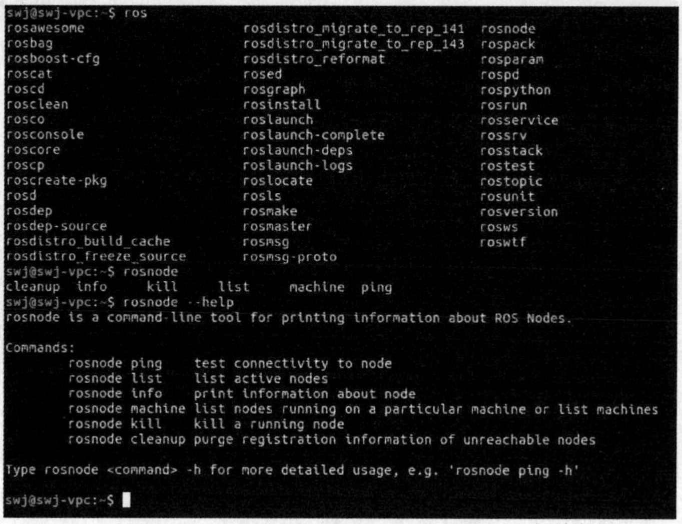

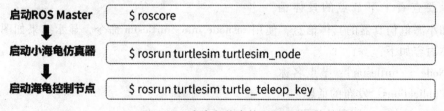

图 7.16 使用命令行查看命令的使用方法

7.2.6 ROS 实践

小海龟示例是一个包含很多 ROS 基础概念和内容的例程，像计算图层级的节点、节点管理器、话题、服务在这里面都有体现，下面介绍一下这个例程的实现原理（注意每步要在不同的终端下运行，可利用快捷键<Ctrl+Alt+T>启动新终端）。

图 7.17 所示为小海龟仿真的运行流程，具体每步的功能如下：

第一步 roscore 的作用是启动 ROS Master 这个主节点。

第二步 rosrun 的作用是启动一个节点，turtlesim 是功能包的名称，之后 turtlesim_node 是

启动ROS Master　→　$ roscore

启动小海龟仿真器　→　$ rosrun turtlesim turtlesim_node

启动海龟控制节点　→　$ rosrun turtlesim turtle_teleop_key

图 7.17 小海龟仿真的运行流程

节点名，该节点名属于这个功能包，该节点作用是启动一个海龟仿真器。

第三步与第二步相同，该节点的作用是键盘输入控制海龟运动。

运行后，仿真界面就会随机显示历代发行版本中的一个海龟的形状，通过方向键就可以控制海龟的移动，如图 7.18 所示。如果想清楚了解海龟的控制是怎么实现的，可以使用可视化工具来查看它的实现架构。

打开一个新的终端，输入 rqt_graph 后，就会显示如图 7.19 所示的计算图。

rosnode list 节点列表如图 7.20 所示，图中 turtlesim 表示仿真器界面，teleop_turtle 表示键盘控制节点，节点之间通过一个话题来控制小海龟的线速度和角速度的具体数值。

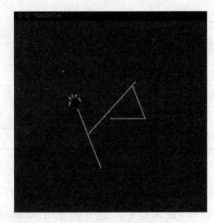

图 7.18　小海龟仿真界面

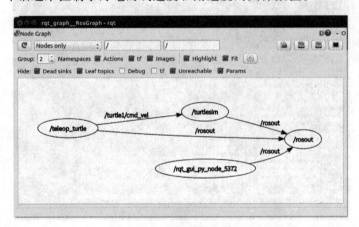

图 7.19　rqt_graph

rosout 节点是所有的仿真都会有的一个节点，功能是记录所有节点的日志信息，每一个节点都会把日志信息发送给这样的一个日志集中管理器。rqt 节点是当前这个可视化界面的节点。

也可以使用 rosnode list 命令来显示目前运行的所有节点。

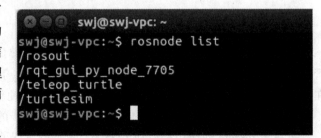

图 7.20　rosnode list 节点列表

如果要查看一下节点的具体信息，比如小海龟仿真器的具体信息，使用 rosnode info /turtlesim 命令，显示结果如图 7.21 所示。具体内容如下：

① Node［/turtlesim］：节点名称。

② Publications：发布的话题。

③ Subscriptions：订阅的话题。

```
swj@swj-vpc:~$ rosnode info /turtlesim
--------------------------------------------------------------------------------
Node [/turtlesim]
Publications:
 * /rosout [rosgraph_msgs/Log]
 * /turtle1/color_sensor [turtlesim/Color]
 * /turtle1/pose [turtlesim/Pose]

Subscriptions:
 * /turtle1/cmd_vel [geometry_msgs/Twist]

Services:
 * /clear
 * /kill
 * /reset
 * /spawn
 * /turtle1/set_pen
 * /turtle1/teleport_absolute
 * /turtle1/teleport_relative
 * /turtlesim/get_loggers
 * /turtlesim/set_logger_level


contacting node http://192.168.240.134:36373/ ...
Pid: 7257
Connections:
 * topic: /rosout
    * to: /rosout
    * direction: outbound
    * transport: TCPROS
 * topic: /turtle1/cmd_vel
    * to: /teleop_turtle (http://192.168.240.134:37805/)
    * direction: inbound
    * transport: TCPROS
```

图 7.21 **rosnode info /turtlesim 节点信息**

④ Services：提供的服务。

⑤ Contacting node http 及 Pid：节点的地址及节点的 ID 号。

⑥ Connections：连接的信息，类型是话题，以及话题的名称。

要查看哪些话题在发布及订阅，使用命令：

rostopic list

rostopic info /turtle1/cmd_vel

结果如图 7.22 所示。

rostopic list 列出了正在运行的话题。

rostopic info /turtle1/cmd_vel 查看 cmd_vel 的具体信息，包括类型、发布者、订阅者。

要输出目前运行中话题的具体内容，使用命令：

rostopic echo /turtle1/cmd_vel

```
swj@swj-vpc:~$
swj@swj-vpc:~$ rostopic list
/rosout
/rosout_agg
/statistics
/turtle1/cmd_vel
/turtle1/color_sensor
/turtle1/pose
swj@swj-vpc:~$
swj@swj-vpc:~$
swj@swj-vpc:~$ rostopic info /
/rosout              /rosout_agg              /statistics
swj@swj-vpc:~$ rostopic info /turtle1/c
/turtle1/cmd_vel       /turtle1/color_sensor
swj@swj-vpc:~$ rostopic info /turtle1/c
/turtle1/cmd_vel       /turtle1/color_sensor
swj@swj-vpc:~$ rostopic info /turtle1/cmd_vel
Type: geometry_msgs/Twist

Publishers:
 * /teleop_turtle (http://192.168.240.134:37805/)

Subscribers:
 * /turtlesim (http://192.168.240.134:36373/)
```

图 7.22 **rostopic 节点话题列表**

输入后会发现如图 7.23 所示没有任何输出，说明该话题目前没有任何内容。

如图 7.24 所示，当在海龟控制界面输入一些方向，话题输出界面就会显示输入的内容，linear 表示线速度，angular 表示角速度，单位分别是 m/s 和 rad/s。

因为海龟例程是平面一维的控制（注意，虽然是平面，但不是二维，因为只能在某一方向沿直线运动，而不能做曲线运动，即没有垂直速度分量，所以是一维运动），所以只有 x 方向速度，角速度同理。

若通过终端发布测试消息：

rostopic pub /turtle1/cmd_vel geometry_msgs/Twist " linear:

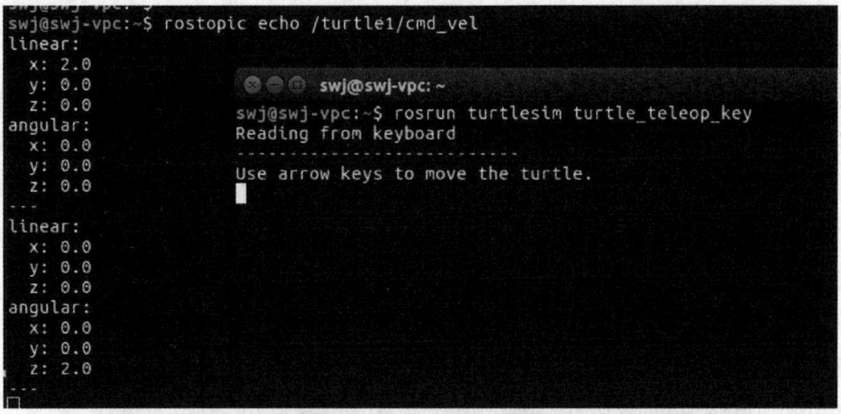

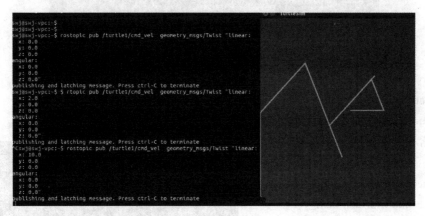

图 7.23　当前运行中话题的具体内容

图 7.24　发布话题

对应"话题 发布 话题名 数据类型 具体的控制类型"这样的一个格式来控制。

输入命令，并修改线速度中的 x 或者角速度中的 z，就可以发布一条使小海龟移动的话题消息，海龟就可以按照消息做短暂的运动。因为这个话题是一次性的，所以海龟只会运动一次。

若要使小海龟按照一定的频率运动，可以发布这样的话题：

rostopic pub-r 10 /turtle1/cmd_vel　geometry_msgs/Twist " linear：

含义是小海龟以每秒十次的频率来执行所发布的线速度和角速度。

如图 7.25 所示的警告是小海龟界面节点下的警告，提示小海龟撞墙了。使用指令 rosservice list 查看服务列表，使用指令 rosservice info /spawn 查看具体的服务信息，如图 7.26 所示。

还可以再发布一只海龟。输入 rosservice call /spawn 再按<Tab>键补全，并对新生成的海龟的初始位置以及名称做规定，第二只海龟就出现在了屏幕中央，结果如图 7.27 所示。

第二只海龟的控制方法及参数、信息查看指令与第一只海龟基本相同，但是要注意名称变化。

接下来使用一个很常用的可视化工具 rqt_plot。输入"rqt_plot"，就可以打开一个可视化界面，实时地显示海龟的运动位置和轨迹，分别在 Topic 文本框中输入 x 或 y 轴，之后任

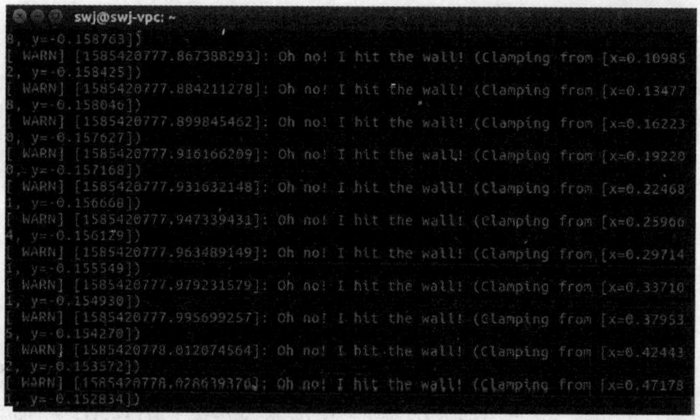

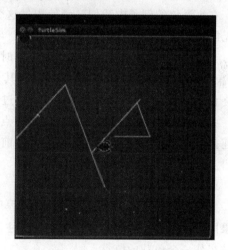

图 7.25 warning 警告

图 7.26 rosservice list 服务列表

图 7.27 发布第二只海龟

意控制海龟，就可以显示其实时的运动轨迹，如图 7.28 所示。

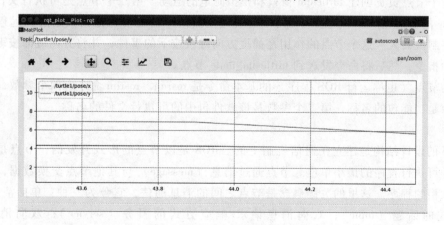

图 7.28 rqt_plot 绘制海龟位置

以上就是小海龟仿真例程的基础实践，除了上面介绍的，还有很多工具和命令可以在这个仿真例程中使用。

7.3　进一步理解 ROS 中的概念和机制

7.3.1　节点

1. 节点管理器

ROS 的一个基本目标是使机器人专家设计的很多称为节点（node）的几乎相对独立的小程序能够同时运行。为此，这些节点必须能够彼此通信。ROS 中实现通信的关键部分就是 ROS 节点管理器。要启动节点管理器，可使用 roscore 命令。

在小海龟的例子中我们已经使用过这个命令。这个命令非常简单易用，不带任何参数，也无需任何配置。

节点管理器应该在使用 ROS 的全部时间内持续运行。一个合理的工作流程是在一个终端启动 roscore，然后打开其他终端运行其他程序。除非已经完成 ROS 的相关工作，否则不要终止 roscore 命令。当结束时，可以通过在 roscore 终端按<Ctrl+c>键停止节点管理器。

大多数 ROS 节点在启动时连接到节点管理器上，如果运行中连接中断，则不会尝试重新连接。因此，如果 roscore 被终止，当前运行的其他节点将无法建立新的连接，即使稍后重启 roscore 也无济于事。

2. 节点运行

启动 roscore 后，便可以运行 ROS 程序了。ROS 程序的运行实例被称为节点（node）。如果同时执行相同程序的多个副本——注意确保每个副本使用不同的节点名——则每个副本都被当作一个单独的节点。

在小海龟的例子中，共创建了两个节点。第一个节点是可执行文件 turtlesim_node 的实例化。这个节点负责创建 turtlesim 窗口和模拟海龟的运动。第二个节点是可执行文件 turtle_teleop_key 的实例化。teleop 是 teleoperation（遥控操作）的缩写，是指人通过在远程发送运动指令控制机器人。这个节点的作用是捕捉方向键被按下的事件，并将方向键的按键信息转换为运动指令，然后将命令发送到 turtlesim_node 节点。

启动节点（也称运行 ROS 程序）的基本命令是 rosrun。rosrun 命令有两个参数，其中第一个参数是功能包的名称，第二个参数是该软件包中的可执行文件的名称。

3. 消息

ROS 的设计结构是建立在通信机制上的。ROS 是以节点的形式开发的，节点是根据目的细分的可执行程序的最小单位。节点通过消息（message）与其他节点交换数据，最终成为一个大型的程序。这里的关键概念是节点之间的消息通信，它分为三种：单向消息发送/接收方式的话题（topic）；双向消息请求/响应方式的服务（service）；双向消息目标（goal）/结果（result）/反馈（feedback）方式的动作（action）。另外，节点中使用的参数可以从外部修改，这在大的框架中也可以被看作消息通信。消息通信的种类如图 7.29 所示，在 ROS 编程时，为每个目的使用合适的话题、服务、动作和参数是很重要的。

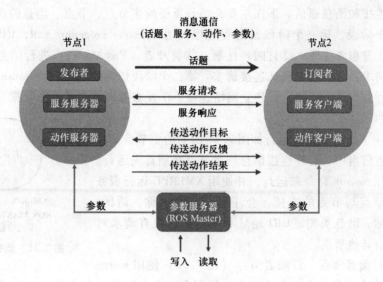

图 7.29 节点间的消息通信

7.3.2 话题

ROS 系统中有若干话题（topic），话题使用单向消息发送/接收方式。每个节点可以对话题进行订阅（subscribe）操作，也可以对话题进行发布（publish）操作。节点可以向某个话题发布消息，然后订阅了该话题的节点就会自动收到消息。

消息是有类型的。一类消息可以由一些基本数据结构组成，包含诸如 integer、floating point 和 boolean 等类型的变量。例如，表示姿态的 pose 类型消息，就由 6 个 64 位浮点数组成，分别代表三维空间中姿态的 6 个参数。消息类型的定义写在 msg 文件里，格式很简单，十分类似 C 语言中变量的定义。

发布（publish）是指以与话题的内容对应的消息的形式发送数据。为了执行发布，发布者（publisher）节点在主节点上注册自己的话题等多种信息，并向希望订阅的订阅者节点发送消息。发布者在节点中声明自己是执行发布的个体。单个节点可以成为多个发布者。

订阅是指以与话题内容对应的消息的形式接收数据。为了执行订阅，订阅者节点在主节点上注册自己的话题等多种信息，并从主节点接收那些话题的发布者节点的信息。基于这个信息，订阅者节点直接联系发布者节点来接收消息。订阅者在节点中声明自己是执行订阅的个体。单个节点可以成为多个订阅者，发布和订阅的话题是异步的，这是一种根据需要发送和接收数据的方法。另外，由于它通过一次的连接，可以发送和接收连续的消息，所以被经常用于必须连续发送消息的传感器数据。

话题通信的过程如图 7.30 所示。主节点管理节点信息，每个节点根据需要与

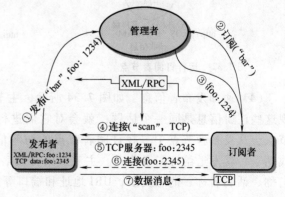

图 7.30 话题通信的过程

其他节点进行连接和消息通信。下面主要介绍最重要的主节点、节点、消息的通信过程。话题通信分为两个阶段。第一个阶段是远程过程调用（remote procedure call，RPC），分为以下几个步骤：①发布者注册；②订阅者注册；③管理者（Ros Master）进行信息匹配；④订阅者发送连接请求；⑤发布者确认连接请求。第二个阶段传输控制协议（transmission control protocol，TCP）分为2个步骤：⑥建立网络连接；⑦发布者向订阅者发布数据。

详细说明如下。

（1）运行主节点　首先要运行如图7.31所示的主节点。节点之间的消息通信当中，管理连接信息的主节点必须首先运行。ROS 主节点使用 roscore 命令来运行，并使用 XMLRPC 运行服务器。主节点为节点与节点的连接，会注册节点的名称、话题、服务、动作名称、消息类型、URI 地址和端口，并在有请求时将此信息通知给其他节点。

图7.31　运行主节点

（2）运行订阅者节点　订阅者节点（图7.32）使用 rosrun 或 roslaunch 命令来运行，命令如下所示。订阅者节点在运行时向主节点注册其订阅者节点名称、话题名称、消息类型、URI 地址和端口。主节点将这些信息都加载到一个信息列表中。主节点和订阅者节点使用 XMLRPC 进行通信。

$ rosrun package_name node_name

$ roslaunch package_name launch_name

（3）运行发布者节点　发布者节点（图7.33）与订阅者节点类似，使用 rosrun 或 roslaunch 命令来运行。发布者节点向主节点注册发布者节点名称、话题名称、消息类型、URI 地址和端口。主节点和发布者节点使用 XMLRPC 进行通信。ROS 没有规定启动顺序，也就是说可以发布者节点先启动，也可以订阅者节点先启动，我们是假设发布者节点先启动。

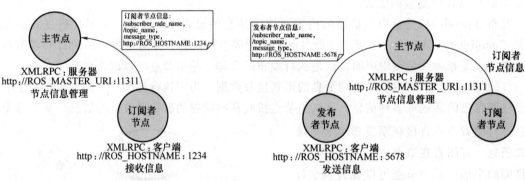

图7.32　运行订阅者节点　　　　　图7.33　运行发布者节点

（4）通知发布者信息　如图7.34所示，主节点会对这些注册信息进行匹配，如果发现这些注册信息是同一个话题，就会对它们进行连接。这是一种查找和等待的过程，主节点会从发布者节点中寻找订阅者节点的访问信息，如果没有找到，就继续查找，如果找到了，就发送给订阅者节点。主节点向订阅者节点发送此订阅者希望访问的发布者的名称、话题名称、消息类型、URI 地址和端口等信息。主节点和发布者节点使用 XMLRPC 进行通信。

（5）订阅者节点的连接请求　如图 7.35 所示，订阅者节点根据从主节点接收的发布者信息，向发布者节点请求直接连接。在这种情况下，要发送的信息包括订阅者节点名称、话题名称和消息类型。发布者节点和订阅者节点使用 XMLRPC 进行通信。

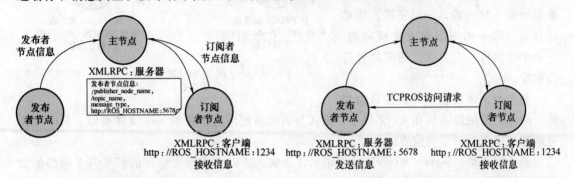

图 7.34　给订阅者节点通知发布者信息　　图 7.35　订阅者节点向发布者节点请求连接

（6）发布者节点的连接响应　如图 7.36 所示，发布者节点将 TCP 服务器的 URI 地址和端口作为连接响应发送给订阅者节点。发布者节点和订阅者节点使用 XMLRPC 进行通信。

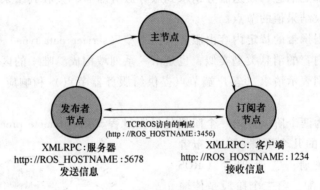

图 7.36　发布者节点的连接响应

（7）TCPROS 连接　如图 7.37 所示，订阅者节点使用 TCPROS 创建一个与发布者节点对应的客户端，并直接与发布者节点连接。

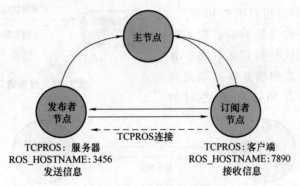

图 7.37　TCPROS 连接

（8）发送消息　如图 7.38 所示，发布者节点向订阅者节点发送消息。节点间通信使用一种称为 TCPROS 的 TCP/IP 方式。

7.3.3 服务

服务与话题的不同之处在于，服务必须是一对一的，一问一答，可靠性很高。服务调用信息流是双向的，一个节点给另一个节点发送信息并等待响应。

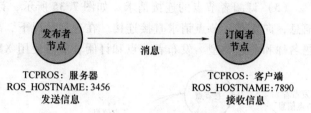

图 7.38 发送消息

服务和话题消息一样，是有类型的。服务类型的定义写在 srv 文件里，格式与表示话题消息类型的 msg 文件类似，只不过要分别描述请求的类型和应答的类型。

服务服务器（service server）是以请求作为输入，以响应作为输出的服务消息通信的服务器。请求和响应都是消息，服务器收到服务请求后，执行指定的服务，并将结果发送给服务客户端。服务服务器是用于执行指定命令的节点。

服务客户端（service client）是以请求作为输出，以响应作为输入的服务消息通信的客户端。请求和响应都是消息，发送服务请求到服务服务器后，接收其结果。服务客户端用于传达给定命令并接收结果值的节点。

请求和响应数据携带的特定内容由服务数据类型（service data type）决定。服务数据类型与决定话题消息内容的消息类型类似，也是由一系列域构成。唯一的区别在于服务数据类型分为两部分，分别表示请求（客户端节点提供给服务器节点）和响应（服务器节点反馈给客户端节点）。

服务通信也分为两个阶段。第一个阶段是远程过程调用（remote procedure call，RPC），分为如图 7.39 所示的几个步骤：①发布者注册；②订阅者注册；③管理者（ROS Master）进行信息匹配。第二个阶段是传输控制协议（transmission control protocol，TCP），分为 2 个步骤：④建立网络连接；⑤发布者向订阅者发布服务应答数据。

服务请求及响应的过程如图 7.40 所示。服务客户端请求服务后等待响应；服务服务器收到服务请求后执行指定的任务，并发送响应。服务服务器和服务客户端之间的连接与上述发布者和订阅者之间的

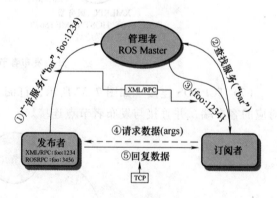

图 7.39 服务通信的过程

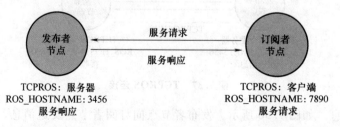

图 7.40 服务请求及响应

TCPROS 连接相同，但是与话题不同，服务是一次性通信。如果有必要，需要重新连接。当服务的请求和响应完成时，两个连接的节点将被断开。该服务通常被用作请求机器人执行特定操作时使用的命令，或者用于根据特定条件需要产生事件的节点。由于它是一次性的通信方式，又因为它在网络上的负载很小，所以它也是被用作代替话题的一种非常有用的通信手段。

7.3.4 动作

动作（action）是在需要像服务那样的双向请求的情况下使用的消息通信方式，不同之处在于动作在处理请求之后需要长时间的响应，并且需要中途反馈值。如图 7.41 所示，动作也非常类似于服务，目标（goal）和结果（result）对应于请求和响应。此外，还添加了对应于中途的反馈（feedback）。它由一个设置动作目标（goal）的动作客户端（action client）和一个动作服务器（action server）组成，动作服务器根据动作目标执行动作，并发送反馈和结果。动作客户端和动作服务器之间进行异步双向消息通信。

动作服务器（action server）是以从动作客户端接收的目标作为输入，并且以结果和反馈值作为输出的消息通信的服务器。在接收到来自客户端的目标值后，负责执行实际的动作。

动作客户端（action client）是以目标作为输出，并以从动作服务器接收结果和反馈值作为输入的消息通信的客户端。它将目标交付给动作服务器，收到结果和反馈，并给出下一个指示或取消目标。

动作在执行的方式上好像是在服务的请求和响应之间仅仅多了中途反馈环节，但实际的运作方式与话题相同。如果使用 rostopic 命令来查阅话题，那么可以看到该动作的目标（goal）、状态（status）、取消（cancel）、结果（result）和反馈（feedback）等五个话题。动作服务器和客户端之间的连接与上述发布者和订阅者中的 TCPROS 连接相同，但某些用法略有不同。例如，动作客户端发送取消命令或服务器发送结果会中断连接。

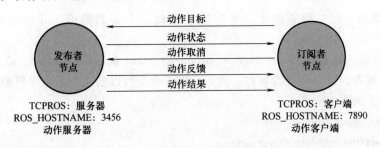

图 7.41 动作消息通信

7.3.5 参数

消息通信主要分为话题、服务和动作，而从大的框架来看，参数也可以看作一种消息通信。可以认为参数是节点中使用的全局变量。ROS 中的参数（parameter）是指节点中使用的参数，参数的用途与 Windows 程序中的 *.ini 配置文件非常类似。默认情况下，这些设置值是指定的，有需要时可以从外部读取或写入参数。参数的主要思想是使用集中参数服务器（parameter server）维护一个变量集。

由于可以通过使用来自外部的写入功能来实时地改变设置值，所以可以灵活地应对多变的情况。尽管严格来说参数并不是消息通信，但它使用消息，所以可以把它归属于消息通信的范畴。用户可以利用参数设置要连接的 USB 端口、摄像机色彩校正值以及速度和命令的最大值和最小值。

参数服务器是指在功能包中使用参数时，注册各参数的服务器。参数服务器也是主节点的一个功能。ROS 中，参数服务器是节点管理器的一部分，因此，它总是通过 roscore 或者 roslaunch 自动启动。在所有情况下，参数服务器都能在后台正常工作。然而，需要注意的是，所有的参数都属于参数服务器而不是任何特定的节点。这意味着参数（即使是由节点创建的）在节点终止时仍将继续存在。

1）获取参数。通过 rosparam list 命令可以查看如图 7.42 所示的所有参数的列表。

这里每一个字符串都是一个名称，具体来说是全局计算图源名称，且在参数服务器中与某些值相关联。

```
swj@swj-vpc:~$ rosparam list
/rosdistro
/roslaunch/uris/host_192_168_240_137__35717
/rosversion
/run_id
```

图 7.42　参数列表

2）查询参数使用 rosparam get parameter_name 命令向参数服务器查询某个参数的值。

例如，如图 7.43 所示 rosparam get/rosdistro 命令将读取参数/rosdistro 的值。

其输出为字符串 kinetic，rosdistro 指 ROS 的版本。

```
swj@swj-vpc:~$ rosparam get /
rosdistro: 'kinetic
  '
roslaunch:
  uris: {host_192_168_240_137__35717: 'http://192.168.240.137:35717/'}
rosversion: '1.12.14
  '
run_id: 6df33c34-86a2-11ea-b49e-000c29f281b2
```

图 7.43　查询参数

3）检索参数。可以检索给定命名空间中的每一个参数的值，其命令为 rosparam get namespace。

4）设置参数。其命令为 rosparam set parameter_name parameter_value。该命令可以修改已有参数的值或者创建一个新的参数。例如，以下命令可以创建一系列字符串参数，用以存储一组卡通鸭子图案的颜色：

rosparam set/duck_colors/huey red

rosparam set/duck_colors/dewey blue

5）创建和加载参数文件。为了以 YAML 文件的形式存储命名空间中的所有参数，可以使用 rosparam dump filename namespace 命令。与 dump 相反的命令是 load，它从一个文件中读取参数，并将它们添加到参数服务器：rosparam load filename namespace。

所有的节点都可以通过 ROS Master 来访问和查找这样的全局变量。注意：订阅者是通过 ROS Master 来查找参数的。但是如果发布者发送新的参数后，订阅者没有及时查找更新参数的话，就可能导致参数错误而引发一系列问题。

如图 7.44 所示，参数通信的过程为：①发布者设置变量；②订阅者查询参数值；③管理者（ROS Master）向订阅者发送参数值。

7.3.6 命名

节点、话题、服务和参数统称为计算图源，而每个计算图源由一个称为计算图源名称（graph resource name）的短字符串标识。当使用主节点的参数、话题和服务时，向主节点注册该名称并根据名称搜索，然后发送消息。名称非常灵活，因为它们可以在运行时被更改。另外，对于一个节点、参数、话题和服务，也能给其设定多个不同的名称。这种取名规则使得 ROS 适用于大型项目和复杂系统。

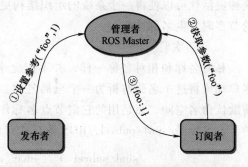

图 7.44　参数通信的过程

1. 全局名称

全局名称有：teleop_turtle、/turtlesim、/turtlesim/turtlel/cmd_vel 等。

这些计算图源名称都属于全局名称，之所以被称为全局名称是因为它们在任何地方（包括代码、命令行工具、图形界面工具等）都可以使用。无论这些名称用作众多命令行工具的参数还是用在节点内部，它们都有明确的含义。这些名称从来不会产生二义性，也无须额外的上下文信息来决定名称指的哪个资源。

全局名称的构成：①前斜杠"/"，表明这个名称为全局名称；②由斜杠分开的一系列命名空间（namespace），每个斜杠代表一级命名空间，比如例子中的 turtlel；③描述资源本身的基本名称（base name）。上方列举的全局名称中的基本名称分别为：teleop_turtle、turtlesim、cmd_vel。

2. 相对名称

使用全局名称时，为了指明一个计算图源，需要完整列出其所属的命名空间，尤其是有时候命名空间层次比较多会很麻烦。这时，一个主要替代方案是让 ROS 为计算图源提供一个默认的命名空间，具有此特征的名称被称为相对计算图源名称（relative graph resource name），或简称为相对名称（relative name）。相对名称的典型特征是它缺少全局名称带有的前斜杠"/"，例如，teleop_turtle、cmd_vel、turtle1/pose。

将相对名称转化为全局名称的过程相当简单。如图 7.45 所示，ROS 将当前默认命名空间的名称加在相对名称的前面，从而将相对名称解析为全局名称。例如，在默认命名空间名称为/turtle1 的地方使用相对名称 cmd_vel，那么 ROS 通过下面的组合方法实现：

$$\underset{\text{默认命名空间}}{/turtle1} + \underset{\text{相对名称}}{cmd\_vel} \Rightarrow \underset{\text{全局名称}}{/turtle1/cmd\_vel}$$

图 7.45　相对名称转化为全局名称

默认命名空间是单独地为每个节点设置的，而不是在系统范围进行。如果不采取下面介绍的步骤来设置默认命名空间，那么 ROS 将会使用全局命名空间（/）作为此节点的默认命名空间。为节点选择一个不同的默认命名空间的最好也是最常用的方法是在启动文件中使用命名空间（ns）属性。

当一个节点内的计算图源全部使用相对名称时，这本质上给用户提供了一种非常简单的移植手段，即用户能方便地将此节点和话题移植到其他的（如用户自己程序的）命名空间。这种灵活性可以使得一个系统的组织结构更清晰，更重要的是能够防止在整合来自不同来源的节点时发生名称冲突。

3. 私有名称

私有名称和相对名称一样，并不能完全确定它们自身所在的命名空间，而是需要 ROS 客户端库将这个名称解析为一个全局名称。与相对名称的主要差别在于，私有名称不是用当前默认命名空间，而是用的它们节点名称作为命名空间。如图 7.46 所示，有一个节点，它的节点名称是/sim1/pubvel，ROS 将其私有名称~max_vel 转换至如下全局名称：

$$\underbrace{/siml/pubvel}_{\text{节点名称}} + \underbrace{\sim max\_vel}_{\text{私有名称}} \Rightarrow \underbrace{/siml/pubvel/max\_vel}_{\text{全局名称}}$$

图 7.46　私有名称转化全局名称

每个节点内部都有这样一些资源，这些资源只与本节点有关，而不会与其他节点打交道，这些资源就可以使用私有名称。

4. 匿名名称

除了以上三种基本的命名类型，ROS 还提供了另一种被称为匿名名称的命名机制，一般用于为节点命名（这里的匿名并不是指没有名字，而是指非用户指定而又没有语义信息的名字）。匿名名称的目的是使节点的命名更容易遵守唯一性的规则。命名思路是，当节点调用 ros:: init 方法时可以请求一个自动分配的唯一名称。

7.4　ROS 的编程应用

7.4.1　构建系统

ROS 的构建系统默认使用 CMake（cross platform make），其构建环境在功能包目录中的 CMakeLists. txt 文件中描述。在 ROS 中，CMake 被修改为适合于 ROS 的 catkin 构建系统。

在 ROS 中使用 CMake 是为了在多个平台上构建 ROS 功能包。因为不同于只支持 UNIX 系列的 Make，CMake 除支持 UNIX 类的 Linux、BSD 和 OS X 以外，还支持 Windows 和 Microsoft Visual Studio，也可以轻松应用于 Qt 开发。此外，catkin 构建系统可以轻松使用与 ROS 相关的构建、功能包管理和功能包之间的依赖关系。

ROS 构建系统包括下述几个步骤：

1）创建工作空间。

2）创建功能包。

3）修改功能包配置文件（package. xml）。

4）修改构建配置文件（CMakeLists. txt）。

5）编写源代码。

6）构建功能包。

7）运行节点。

1. 创建工作空间

工作空间（workspace）是一个存放工程开发相关文件的文件夹。功能包应该全部放在工作区的目录中。

创建一个名为 catkin_ws1 的工作空间，并在该空间下创建一个名为 src 的目录。命令如下：

$ mkdir-p~/catkin_ws1/src

任何一个文件夹都可以作为工作空间。

将终端当前工作目录切换到名为 catkin_ws1 的工作空间下的 src 目录。命令如下：

$ cd~/catkin_ws1/src

如图 7.47 所示，创建工作区还要在工作区目录中创建一个 src 的子目录。这个子目录将用于存放功能包的源代码，必须在 src 这个目录下来初始化工作空间。初始化工作空间命令如下：

$ catkin_init_workspace

完成后会创建如图 7.47 所示文档。

编译工作空间命令如下：

$ cd~/catkin_ws1/

$ catkin_make

图 7.47 初始化工作空间

所有的编译必须在 workspace 这个目录下进行，编译完成会出现如图 7.48 所示的信息，并在工作空间下出现另外两个文件夹。

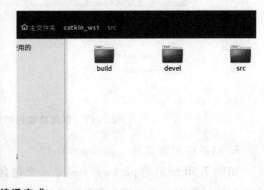

图 7.48 编译完成

src 文件夹：代码空间（source space）功能包源码文件夹。

build 文件夹：编译空间（build space）编译过程中的中间文件的文件夹。

devel 文件夹：开发空间（development space）可执行文件，运行的脚本的文件。

2. 创建功能包

创建 ROS 功能包的命令如下：

$ catkin_create_pkg［功能包名称］［依赖功能包 1］…［依赖功能包 n］

"catkin_create_pkg" 命令在创建用户功能包时会生成 catkin 构建系统所需的 CMake-Lists. txt 和 package. xml 文件的包目录。

下面来创建一个简单的功能包。

首先打开一个新的终端窗口（按<Ctrl+Alt+T>键）并运行 $ cd~/catkin_ws/src 命令移至工作目录。

要创建的功能包名称是"my_first_ros_pkg"。ROS 中的功能包名称全部是小写字母，不能包含空格。格式规则是将每个单词用"_"而不是"-"连接起来。创建一个名为 my_first_ros_pkg 的功能包的命令如下：

　　$ catkin_create_pkg my_first_ros_pkg std_msgs roscpp

上面用"std_msgs"和"roscpp"作为前面命令格式中的依赖功能包的选项。这意味着为了使用 ROS 的标准消息包 std_msgs 和客户端库 roscpp（为了在 ROS 中使用 C 或 C++），在创建功能包之前先进行这些选项安装。这些相关的功能包的设置可以在创建功能包时指定，但是用户也可以在创建之后直接在 package. xml 中输入。

如果已经创建了功能包，"~/catkin_ws/src"会创建"my_first_ros_pkg"功能包目录、ROS 功能包应有的内部目录以及 CMakeLists. txt 和 package. xml 文件。用户可以用下面的"ls"命令来检查内容，并使用类似 Windows 资源管理器的基于 GUI 的 Nautilus 来检查功能包的内部。

　　$ cd my_first_ros_pkg

　　$ ls

如图 7.49 所示，include 为功能包文件夹，src 为源代码文件夹，CMakeLists. txt 为构建配置文件，package. xml 为功能包配置文件。

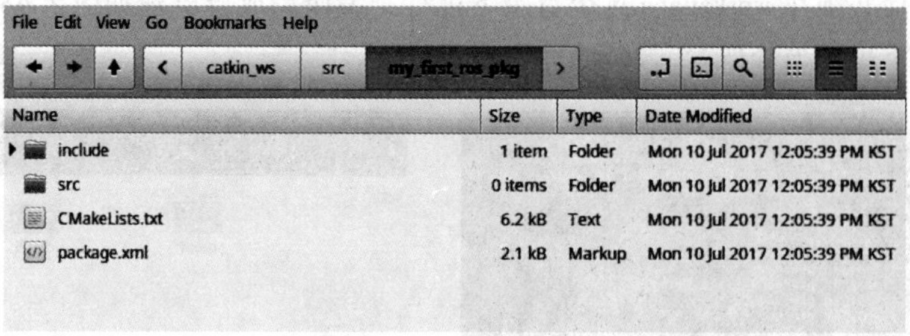

图 7.49　创建功能包时自动生成的文件夹及文件

3. 功能包配置文件（package. xml）

如图 7.50 所示的 package. xml 是一个包含功能包信息的 XML 文件，其中包含一些描述这个包的元数据，如功能包名称、作者、许可证和依赖功能包。无论是在编译时还是在运行时，其中的大部分信息 ROS 并没有使用，这些信息在公开发布代码时才变得重要。

语句说明如下：

① <xml>是一个定义文档语法的语句，随后的内容表明其遵循 xml 1.0 版本。

② <package>从这个语句到最后</package>的部分是 ROS 功能包的配置部分。

③ <name>功能包的名称。使用创建功能包时输入的功能包名称，用户可以随时更改。

④ <version>功能包的版本。可以自由指定。

⑤ <description>功能包的简要说明。通常用两到三句话描述。

⑥ <license>记录版权许可证。写 BSD、MIT、Apache、GPLv3 或 LGPLv3 即可。

⑦ <author>记录参与功能包开发的开发人员的姓名和电子邮件地址。如果涉及多位开发

```
                                                                    package.xml
<?xml version="1.0"?>
<package>
 <name>my_first_ros_pkg</name>
 <version>0.0.1</version>
 <description>The my_first_ros_pkg package</description>
 <license>Apache License 2.0</license>
 <author email="pyo@robotis.com">Yoonseok Pyo</author>
 <maintainer email="pyo@robotis.com">Yoonseok Pyo</maintainer>
 <url type="bugtracker">https://github.com/ROBOTIS-GIT/ros_turtorials/issues</url>
 <url type="repository">https://github.com/ROBOTIS-GIT/ros_turtorials.git</url>
 <url type="website">http://www.robotis.com</url>
 <buildtool_depend>catkin</buildtool_depend>
 <build_depend>std_msgs</build_depend>
 <build_depend>roscpp</build_depend>
 <run_depend>std_msgs</run_depend>
 <run_depend>roscpp</run_depend>
 <export></export>
</package>
```

图 7.50　**package.xml 文件内容**

人员，只需在下一行添加<author>标签。

⑧ <maintainer>提供功能包管理者的姓名和电子邮件地址。

⑨ <url>记录描述功能包的说明，如网页、错误管理、存储库的地址等。

⑩ <buildtool_depend>描述构建系统的依赖关系。正在使用 catkin 构建系统，因此输入 catkin。

⑪ <build_depend>在编写功能包时写下所依赖的功能包的名称。

⑫ <run_depend>填写运行功能包时依赖的功能包的名称。

⑬ <export>在使用 ROS 中未指定的标签名称时会被用到。最广泛使用的是元功能包，这时用<export> <metapackage/> </export>格式表明是元功能包。

4. 构建配置文件（CMakeLists. txt）

ROS 的构建系统 catkin 基本上使用 CMake，并在功能包目录中的 CMakeLists. txt 文件中描述构建环境。在这个文件中设置可执行文件的创建、依赖包优先构建、连接器（linker）的创建等。典型的构建配置文件（CMakeLists. txt）形式如下：

```
cmake_minimum_required(VERSION 2.8.3)
project(my_first_ros_pkg)
find_package(catkin REQUIRED COMPONENTS roscpp std_msgs)
catkin_package(CATKIN_DEPENDS roscpp std_msgs)
include_directories($ {catkin_INCLUDE_DIRS})
add_executable(hello_world_node src/hello_world_node.cpp)
target_link_libraries(hello_world_node $ {catkin_LIBRARIES})
```

接下来介绍 CMakeLists. txt 中常用内容的写法：

1）cmake_minimum_required(VERSION 2.8.3）是操作系统中安装的 cmake 的最低版本。

2）project 项是功能包的名称。只需使用用户在 package. xml 中输入的功能包名即可。请注意，如果功能包名称与 package. xml 标记中描述的功能包名称不同，则在构建时会发生错误。

```
project(
my_first_ros_pkg
)
```

3）find_package 项是进行构建所需的功能包。目前，roscpp 和 std_msgs 被添加为依赖包。如果此处没有输入功能包名称，则在构建时会向用户报错。换句话说，这是让用户先创建依赖包的选项。

```
find_package(catkin REQUIRED COMPONENTS
roscpp
std_msgs
)
```

4）catkin_python_setup() 选项是在使用 Python，也就是使用 rospy 时的配置选项。其功能是调用 Python 安装过程 setup. py。

```
catkin_python_setup()
```

5）add_message_files 是添加消息文件的选项。FILES 将引用当前功能包目录的 msg 目录中的 *. msg 文件，自动生成一个头文件（ *. h）。在这个例子中，我们将使用消息文件 Message1. msg 和 Message2. msg。

```
add_message_files(
FILES
Message1.msg
Message2.msg
)
```

6）add_service_files 是添加要使用的服务文件的选项。使用 FILES 会引用功能包目录中 srv 目录中的 *. srv 文件。在这个例子中，用户可以选择使用服务文件 Service1. srv 和 Service2. srv。

```
add_service_files(
FILES
Service1.srv
Service2.srv
)
```

7）generate_messages 是设置依赖的消息的选项。此示例是将 DEPENDENCIES 选项设置为使用 std_msgs 消息包。

```
generate_messages(
DEPENDENCIES
std_msgs
)
```

8）generate_dynamic_reconfigure_options 是使用 dynamic_reconfigure 时加载要引用的配置文件的设置。

```
generate_dynamic_reconfigure_options(
cfg/DynReconf1.cfg
cfg/DynReconf2.cfg
)
```

9）catkin 构建选项。INCLUDE_DIRS 表示将使用 INCLUDE_DIRS 后面的内部目录 include 的头文件。LIBRARIES 表示将使用随后而来的功能包的库。CATKIN_DEPENDS 后面指定如 roscpp 或 std_msgs 等依赖包。目前的设置是表示依赖于 roscpp 和 std_msgs。DEPENDS 是一个描述系统依赖包的设置。

```
catkin_package(
INCLUDE_DIRS include
LIBRARIES my_first_ros_pkg
CATKIN_DEPENDS roscpp std_msgs
DEPENDS system_lib
)
```

10）include_directories 是可以指定包含目录的选项。可以设定为 catkin_INCLUDE_DIRS，这意味着将引用每个功能包中的 include 目录中的头文件。当用户想指定一个额外的 include 目录时，写在｛catkin_INCLUDE_DIRS｝的下一行即可。

```
include_directories(
${catkin_INCLUDE_DIRS}
)
```

11）add_library 声明构建之后需要创建的库。以下是引用位于 my_first_ros_pkg 功能包的 src 目录中的 my_first_ros_pkg. cpp 文件来创建 my_first_ros_pkg 库的命令。

```
add_library(
my_first_ros_pkg
src/${PROJECT_NAME}/my_first_ros_pkg.cpp
)
```

12）add_dependencies 是在构建该库和可执行文件之前，如果有需要预先生成的有依赖性的消息或 dynamic_reconfigure，则要先执行。以下内容是优先生成 my_first_ros_pkg 库依赖的消息及 dynamic reconfigure 的设置。

```
add_dependencies(
my_first_ros_pkg
${${PROJECT_NAME}_EXPORTED_TARGETS}
${catkin_EXPORTED_TARGETS}
)
```

13）add_executable 是对于构建之后要创建的可执行文件的选项。以下内容是引用 src/my_first_ros_pkg_node. cpp 文件生成 my_first_ros_pkg_node 可执行文件。如果有多个要引用的 *. cpp 文件，将其写入 my_first_ros_pkg_node. cpp 之后。如果要创建两个以上的可执行文件，需追加 add_executable 项目。

```
add_executable(
my_first_ros_pkg_node src/my_first_ros_pkg_node.cpp
)
```

14）target_link_libraries 是在创建特定的可执行文件之前将库和可执行文件进行链接的选项。

```
target_link_libraries(
my_first_ros_pkg_node
```

```
${catkin_LIBRARIES}
)
```

5. 编写源代码

在上述 CMakelists. txt 文件的可执行文件创建部分（add_executable）进行以下设置：

add_executable(hello_world_node src/hello_world_node. cpp)

其功能是引用功能包的 src 目录中的 hello_world_node. cpp 源代码来生成 hello_world_node 可执行文件。因为没有 hello_world_node. cpp 源代码，所以下面对其进行创建和编写。

首先，用 cd 命令转到功能包目录中包含源代码的目录（src），并创建 hello_world_node. cpp 文件。本例使用 gedit 编辑器，也可以使用其他编辑器，如 vi、qtcreator、vim 或 emacs。

$ cd ~/catkin_ws/src/my_first_ros_pkg/src/

$ gedit hello_world_node. cpp

之后如下编写 hello_world_node. cpp 的代码。

头文件 ros/ros. h 包含了标准 ROS 类的声明，将会包含在每一个所写的 ROS 程序中。

ros::init 函数初始化 ROS 客户端库。请在程序的起始处调用一次该函数。函数最后的参数是一个包含节点默认名的字符串。

ros::NodeHandle（节点句柄）对象是程序用于和 ROS 系统交互的主要机制。创建此对象会将程序注册为 ROS 节点管理器的节点。最简单的方法就是在整个程序中只创建一个 NodeHandle 对象。

ROS_INFO 宏提供格式输出函数（printf 风格）的接口。

```cpp
#include <ros/ros.h>
#include <std_msgs/String.h>
#include <sstream>
int main(int argc, char** argv)
{
ros::init(argc, argv, "hello_world_node");
ros::NodeHandle nh;
ros::Publisher chatter_pub = nh. advertise<std_msgs::String>("say_hello_world", 1000);
ros::Rate loop_rate(10);
int count = 0;
while (ros::ok())
{
std_msgs::String msg;
std::stringstream ss;
ss << "hello world!" << count;
msg. data = ss. str();
ROS_INFO("% s", msg. data. c_str());
chatter_pub. publish(msg);
ros::spinOnce();
loop_rate. sleep();
```

```
++count;
}
return 0;
}
```

6. 构建功能包

构建配置文件中声明了依赖库和可执行文件。CMakeLists. txt 文件设置好后就可以编译工作区。在构建之前，使用以下命令更新 ROS 功能包的配置文件（这是一个将之前创建的功能包反映在 ROS 功能包列表的命令，其并不是必须操作，但在创建新功能包后更新的话使用时会比较方便）：

$ rospack profile

使用如下命令来编译所有包中的所有可执行文件：

catkin_name

catkin 是指 ROS 的构建系统。catkin 构建系统能让用户方便使用与 ROS 相关的构建、功能包管理以及功能包之间的依赖关系等。

移动到 catkin 工作目录后进行 catkin 构建，命令如下：

$ cd~/catkin_ws && catkin_make

最后的步骤是执行名为 setup. bash 的脚本文件，它是 catkin_make 在工作区的 devel 子目录下生成的。

source devel/setup. bash

这个自动生成的脚本文件设置了若干环境变量，从而使 ROS 能够找到用户创建的功能包和新生成的可执行文件。

7. 运行节点

如果构建无误，那么将在 "~/catkin_ws/devel/lib/my_first_ros_pkg" 中生成 "hello_world_node" 文件。

下一步是运行该节点，打开一个终端窗口（按<Ctrl+Alt+T>键）并执行 $roscore 命令运行 roscore。请注意，运行 roscore 后，ROS 中的所有节点都可用，除非退出了 roscore，否则只需运行一次。

（1）roscore　roscore 是运行 ROS 主节点的命令，可以在另一台位于同一个网络内的计算机上运行，但是，除了支持多 roscore 的某些特殊情况外，roscore 在一个网络内只能运行一个。运行 ROS 时，将使用 ROS_MASTER_URI 变量中列出的 URI 地址和端口。如果用户没有设置，会使用当前本地 IP 作为 URI 地址并使用端口 11311。

（2）rosrun　打开一个新的终端窗口，并使用以下命令运行节点：

$ rosrun my_first_ros_pkg hello_world_node

这是在名为 my_first_ros_pkg 的功能包中运行名为 hello_world_node 节点的命令。节点使用的 URI 地址将存储在当前运行节点的计算机上的 ROS_ HOSTNAME 环境变量作为 URI 地址，端口被设置为任意的固有值。运行结果如下：

［INFO］［1499662568. 416826810］：hello world! 0
［INFO］［1499662568. 516845339］：hello world! 1
［INFO］［1499662568. 616839553］：hello world! 2

[INFO][1499662568.716806374]: hello world! 3

[INFO][1499662568.816807707]: hello world! 4

[INFO][1499662568.916833281]: hello world! 5

[INFO][1499662569.016831357]: hello world! 6

[INFO][1499662569.116832712]: hello world! 7

[INFO][1499662569.216827362]: hello world! 8

[INFO][1499662569.316806268]: hello world! 9

[INFO][1499662569.416805945]: hello world! 10

当运行这个节点的时候，可以在终端窗口中看到以 hello world! 0，1，2，3…作为字符串发送的消息。这不是一个实际的消息传递，但可以看作是本节讨论的构建系统的结果。

（3）roslaunch　如果 rosrun 是执行一个节点的命令，那么 roslaunch 是运行多个节点的命令。该命令允许运行多个确定的节点。其他功能还包括更改功能包参数或节点名称、配置节点命名空间、设置 ROS_ROOT 和 ROS_PACKAGE_PATH 以及更改环境变量等。

roslaunch 使用 *. launch 文件来设置可执行节点，它基于可扩展标记语言，并提供 XML 标记形式的多种选项。

（4）bag　用户可以保存 ROS 中发送和接收消息的数据，这时用于保存的文件格式称为 bag，以 . bag 作为扩展名。在 ROS 中，这个功能包可以用来存储信息并在需要时调用。

7.4.2　话题编程流程

1. 实现一个发布者

下面编写一个 talker. cpp 的程序，作为一个话题发布者。在如图 7.51 所示的目录下创建一个文档，并输入如下代码，代码的编写是用 C++语言实现的。

图 7.51　创建一个 talker. cpp 文件

```
/* 该例程将发布 chatter 话题,消息类型 String */
#include <sstream>
#include "ros/ros. h"
#include "std_msgs/String. h"
int main(int argc, char** argv)
{
```

```
// ROS 节点初始化
ros::init(argc, argv, "talker");
// 创建节点句柄
ros::NodeHandle n;
// 创建一个 Publisher,发布名为 chatter 的 topic,消息类型为 std_msgs::String
ros::Publisher chatter_pub = n.advertise<std_msgs::String>("chatter", 1000);
// 设置循环的频率
ros::Rate loop_rate(10);
int count = 0;
while (ros::ok())
{
// 初始化 std_msgs::String 类型的消息
std_msgs::String msg;
std::stringstream ss;
ss << "hello world " << count;
msg.data = ss.str();
// 发布消息
ROS_INFO("% s", msg.data.c_str());
chatter_pub.publish(msg);
// 循环等待回调函数
ros::spinOnce();
// 按照循环频率延时
loop_rate.sleep();
++count;
}
return 0;
}
```

这段代码可以发送一个"hello world"的信息。

首先是头文件。每一个 ROS 话题都与一个消息类型相关联。每一个消息类型都有一个相对应的 C++头文件。需要在程序中为每一个用到的消息类型包含这个头文件,代码如下:

#include <package_name/type_name.h>(#include "std_msgs/String.h")

这里需要注意的是,功能包名应该是定义消息类型的包的名称,而不一定是自己的包的名称。这个头文件的目的是定义一个 C++类,此类和给定的消息类型含有相同的数据类型成员。这个类定义在以包名命名的域名空间中。这样命名的实际影响是当引用 C++代码中的消息类时,将会使用范围解析运算符双分号"::"来区分包名和类型名。

(1)创建发布者对象　发布消息的实际工作是由类名为 ros::Publisher 的一个对象来完成的。下面这行代码可以创建发布者对象:

ros::Publisher pub = node_handle.advertise<message_type>(topic_name, queue_size)

其中 node_handle 是 ros::NodeHandle 类的一个对象,在程序的开始处创建。我们将调用这个对象的 advertise 方法。

在尖括号中的 message_type 部分,其正式名称为模板参数,是要发布消息的数据类型,是在头文件中定义的类名。在例程中，使用的是 std_msgs::String 类。msg. data = ss. str( ) 将定义的 string 变量放入 msg 这个话题里，data 这个变量专门用来存放字符串。

topic_name 是一个字符串，它包含了我们想发布的话题的名称。它和 rostopic list 或 rqt_graph 中展示的话题名称一致，但通常没有前斜杠"/"，是一个相对名称。在此例程中，话题名为 chatter。

advertise 最后的参数是一个整数，表示发布者发布的消息序列的大小。在大多数情况下，是一个相对比较大的值，如 1 000，是合适的。如果程序迅速发布的消息比队列可以容纳的更多，那么最早进入队列的未发送的消息将被丢弃。

如果从同一个节点发布关于多个话题的消息，需要为每个话题创建一个独立的 ros::Publisher 对象。要注意 ros::Publisher 对象的生命周期。创建一个发布者是一个很耗时的操作，建议为每一个话题创建一个发布者，并且在程序执行的全过程中一直使用那个发布者。可以通过在 while 循环外面声明发布者来达到这个目的。

（2）创建并填充消息对象　当创建 ros::Publisher 对象时已经引用了消息类。对于消息类的每个域，这个类都有一个可公共访问的数据成员。

在所有的前期工作完成后，使用 ros::Publisher 对象的 publish 方法可以很简单地发布消息，如：

chatter_pub. publish(msg)

这个方法将所给的消息添加到发布者的输出消息队列中，发布者会尽快将消息发送到相同话题的订阅者那里。

（3）消息发布的循环　例程在 while 循环中重复发布消息的步骤，随着时间的推移发布不同的消息。程序在这个循环中使用了两个附加的构造函数。

节点是否停止工作的检查，while 循环的条件是：ros::ok( )。这个函数检查程序作为 ROS 节点是否仍处于运行良好的状态。它会一直返回 true，除非这个节点有某种原因使其停止了工作。如下几个原因会使 ros::ok( ) 返回 false：

① 对节点使用了 rosnode kill 命令。

② 给程序发送了一个终止信号（Ctrl+C）

③ 在程序的某个位置调用了 ros::shutdown( )，这个函数在代码中发送节点工作已经完成信号。

④ 以相同的名字启动了其他节点，经常是因为启动了一个相同程序的新实例。

（4）控制消息发布频率　Chatter 使用 ros::Rate 对象控制循环运行速度，其构造函数中的参数以赫兹（Hz）为单位，即每秒钟的循环数。例程中创建了旨在规范每秒钟执行 10 次迭代循环的速率对象。邻近每次循环迭代的结尾，调用此对象的 sleep 方法：

rate. sleep( )

每次调用此方法时就会在程序中产生延迟。延迟的持续时间被用来阻止循环的迭代速率超过指定的速率。没有这种控制，程序会以计算机允许的最快速度发布消息，这样会占满发布和订阅的序列，并且浪费计算机和网络资源。

spinOnce 是 ROS 的消息回调处理函数，它出现在 ROS 的主循环中，程序需要不断调用 ros::spinOnce( )处理接收到的消息，调用后还可以继续执行之后的程序。类似的消息回调处理函数有 ros::spin( )，它和 ros::spinOnce( ) 的区别是调用后不会再返回。本程序中的 spinOnce( ) 函数中没有作用，其目的是保证程序完整性，在发布者和订阅者中都需要规定。

2. 实现一个订阅者

学习了一个发布消息的例程，仅仅完成了与其他节点通过消息进行通信的一半工作。下面介绍一个节点如何订阅其他节点发布的消息。

编写一个简单的程序订阅 chatter 话题的消息，通过 ROS_INFO 把消息输出到终端。

示例代码如下：

```
/* 该例程将订阅 chatter 话题,消息类型 String */
#include "ros/ros.h"
#include "std_msgs/String.h"
// 接收到订阅的消息后,会进入消息回调函数
void chatterCallback(const std_msgs::String::ConstPtr& msg)
{
  // 将接收到的消息打印出来
  ROS_INFO("I heard: [% s]", msg->data.c_str());
}
int main(int argc, char**argv)
{
  // 初始化 ROS 节点
  ros::init(argc, argv, "listener");
  // 创建节点句柄
  ros::NodeHandle n;
  // 创建一个 Subscriber,订阅名为 chatter 的 topic,注册回调函数 chatterCallback
  ros::Subscriber sub = n.subscribe("chatter", 1000, chatterCallback);
  // 循环等待回调函数
  ros::spin();
  return 0;}
}
```

上述程序主要的功能是：先结构初始化节点和创建句柄，之后创建订阅者、要订阅的话题以及接收到话题后的回调函数，接收到订阅话题后进入回调函数，将信息打印出来。

（1）编写回调函数 发布和订阅消息的一个重要区别是订阅者节点无法知道消息什么时候到达。为了应对这一事实，必须把响应收到消息事件的代码放到回调函数里，ROS 每接收到一个新的消息将调用一次这个函数。订阅者的回调函数类似于：

```
void function_name(const package_name::type_name &msg)
{
  ...
}
```

其中参数 package_name 和 type_name 指明了想订阅的话题的消息类。回调函数的主体有权限访问接收到消息的所有域，并以它认为合适的方式存储、使用或丢弃接收到的数据。

本例程中，回调函数接收类型为 std_msgs::String 的消息，所需头文件是 std_msgs/String.h。注意订阅者的回调函数的返回值类型为 void。因为调用此函数是 ROS 的工作，返

回值也要交给 ROS，所以程序无法获得返回值，当然非 void 的返回值类型也就没有意义了。

（2）创建订阅者对象　为了订阅一个话题，需要创建一个 ros::Subscriber 对象。

ros::Subscriber sub = node_handle. subscribe（topic_name, queue_size, pointer_to_callback_function）

这个构造函数有三个形参，其中大部分与 ros::Publisher 声明中的类似：

node_handle 与之前多次见到的节点句柄对象相同。

topic_name 是想要订阅的话题的名称，以字符串的形式表示。本例程中是" turtle1/pose"。再次强调，命令忽略了前斜线使其成为相对名称。

queue_size 是本订阅者接收消息的队列大小，是一个整数。通常，可以使用一个较大的整数，例如 1 000，而不用太多关心队列处理过程。

最后一个参数是指向回调函数的指针，当有消息到达时要通过这个指针找到回调函数。在 C++中，可以通过对函数名使用符号运算符（&，"取址"）来获得函数的指针。在实例中，其方法如下：

&poseMessageReceived

创建 ros::Subscriber 对象时，没有在任何地方显式地提到消息类型。实际上，subscribe 方法是模板化的。对于 ros::Subscriber 对象，一个可能违反直觉的事实是，它们的方法几乎很少被调用。相反，这些对象的生命周期才是最相关的部分：当构造一个 ros::Subscriber，节点会与所有所订阅话题的发布者建立连接。当此对象被销毁时（越界或者删除了 new 操作符创建的对象），这些连接也随之失效。

给 ROS 控制权。只有明确给 ROS 许可时，它才会执行回调函数。

```
ros::spin()
```

这个方法要求 ROS 等待并且执行回调函数，直到这个节点停止工作，即，ros::spin（）大体等于这样一个循环：

```
while(ros::ok())
{
  ros::spinOnce();
}
```

ros::spinOnce（）这个代码要求 ROS 去执行所有挂起的回调函数，然后将控制权限返回。

使用 ros::spinOnce（）还是使用 ros::spin（）的建议如下：程序除了响应回调函数，还有其他重复性工作要做，写一个循环，做其他需要做的事情，并且周期性地调用，使用 ros::spinOnce（）来处理；否则，使用 ros::spin（）。

3. 编译和运行

编译代码主要考虑的内容：①设置需要编译的代码和生成的可执行文件；②设置链接库；③设置依赖。

编译时可以通过修改 cmeklists. txt 这个文件来实现编译和依赖的设置。

如图 7.52 所示，可以查到 add... 的注释，在这一行后面添加如图所示的编译内容，即 talker/文件所在位置及文件名，如果有多个发布者，可以用空格隔开，并依次排列。target_link_libraries 命令用来链接一些库，这个编译文件只链接了一个默认的库。

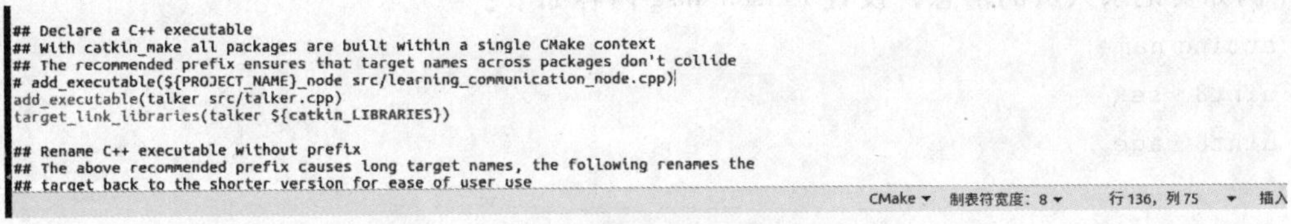

```
## Declare a C++ executable
## With catkin_make all packages are built within a single CMake context
## The recommended prefix ensures that target names across packages don't collide
# add_executable(${PROJECT_NAME}_node src/learning_communication_node.cpp)
add_executable(talker src/talker.cpp)
target_link_libraries(talker ${catkin_LIBRARIES})

## Rename C++ executable without prefix
## The above recommended prefix causes long target names, the following renames the
## target back to the shorter version for ease of user use
```

CMake ▾   制表符宽度: 8 ▾   行 136, 列 75   ▾   插入

图 7.52   添加编译项及链接库

发布者和订阅者的代码如下:

```
add_executable(talker src/talker.cpp)
target_link_libraries(talker $ {catkin_LIBRARIES})
add_executable(listener src/listener.cpp)
target_link_libraries(listener $ {catkin_LIBRARIES})
```

之后就可以对发布者或订阅者进行编译,注意要在工作空间下完成编译。

编译完成后,就可以在如图 7.53 所示的路径下看到可执行文件。

图 7.53   编译后生成的可执行文件

(1) 运行可执行文件   首先运行 roscore,然后再两个不同的终端下分别输入:

```
rosrun learning_communication listener
rosrun learning_communication talker
```

如图 7.54 所示,可以看到在两个窗口实现了发布者与订阅者的同步消息。

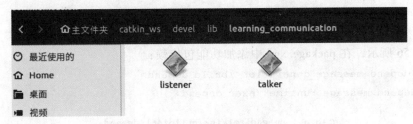

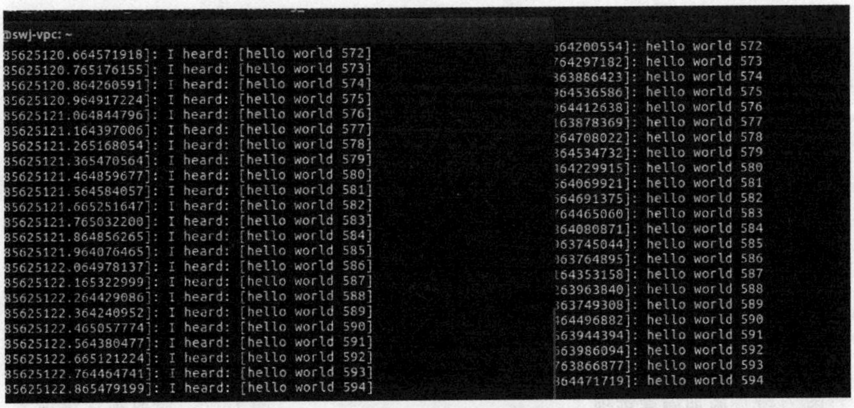

图 7.54   发布者与订阅者

(2) 自定义话题消息 msg 文件   上例中采用程序中的字符串作为消息的发送和接受。对于复杂的应用,需要设计 msg 文件接收和发送消息。将文件保存至如图 7.55 所示的路径下,msg 文件夹为新创建的一个文件夹。

例如要记录人员的信息，设置 Person. msg 内容如下：

```
string name
uint8   sex
uint8   age

uint8 unknown = 0
uint8 male    = 1
uint8 female  = 2
```

这个消息结构主要包括姓名、性别、年龄，且用数字代表性别，便于用作变量。

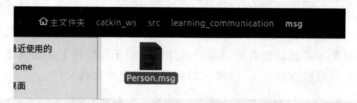

图 7.55 创建 .msg 文档

如图 7.56 所示，在 package. xml 中添加功能包依赖：

```
<build_depend>message_generation</build_depend>
<exec_depend>message_runtime</exec_depend>
```

```
<buildtool_depend>catkin</buildtool_depend>
<build_depend>std_msgs</build_depend>
<build_depend>roscpp</build_depend>
<run_depend>roscpp</run_depend>
<build_depend>message_generation</build_depend>
<exec_depend>message_runtime</exec_depend>
```

图 7.56 添加功能包依赖

如图 7.57 所示，在 cmakelists. txt 添加编译选项：

```
find_package( …… message_generation)
```

如图 7.58 所示，在 catkin_package 下面去掉 CATKIN_DEPENDS 注释，并在后面添加
message_runtime：

```
catkin_package(CATKIN_DEPENDS geometry_msgs roscpp rospy std_msgs message_runt-
ime)
```

```
find_package(catkin REQUIRED COMPONENTS
  std_msgs
  message_generation
)
```

图 7.57 添加编译选项

```
catkin_package(
  CATKIN_DEPENDS
  std_msgs
  message_runtime
)
```

图 7.58 修改编译选项

如图 7.59 所示，删除 add_message_files 和 generate_messages 的注释，并在 add_message_files 中添加自定义的消息 Person. msg：

```
add_message_files(FILES Person.msg)
generate_messages(DEPENDENCIES std_msgs)
```

```
#   DEPENDENCIES
#   std_msgs
# )

add_message_files(FILES Person.msg)
generate_messages(DEPENDENCIES std_msgs)

################################################
## Declare ROS dynamic reconfigure parameters ##
################################################

## To declare and build dynamic reconfigure parameters within this
## package, follow these steps:
## * In the file package.xml:
##   * add a build_depend and a exec_depend tag for "dynamic_reconfigure"
## * In this file (CMakeLists.txt):
##   * add "dynamic_reconfigure" to
##     find_package(catkin REQUIRED COMPONENTS ...)
##   * uncomment the "generate_dynamic_reconfigure_options" section below
##     and list every .cfg file to be processed
```

图 7.59 添加编译文件

注意：add_message_files 和 generate_messages 需要放在 catkin_package 前面，才可以编译通过。编译结果如图 7.60 所示。

```
swj@swj-vpc:~/catkin_ws$
swj@swj-vpc:~/catkin_ws$
swj@swj-vpc:~/catkin_ws$ rosmsg show Person
[learning_communication/Person]:
uint8 unknown=0
uint8 male=1
uint8 female=2
string name
uint8 sex
uint8 age
```

图 7.60 编译结果

至此，一个简单的话题就实现了，可以查看自定义的消息，也可以通过头文件来使用。

7.4.3 服务编程流程

服务编程流程包括：①创建服务器；②创建客户端；③添加编译选项；④运行可执行程序。

1. 实现一个服务器

1）初始化 ROS 节点。

2）创建服务器实例。

3）循环等待服务请求，进入回调函数。

4）在回调函数中完成服务功能的处理，并反馈应答数据。

代码如下：

```
/**
 * AddTwoInts Server
```

```
 */
#include "ros/ros.h"
#include "learning_communication/AddTwoInts.h"
// service 回调函数,输入参数 req,输出参数 res
bool add (learning_communication::AddTwoInts::Request &req,
        learning_communication::AddTwoInts::Response &res)
{
    // 将输入参数中的请求数据相加,结果放到应答变量中
    res.sum = req.a + req.b;
    ROS_INFO("request: x=% ld, y=% ld", (long int)req.a, (long int)req.b);
    ROS_INFO("sending back response: [% ld]", (long int)res.sum);
    return true;
}
int main(int argc, char **argv)
{
    // ROS 节点初始化
    ros::init(argc, argv, "add_two_ints_server");

    // 创建节点句柄
    ros::NodeHandle n;
    // 创建一个名为 add_two_ints 的 server,注册回调函数 add()
    ros::ServiceServer service = n.advertiseService("add_two_ints", add);
    // 循环等待回调函数
    ROS_INFO("Ready to add two ints.");
    ros::spin();
    return 0;
}
```

2. 实现一个客户端

1）初始化 ROS 节点。

2）创建一个 Client 实例。

3）发布服务请求数据。

4）等待 Server 处理之后的应答结果。

代码如下:

```
/**
 * AddTwoInts Client
 */

#include <cstdlib>
#include "ros/ros.h"
#include "learning_communication/AddTwoInts.h"
int main(int argc, char **argv)
{
```

```
// ROS 节点初始化
ros::init(argc, argv, "add_two_ints_client");

// 从终端命令行获取两个加数
if (argc ! = 3)
{
  ROS_INFO("usage: add_two_ints_client X Y");
  return 1;
}
// 创建节点句柄
ros::NodeHandle n;
// 创建一个 client,请求 add_two_int service,service 消息类型是 learning_communica-
tion::AddTwoInts
ros::ServiceClient client = n.serviceClient < learning _ communication :: AddT-
woInts>("add_two_ints");
// 创建 learning_communication::AddTwoInts 类型的 service 消息
learning_communication::AddTwoInts srv;
srv.request.a = atoll(argv[1]);
srv.request.b = atoll(argv[2]);
// 发布 service 请求,等待加法运算的应答结果
if (client.call(srv))
{
  ROS_INFO("Sum: % ld", (long int)srv.response.sum);
}
else
{
  ROS_ERROR("Failed to call service add_two_ints");
  return 1;
}
return 0;
}
```

3. 定义 srv 文件

与 7.4.2 节中"自定义话题消息 msg 文件"流程类似，创建 srv 文件夹，创建文档 Ad-dTwoInts.srv，输入以下内容：

```
int64 a
int64 b
---
int64 sum
```

分割线上方是服务的请求部分，下方是应答部分。

与"自定义话题消息 msg 文件"中相同，在 package.xml 中添加功能包依赖，修改 cmakelists.txt 编译选项，如图 7.56~图 7.58 所示。

在"自定义话题消息 msg 文件"中，修改了 add_message_files( )，而在此处需要修改

（图7.61）add_service_files（FILES AddTwoInts. srv）。

```
## Generate services in the 'srv' folder
add_service_files(
    FILES
    AddTwoInts.srv
)
```

图 7.61 添加编译文件

告诉系统使用哪一个 srv 文件，随后进行编译，即可完成。

4. 编译和运行

1）设置需要编译的代码和生成的可执行文件。

2）设置链接库。

3）设置依赖。

代码如下：

```
add_executable(server src/server.cpp)
target_link_libraries(server ${catkin_LIBRARIES})
add_dependencies(server ${PROJECT_NAME}_gencpp)

add_executable(client src/client.cpp)
target_link_libraries(client ${catkin_LIBRARIES})
add_dependencies(client ${PROJECT_NAME}_gencpp)
```

执行文件，结果如图 7.62 所示。

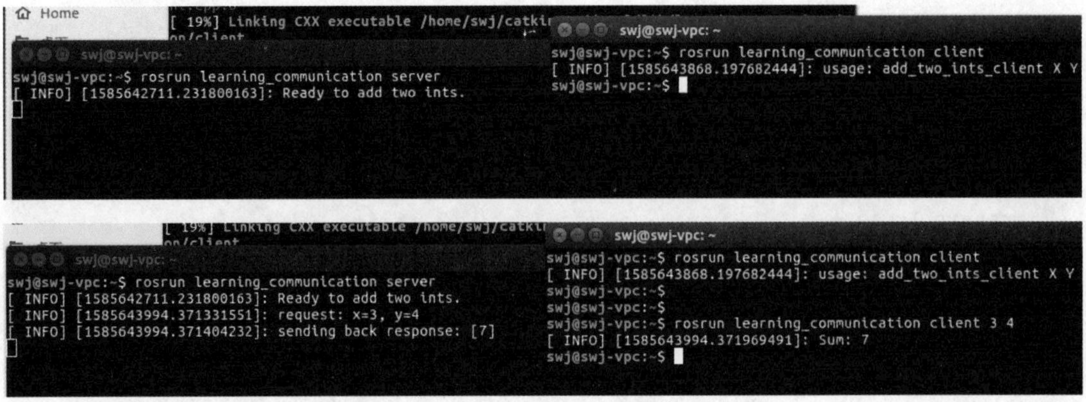

图 7.62 添加整数并在客户端接收 sum

7.4.4 动作编程流程

1. action 的定义和配置

action 通过 .action 文件定义，放置在功能包的 action 文件夹下，格式如下：

```
#定义目标信息
uint32 dishwasher_id
```

```
---
```
#定义结果信息
```
uint32 total_dishes_cleaned
---
```
#定义周期反馈的消息
```
float32 percent_complete
```
创建 .action 文件后，还需要将这个文件进行编译，在 cmakelists.txt 中添加编译规则：
```
find_package(catkin REQUIRED genmsg actionlib_msgs actionlib)
add_action_files(DIRECTORY action FILES DoDishes.action)
generate_messages(DEPENDENCIES actionlib_msgs)
```
在 package.xml 中添加功能包依赖：
```
<build_depend>actionlib</build_depend>
<build_depend>actionlib_msgs</build_depend>
<exec_depend>actionlib</exec_depend>
<exec_depend>actionlib_msgs</exec_depend>
```

2. 实现一个动作服务器

1）初始化 ROS 节点。

2）创建动作服务器实例。

3）启动服务器，等待动作请求。

4）在回调函数中完成动作服务功能的处理，并反馈进度信息。

5）动作完成，发送结束信息。

代码如下：

```
/**
 * DoDishes Server
 */

#include "ros/ros.h"
#include "actionlib/server/simple_action_server.h"
#include "learning_communication/DoDishesAction.h"
typedef actionlib::SimpleActionServer<learning_communication::DoDishesAction> Server;
// 收到 action 的 goal 后调用该回调函数
void execute(const learning_communication::DoDishesGoalConstPtr &goal, Server* as)
{
ros::Rate r(1);
learning_communication::DoDishesFeedback feedback;
ROS_INFO("Dishwasher %d is working.", goal->dishwasher_id);
// 假设洗盘子的进度,并且按照 1Hz 的频率发布进度 feedback
for(int i = 1; i <= 10; i++)
{
  feedback.percent_complete = i * 10;
  as->publishFeedback(feedback);
```

```
    r.sleep();
}
// 当action完成后,向客户端返回结果
ROS_INFO("Dishwasher % d finish working.", goal->dishwasher_id);
as->setSucceeded();
}
int main(int argc, char **argv)
{
ros::init(argc, argv, "do_dishes_server");
ros::NodeHandle hNode;
// 定义一个服务器
Server server(hNode, "do_dishes", boost::bind(&execute, _1, &server), false);
// 服务器开始运行
server.start();
ros::spin();
return 0;
}
```

3. 实现一个动作客户端

1）初始化 ROS 节点。

2）创建一个动作客户端实例。

3）发布动作请求数据。

4）等待动作服务器处理之后的应答结果。

代码如下:

```
/**
 * DoDishes Client
 */

#include "ros/ros.h"
#include "actionlib/client/simple_action_client.h"
#include "learning_communication/DoDishesAction.h"
typedef actionlib::SimpleActionClient<learning_communication::DoDishesAction
> Client;
// 当action完成后会调用该回调函数一次
void doneCallback(const actionlib::SimpleClientGoalState &state,
    const learning_communication::DoDishesResultConstPtr &result)
{
ROS_INFO("Yay! The dishes are now clean");
ros::shutdown();
}
// 当action激活后会调用该回调函数一次
void activeCallback()
{
```

```
ROS_INFO("Goal just went active");
}
```

// 收到 feedback 后调用该回调函数

```
void feedbackCallback(const learning_communication::DoDishesFeedbackConstPtr
&feedback)
{
ROS_INFO("percent_complete : % f", feedback->percent_complete);
}
int main(int argc, char**argv)
{
ros::init(argc, argv, "do_dishes_client");
```

// 定义一个客户端

```
Client client("do_dishes", true);
```

// 等待服务器端

```
ROS_INFO("Waiting for action server to start.");
client.waitForServer();
ROS_INFO("Action server started, sending goal.");
```

// 创建一个 action 的 goal

```
learning_communication::DoDishesGoal goal;
goal.dishwasher_id = 1;
```

// 发送 action 的 goal 给服务端,并且设置回调函数

```
client.sendGoal(goal, &doneCallback, &activeCallback, &feedbackCallback);
ros::spin();
return 0;
}
```

4. 编译和运行

设置 CMakeLists. txt 文件:

```
add_executable(DoDishes_server src/DoDishes_server.cpp)
target_link_libraries(DoDishes_server ${catkin_LIBRARIES})
add_dependencies(DoDishes_server ${${PROJECT_NAME}_EXPORTED_TARGETS})
add_executable(DoDishes_client src/DoDishes_client.cpp)
target_link_libraries(DoDishes_client ${catkin_LIBRARIES})
add_dependencies(DoDishes_client ${${PROJECT_NAME}_EXPORTED_TARGETS})
```

编译并运行,结果如图 7.63 所示。

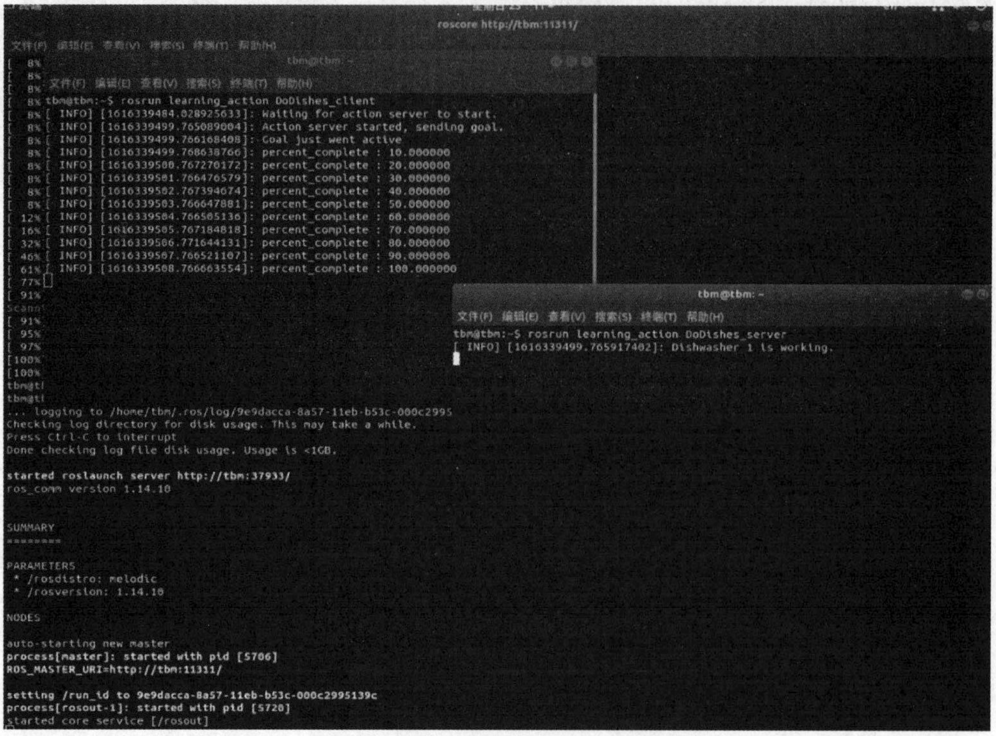

图 7.63　编译运行结果

思 考 题

1. 机器人操作系统（ROS）并不是真正的操作系统，简单表述 ROS 与 Linux、Windows 操作系统的区别是什么？

2. 根据本章中 ROS 安装、ROS 实践的内容，安装 ROS 并运行小海龟仿真。画出小海龟程序的计算图，分析各个节点的设计和通信机制。

3. 综合本章内容并上网查找资料，分析 ROS 有哪些突出的特点？

4. ROS 以节点的方式搭建机器人程序协调运行的框架，这给软件资源的共享带来了方便。对于这样的系统，是否存在缺点？哪些情况下 ROS 的使用会受到限制？

5. 如果开发一个可以自主在室内运行的移动机器人，网站 https：//www. ros. org/ 上有哪些资源可以帮助快速完成项目开发？

第8章

机械臂应用示例

如图 8.1 所示，ROS 为机械臂提供了各种实用的建模和仿真工具。

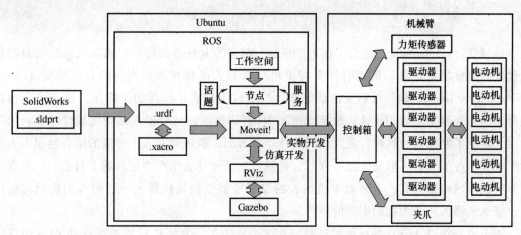

图 8.1　机械臂 ROS 开发示意图

第一种工具是可以通过可扩展标记语言（XML）很方便地创建一个统一机器人描述格式（unified robot description format，URDF）文件，该文件可以在 ROS 的机器人建模可视化工具 RViz（ROS visualization）中加载并使用。

第二种工具是 3D 仿真器 Gazebo，可以仿真实际的操作环境。与 URDF 类似，Gazebo 仿真环境也可以使用 XML 和仿真描述格式（simulation description format，SDF）文件轻松创建。Gazebo 还支持 ROS-CONTROL 和 plugin 功能来控制机器人和各种传感器。

第三种工具是 Moveit!，一个用于机械臂的集成库。Moveit! 提供 Kinematics and Dynamics Library（KDL）和 The Open Motion Planning Library（OMPL）等开源库。它是功能强大的机械臂工具，可以实现机械臂的多种功能，比如碰撞计算、运动规划和抓取放置演示等。

本章将详细介绍 ROS 对于机械臂的通信控制。在完成一系列的工作空间的搭建、ROS命令的使用，及底层通信方式的实现等工作后，就可以利用 ROS 工具来建立机械臂模型、实现控制仿真了。

建模仿真的基本步骤如下：

① 配置安装三维可视化平台 RViz。

② 从 AUBO 官网获取 ROS 的功能包。

③ 在 RViz 下显示 ROS 的机械臂模型。

④ 安装配置 Moveit! Setup Assistant，生成 AUBO 机械臂 moveit 可执行文件。

⑤ 在 RViz 下运行配置好的 moveit 文件，并能够实现控制。

⑥ 配置 Gazebo 环境，从官方镜像源安装所有需要用到的模型和组件。

⑦ 在 Gazebo 物理仿真平台下运行 AUBO 机械臂，可以通过 RViz 可视化平台在 Gazebo 下控制机械臂。

8.1　机械臂简介

机械臂（manipulator）是为了在工厂里执行简单重复任务而设计的机器人。它的目的是取代危险或重复的任务，最近有许多有关机械臂和人的协作的研究。随着人机交互（human-computer interaction）的研究活跃起来，机械臂不仅在工厂得到了应用，还与多个领域融合，为大众带来了新的体验。数字舵机和 3D 打印技术的结合正在提高机械臂对公众的接近度，这给了制造商和教育行业巨大的期待。一方面，机械臂和人工智能的结合给很多人带来大规模失业的恐惧。但是，另一方面，机械臂也是使社会生产力提高的工具之一，正在许多不同的领域帮助人们。未来如果机器人的发展能够像扫地机器人一样融入到我们的生活中，那么机器人将成为我们生活的一部分。

本节内容将以 AUBO 的机械臂产品（图 8.2）为例，介绍机械臂的结构和 ROS 中提供的机械臂相关的库。机械臂的基本结构由基座（base）、连杆（link）、关节（joint）和末端执行器（end-effector）组成。

关节空间控制是通过输入每个关节的旋转角度来输出机械臂末端执行器坐标值的方法。根据各关节的旋转程度而变化的末端执行器坐标值（X，Y，Z）可以通过正向运动学获得。

任务空间控制是输入机械臂的末端执行器坐标值，以此获得各关节的角度，其输入和输出与关节空间控制正好相反。工作空间中的物体姿态（pose）称为位姿，包括其位置（position）和方向（orientation）。我们生活在一个三维的世界，因此位置可以用 X、Y、Z 轴来表示，而方向可以表示为 θ、ϕ、ψ。以桌子上的杯子（假设该坐标系的原点是杯子的中心）为例，即使它的位置不变，但可以通过使其躺下或改变手把的方向来改变杯子在三维空间中的姿态。换句话说，如果以数学语言描述，则意味着有 6 个未知数，所以如果有 6 个方程就可以找到唯一的解。根据机械臂的自由度特点，当机械臂有 6 个关节时，才可以把桌子上的杯子以任何角度移动到任何可能的位置。但是，并不是所有的机械臂都需要 6 个以上的自由度。根据机械臂使用的目的和环境来调整自由度会更有效率。通过逆运动学计算，可以根据机械臂末端执行器的坐标值获得每个关节的角度。

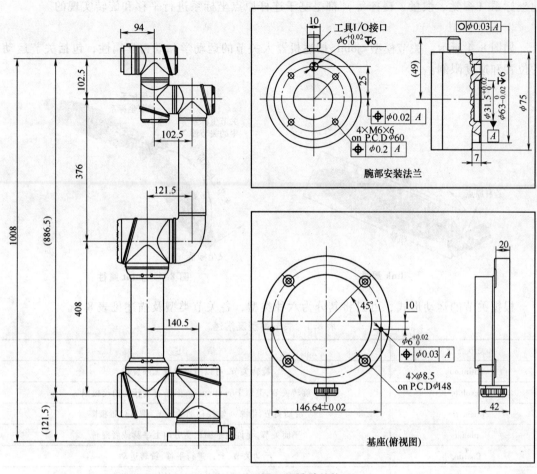

图 8.2 **AUBO 机械臂结构**

8.2 机械臂建模

8.2.1 ROS 中的机器人模型

我们可以把创建一个 robot（机器人）模型，大致拆解成两类元素，一类是 link（连杆或刚体）模型，这部分是可以直观看到的部分；两个连杆之间可以通过 joint（关节）模型来连接。若干连杆模型和关节模型的有序组合就形成了最顶层的机器人模型。

1. 连杆模型

如图 8.3 所示，连杆模型<link>通过 xml 文件格式来实现，用来描述刚体部分的外观和属性，包括尺寸、颜色、形状、惯性矩阵、碰撞参数等。

椭圆部分是由视觉渲染直观看到的，惯量参数用惯性矩阵描述，方框是碰撞体提示简化框，碰撞时会有提示，方便计算、节约时间。连杆原点为固连在连杆原点的连杆坐标系，其他坐标系（视觉、惯量、碰撞等）都是基于连杆原点坐标系进行平移和旋转实现的。

2. 关节模型

如图 8.4 所示，关节模型\<joint\>描述机器人关节的运动学和动力学属性，包括关节运动的位置和速度限制。

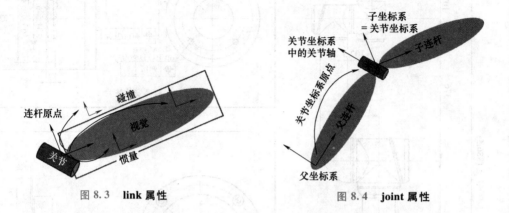

图 8.3　link 属性　　　　　图 8.4　joint 属性

根据关节的运动形式，可以将其分为六种类型，各关节类型及描述见表 8.1。

表 8.1　关节类型及描述

关节类型	描　　述
continuous	旋转关节,可以围绕单轴无限旋转
revolute	旋转关节,类似于 continuous,但是有旋转的角度极限
prismatic	滑动关节,沿某一轴线移动的关节,带有位置极限
planar	平面关节,允许在平面正交方向上平移或者旋转
floating	浮动关节,允许进行平移、旋转运动
fixed	固定关节,不允许运动的特殊关节

3. 机器人顶层模型

\<robot\>是完整机器人模型的最顶层模型，\<link\>和\<joint\>模型都必须包含在\<robot\>模型内。一个完整的机器人模型，由一系列\<link\>和\<joint\>构成。

4. 机器人描述功能包

机器人模型相关数据存放在如图 8.5 所示的机器人描述功能包内。

config　　　launch　　　meshes　　　resources　　　urdf　　　CHANGELOG.rst　CMakeLists.txt

package.xml　　README.md

图 8.5　机器人描述功能包

① urdf：存放机器人模型的 URDF 或 xacro 文件。

② meshes：放置 URDF 中引用的模型渲染文件。

③ launch：保存相关启动文件。

④ config：保存 RViz 的配置文件。

⑤ resources：几个机器人的模型图片。

5. 启动文件

模型通过 launch 文件启动。下面为 launch 目录下的一段代码，其中定义了一些参数和节点：

```
<launch>
  <arg
    name="model" />
  <arg
    name="gui"
    default="False" />
<param
  name="robot_description"
  textfile=" $ (find aubo_i5)/robots/aubo_i5.urdf" />
<param
  name="use_gui"
  value=" $ (arg gui)" />
<node
  name="joint_state_publisher"
  pkg="joint_state_publisher"
  type="joint_state_publisher" />
<node
  name="robot_state_publisher"
  pkg="robot_state_publisher"
  type="state_publisher" />
<node
  name="rviz"
  pkg="rviz"
  type="rviz"
  args="-d $ (find aubo_i5)/urdf.rviz" />
</launch>
```

上述代码前两行定义了 arg 参数的名称和预设值，arg 参数是没有被记录在参数服务器里的，只有在 roslaunch 文件启动后才会生效。

第一个 param 加载一个 ROS 参数，这个参数的名称是 robot_description，参数的内容是 aubo_ i5. urdf 文件的路径。通过将 URDF 文件的路径保存在参数中，在需要加载机器人模型的程序中读取该参数，并根据路径加载 URDF 文件。

第二个 param 用来设置一个 gui 显示的参数，这个插件跟下面的 joint_state_publisher 节点是相关联的，可以看作一个整体。

节点 joint_state_publisher 用来发布关节状态，配合 gui 插件可以在 RViz 中显示和控制节点的状态变化，达到控制的效果。

另一个节点 robot_state_publisher 虽然名字相似，但作用不同。它创建机器人的关节状态，并把坐标变换发布到 ROS 系统的 tf 库中去，其中包括机器人中多个坐标系的变换关系，这些关系都是通过 robot _state_ publisher 发布出来的，并且可以从界面中看到这样的坐标关系。

最后的 node 用来启动 RViz，前面两个都是启动 RViz 的节点，最后是加载一个 RViz 的显示插件，设置好并且保存为配置文件，节省下一次的加载时间。

以上就是一个 launch 文件，在设置完机器人模型后就可以根据这个 launch 文件把机器人显示出来。

8.2.2　URDF 文件编写

在 ROS 中，用 URDF 来描述机器人模型，包含对机器人刚体外观、物理属性、关节类型等方面的描述。ROS 中的 URDF 功能包包含一个 URDF 的 C++解析器，URDF 文件使用 XML 格式描述机器人模型。

图 8.6 所示的机器人存在多个关节、连杆及其固连的坐标系。URDF 文件记录、描述了这些关节和连杆的坐标系定义、连接情况、层级关系、属性外观等信息，是实现可视化、物理仿真、碰撞检测等功能的基础。

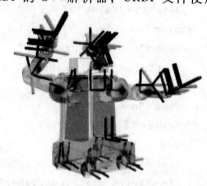

首先介绍一些 URDF 的命令和语法，见表 8.2。在 URDF 文件中，机器人由连杆模型<link>组成，相邻连杆之间为一个关节模型<joint>，各个关节可以设置一个父连杆<parent link>和一个子连杆<child link>，这样就把一个一个 link 连接起来了。

图 8.6　一个机器人的坐标系

表 8.2　URDF 的命名及语法

命　　令	语　　法
定义连杆名	<link name = " * * ">
定义关节名和转动状态	<joint name =" * * " type =" * * ">
定义连杆父系子系	<parent link =" * * "/> <child link =" * * "/>
机器人命名	<robot name = " * * ">

<link>标签（表 8.3）用于描述机器人连杆部分的外观和属性，包括形状、颜色、尺寸、惯性矩阵、碰撞参数等物理特征。

表 8.3　<link>标签

<link>标签
<link name =" ⋯⋯ ">
<visual> ⋯⋯ </visual>//visual 部分描述机器人 link 外观参数
<inertial> ⋯⋯ </inertial>//inertial 部分描述 link 惯性参数
<collision> ⋯⋯ </collision>//collision 部分描述 link 碰撞属性
</link>

机器人关节有转动关节、滑动关节和固定关节等，<joint>标签（表 8.4）描述了机器人关节能否转动以及关节转动速度和位置限制。关节<joint>标签必须要指定父连杆和子连杆，其余属性可以不设置。

表 8.4　<joint>标签

joint 标签

<joint
　　name = " name"
　　type = "　　" >
　　//type 是指定 joint 类型的关键字，joint 的类型见表 8.1
　　<parent link = " p_link"/>
　　<child link = " c_link"/>
　　//指定关节的父连杆和子连杆，表示该关节在这两个连杆之间
　　…
</joint>

<robot>标签（表 8.5）是机器人模型的最顶层的标签，一个<robot>标签由<link>和<joint>组成，一般包含了多个<link>和<joint>。

表 8.5　<robot>标签

robot 标签
<robot name = " aubo_i5" > 　　<link> ……. </link> 　　<joint> ……. </joint> 　　<link> ……. </link> 　　<joint> ……. </joint> </robot>

1．基础模型

下面以如图 8.7 所示的简单平面机器人模型为例，讲述利用 URDF 创建机器人模型的过程。

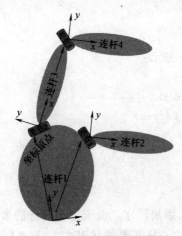

图 8.7　简单平面机器人模型

图 8.7 所示为一个树形机器人模型，先从机器人的整体结构出发，不考虑过多的细节，可以将机器人通过如下的 URDF 表示：

```
<robot name = "test_robot">
  <link name = "link1" />
  <link name = "link2" />
```

```
<link name="link3" />
<link name="link4" />
<joint name="joint1" type="continuous">
  <parent link="link1"/>
  <child link="link2"/>
</joint>
<joint name="joint2" type="continuous">
  <parent link="link1"/>
  <child link="link3"/>
</joint>
<joint name="joint3" type="continuous">
  <parent link="link3"/>
  <child link="link4"/>
</joint>
```

```
</robot>
```

上边的 URDF 模型先定义了机器人的 4 个连杆，然后定义了 3 个关节来描述连杆之间的联系。

在模型文件中，两个连杆之间的连接依靠的是关节，当定义了基座（base_link）后，接着就会定义一个关节来与后面的连杆连接，在关节中，需要指明它的父连杆与子连杆。按照这样的一个顺序和逻辑，从基座向外描述，就可以有条不紊的建立起每一个连杆之间的联系。

ROS 为用户提供了一个检查 URDF 语法的工具：

$ sudo apt-get install liburdfdom-tools

安装完毕后，执行检查：

check_urdf my_robot. urdf

如果一切正常，将会有如下显示：

```
robot name is: test_robot
---------- Successfully Parsed XML ---------------
root Link: link1 has 2 child(ren)
    child(1):  link2
    child(2):  link3
    child(1):  link4
```

2. 添加机器人尺寸

在基础模型之上，为机器人添加尺寸。由于每个连杆的参考系都位于该连杆的底部，关节也是如此，所以在表示尺寸时，只需要描述其相对于连接的关节的相对位置关系即可。URDF 中的域就是用来表示这种相对关系的。

例如，joint2 相对于连接的 link1 在 x 轴和 y 轴都有相对位移，而且在 x 轴上还有 90° 的旋转变换，所以表示成域的参数为：

```
<origin xyz="-2 5 0" rpy="0 0 1.57" />
```

为所有关节应用尺寸：

```
<robot name="test_robot">
```

```
<link name="link1" />
<link name="link2" />
<link name="link3" />
<link name="link4" />
<joint name="joint1" type="continuous">
  <parent link="link1"/>
  <child link="link2"/>
  <origin xyz="5 3 0" rpy="0 0 0" />
</joint>
<joint name="joint2" type="continuous">
  <parent link="link1"/>
  <child link="link3"/>
  <origin xyz="-2 5 0" rpy="0 0 1.57" />
</joint>
<joint name="joint3" type="continuous">
  <parent link="link3"/>
  <child link="link4"/>
  <origin xyz="5 0 0" rpy="0 0 -1.57" />
</joint>
</robot>
```

因为每个连杆的参考坐标系都在它的底部，并与关节的参考坐标系正交，所以为了添加尺寸，需要指定从一个连杆到它的关节的子连杆的偏移。可通过添加 origin 到每个连杆解决，其使用的是右手坐标系。

origin 的设置有两个参数，rpy(roll pitch yaw) 三个旋转角度值和 xyz 三个偏移值，分别代表这个连杆绕 xyz 轴旋转的弧度值和该坐标系的原点在父坐标系中的位置。其中 xyz 的单位是 m，rpy 的单位是 rad。

`<origin xyz="-2 5 0" rpy="0 0 1.57"/>` 中，xyz="-2 5 0" 表示该坐标系的原点在父坐标系中的位置，其中 -2 表示 x 轴方向上的偏移量，5 表示 y 轴方向上的偏移量，0 表示 z 轴方向上的偏移量，单位为 m。rpy="0 0 1.57" 则表示该坐标系相对于父坐标系的旋转角度，分别为绕 x 轴旋转的角度为 0rad，绕 y 轴旋转的角度为 0rad。绕 z 轴旋转的角度为 1.57rad。

使用 check_urdf 检查语法错误，通过后继续下一步。

3. 添加运动学参数

如果为机器人的关节添加旋转轴参数，那么该机器人模型就可以具备基本的运动学参数。

例如，joint2 绕 y 轴旋转，可以表示成：

`<axis xyz="0 1 0" />`

同理，joint1 的旋转轴是：

`<axis xyz="-0.707 0.707 0" />`

应用到 URDF 中：

`<robot name="test_robot">`

```
    <link name="link1" />
    <link name="link2" />
    <link name="link3" />
    <link name="link4" />
    <joint name="joint1" type="continuous">
      <parent link="link1"/>
      <child link="link2"/>
    <origin xyz="5 3 0" rpy="0 0 0" />
      <axis xyz="-0.9 0.15 0" />
    </joint>
    <joint name="joint2" type="continuous">
      <parent link="link1"/>
      <child link="link3"/>
      <origin xyz="-2 5 0" rpy="0 0 1.57" />
      <axis xyz="-0.707 0.707 0" />
    </joint>
    <joint name="joint3" type="continuous">
      <parent link="link3"/>
      <child link="link4"/>
      <origin xyz="5 0 0" rpy="0 0 -1.57" />
      <axis xyz="0.707 -0.707 0" />
    </joint>
  </robot>
```

注意：不要忘记使用 check_ urdf 检查语法错误。

4. 显示 URDF 模型

经过上述操作，现在已经完成了一个简单的 URDF 模型创建，下面利用 ROS 提供的相应工具让 URDF 图像化显示出来。

（1）利用 graphiz 显示 URDF 结构　通过命令：$ urdf_to_graphiz my_robot.urdf 运行 graphiz，然后打开生成的 pdf 文件，即可看到如图 8.8 所示的图形化 URDF 结构。

（2）在 RViz 中显示模型　在 aubo_description 功能包 launch 文件夹中已经创建了 AUBO 六自由度机械臂的模型，找到对应的 *.launch 文件并运行：$ roslaunch aubo_description *.launch，就可以在打开的 RViz 中看到如图 8.9 所示的机械臂模型。

5. 调试工具

（1）验证工具　URDF 语法检查工具 check_urdf 需要在终端中独立安装，安装命令如下：

$ sudo apt-get install liburdfdom-tools

然后就可以使用 check_urdf 命令进行检查，如：

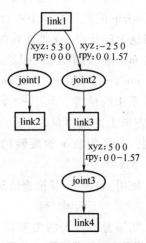

图 8.8　图形化 URDF 结构

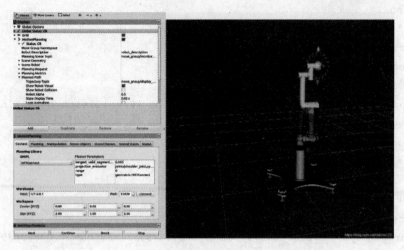

图 8.9　在 RViz 中显示 AUBO 六自由度机械臂模型

$ check_urdf my_robot. urdf

（2）可视化工具　URDF 可视化工具 urdf_to_graphiz 在 ROS 中属于 liburdfdom-tools 包中的一个工具，可以使用如下命令安装：

$ sudo apt-get install liburdfdom-tools

可视化工具的使用方法：

$ urdf_to_graphiz my_robot. urdf

8.2.3　AUBO 机械臂模型代码解读

```
<? xml version="1.0"? >
<robot name="aubo_i5">

  <link name="base_link">
    <inertial>
      <origin xyz="-1.4795E-13 0.0015384 0.020951" rpy="0 0 0" />
      <mass value="0.83419" />
      < inertia ixx=" 0.0014414 " ixy=" 7.8809E-15 " ixz=" 8.5328E-16 " iyy=
"0.0013542" iyz="-1.4364E-05" izz="0.0024659" />
    </inertial>
    <visual>
      <origin xyz="0 0 0" rpy="0 0 0" />
      <geometry>
        <mesh
filename="package://aubo_description/meshes/aubo_i5/visual/base_link. DAE" />
      </geometry>
      <material name="">
        <color rgba="1 1 1 1" />
      </material>
```

```
      </visual>
      <collision>
        <origin xyz = "0 0 0" rpy = "0 0 0" />
        <geometry>
          <mesh
filename = "package://aubo_description/meshes/aubo_i5/collision/base_link.STL" />
        </geometry>
      </collision>
    </link>

    <link name = "shoulder_Link">
      <inertial>
        <origin xyz = "3.2508868974735E-07 0.00534955349296065 -0.00883689325611056"
rpy = "0 0 0" />
        <mass value = "1.57658348693929" />
        < inertia  ixx = " 0.0040640448663128 "  ixy = " 0 "  ixz = " 0 "  iyy = "
0.00392863238466817" iyz = "-0.000160151642851425" izz = "0.0030869857349184" />
      </inertial>
      <visual>
        <origin xyz = "0 0 0" rpy = "0 0 0" />
        <geometry>
          <mesh
filename = "package://aubo_description/meshes/aubo_i5/visual/shoulder_Link.DAE" />
        </geometry>
        <material name = "">
          <color rgba = "1 1 1 1" />
        </material>
      </visual>
      <collision>
        <origin xyz = "0 0 0" rpy = "0 0 0" />
        <geometry>
          <mesh
filename = "package://aubo_description/meshes/aubo_i5/collision/shoulder_Link.STL" />
        </geometry>
      </collision>
    </link>

    <joint name = "shoulder_joint" type = "revolute">
      <origin xyz = "0 0 0.122" rpy = "0 0 3.1416" />
      <parent link = "base_link" />
      <child link = "shoulder_Link" />
      <axis xyz = "0 0 1" />
      <limit lower = "-3.05" upper = "3.05" effort = "0" velocity = "0" />
```

```
    </joint>
  <robot>
```

程序起始为根标签，定义了机器人的名称，文件格式为 xml：

```
<? xml version = "1.0"? >
<robot  name = "aubo_i5">
```

URDF 使用 XML 标签来描述机器人的每个组件。以 URDF 形式先描述机器人的名称、基座（在 URDF 中将基座看作一个固定的连杆）的名称和类型、连接到基座的连杆，之后逐一说明连杆和关节。连杆描述每根连杆的名称、大小、重量和惯性等。关节描述每个关节的名称、类型和连接的连杆。URDF 中可以很容易地设置机器人的动力学元素、可视化和碰撞模型。URDF 是以 \<robot\> 标签开始，详细内容中通常会反复交替出现 \<link\> 标签和 \<joint\> 标签，这两种标签都用于定义机器人的组件——连杆和关节。

接下来一段出现了 \<link\> 标签：

```
<link name = "base_link">
    <inertial>
        <origin xyz = "-1.4795E-13 0.0015384 0.020951" rpy = "0 0 0" />
        <mass value = "0.83419" />
        < inertia ixx = " 0.0014414" ixy = " 7.8809E-15" ixz = " 8.5328E-16" iyy = "
0.0013542" iyz = "-1.4364E-05" izz = "0.0024659" />
    </inertial>
    <visual>
      <origin xyz = "0 0 0" rpy = "0 0 0" />
      <geometry>
        <mesh
filename = "package://aubo_description/meshes/aubo_i5/visual/base_link.DAE" />
      </geometry>
      <material name = "">
        <color rgba = "1 1 1 1" />
      </material>
    </visual>
    <collision>
      <origin xyz = "0 0 0" rpy = "0 0 0" />
      <geometry>
        <mesh
filename = "package://aubo_description/meshes/aubo_i5/collision/base_link.STL" />
      </geometry>
    </collision>
  </link>
```

连杆标签属性：

① \<link\>：连杆的可视化、碰撞和惯性信息设置。

② \<collision\>：设置连杆的碰撞计算的信息。

③ \<visual\>：设置连杆的可视化信息。

④ \<inertial\>：设置连杆的惯性信息。

⑤ <mass>：连杆质量（单位：kg）的设置。

⑥ <inertia>：惯性张量（inertia tensor）设置。

⑦ <origin>：设置相对于连杆坐标系的移动和旋转。

⑧ <geometry>：输入模型的形状。提供 box、cylinder、sphere 等形态，也可以导入 COL-LADA（.dae）、STL（.stl）格式的设计文件（在<collision>标签中，可以指定为简单的形态来减少计算时间）。

⑨ <material>：设置连杆的颜色和纹理。

```
<link name="base_link">
  <inertial>
    <origin xyz="-1.4795E-13 0.0015384 0.020951" rpy="0 0 0" />
    <mass value="0.83419" />
    <inertia ixx="0.0014414" ixy="7.8809E-15" ixz="8.5328E-16" iyy="0.0013542" iyz="-1.4364E-05" izz="0.0024659" />
  </inertial>
```

上面的代码段是 base_link 的惯性信息，分别定义了初始坐标位置（m）、旋转角度（rad）、质量（kg）和扭转惯性矩。ixx，iyy，izz 分别是绕 x，y，z 轴的转动惯量；惯性积 ixy 是指在直角坐标系里某面积微元 dA 与其到指定的 x、y 轴距离乘积的积分。

```
<visual>
<origin xyz="0 0 0" rpy="0 0 0" />
<geometry>
< mesh filename = " package://aubo _ description/meshes/aubo _ i5/visual/base _ link.DAE" />
</geometry>
<material name="">
<color rgba="1 1 1 1" />
</material>
</visual>
```

上面的代码段是 base_link 的可视化信息，包括初始位置、绕轴旋转角度、导入模型的形状和颜色等。rgba（red，green，blue and alpha）为三原色和透明度，分别为 1。

```
<collision>
<origin xyz="0 0 0" rpy="0 0 0" />
<geometry>
<mesh filename="package://aubo_description/meshes/aubo_i5/collision/base_link.STL" />
</geometry>
</collision>
```

上面的代码段是 base_link 的碰撞计算信息，相对初始位置，以及添加碰撞信息的 stl 文档。

以上就是一个 link 的基本框架结构，之后的其他 link 都是按照这个结构来定义的。

然后是<joint>标签：

```
<joint name="shoulder_joint" type="revolute">
```

```
<origin xyz="0 0 0.122" rpy="0 0 3.1416" />
<parent link="base_link" />
<child link="shoulder_Link" />
<axis xyz="0 0 1" />
<limit lower="-3.05" upper="3.05" effort="0" velocity="0" />
</joint>
```

机械臂中的关节大部分类型都为旋转，首先定义了关节名 shoulder_joint 和关节类型 revolute、初始位置"0 0 0.122"以及绕 z 轴旋转角度 π。其次定义了父连杆名称和子连杆名称，这项定义必不可少。

axis（轴）设置中，如果是旋转型关节，则写入旋转轴的方向，<limit>设定了关节运动的极限。属性包括给予关节的力（effort，单位 N），最小、最大角度（下限、上限，单位：rad）和速度（单位：rad/s）等物理量的限制值。

可以通过命令 urdf_to_graphiz 来生成完整的模型关系图。运行 urdf_to_graphiz 就会创建一个 .gv 文件和一个 .pdf 文件，如图 8.10 所示。如图 8.11 所示，使用 PDF 阅读器，可以一目了然地看到连杆与关节之间的关系，以及每个关节之间的相对坐标转换。

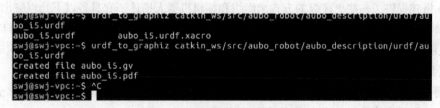

图 8.10 生成完整的模型关系图

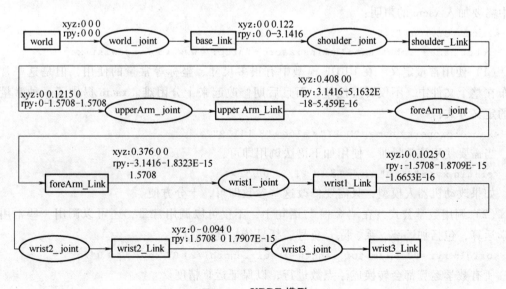

图 8.11 URDF 模型

.xacro 文件是 XML Macro39 的缩写，是一种可以反复调用代码的宏语言。使用方式如图 8.12 所示，下节将具体介绍 xacro 的特点。

```
<robot  name="aubo_i5" xmlns:xacro="http://www.ros.org/wiki/xacro">
  <xacro:include filename="$(find aubo_description)/urdf/aubo.transmission.xacro" />
  <xacro:include filename="$(find aubo_description)/urdf/aubo.gazebo.xacro" />
  <xacro:include filename="$(find your_robot_description)/urdf/materials.xacro" />
```

图 8.12 **.xacro 文件**

8.2.4 改进 URDF 模型

1. 使用 xacro 优化 URDF

我们经常会遇到比较冗长的模型文件，其中有一些内容除了参数，几乎都是重复的内容（如两侧对称的零件，或者完全一样但位置不同的连接柱等）。URDF 文件不支持代码复用的特性，如果为一个复杂的机器人建模，URDF 文件将会变得十分复杂；此外，还不易于与其他组件（如夹爪、传感器等）进行模型拼接。因此针对 URDF 模型产生了另外一种精简化、可复用、模块化的描述形式——xacro。

本质上，xacro 与 URDF 是等价的，并且可以互相转换；功能上，xacro 更高级，支持模型代码复用功能以及可编程接口功能。

xacro 格式提供了一些更高级的方式来组织和编辑机器人描述。它具备以下几点突出的优势。

① 精简模型代码：xacro 是一个精简版本的 URDF 文件，在 xacro 文件中，可以通过创建宏定义的方式定义常量或者复用代码，不仅可以减少代码量，而且可以让模型代码更加模块化、更具可读性。

② 提供可编程接口：xacro 的语法支持一些可编程接口，如常量、变量、数学公式、条件语句等，可以让建模过程更加智能有效。

xacro 是 URDF 的升级版，模型文件的后缀名由 .urdf 变为 .xacro，而且在模型<robot>标签中需要加入 xacro 的声明：

```
<? xml version="1.0"? >
<robot name="robot_name" xmlns:xacro="http://www.ros.org/wiki/xacro">
```

（1）使用常量定义　在 URDF 模型中有很多尺寸、坐标等常量的使用，但是这些常量分布在整个文件中，不仅可读性差，而且后期修改起来十分困难。xacro 提供了一种常量属性的定义方式：

```
<xacro:property name="M_PI" value="3.14159"/>
```

当需要使用该常量时，使用如下语法调用即可：

```
<origin xyz="0 0 0" rpy="$ {M_PI/2} 0 0"/>
```

如果改动机器人模型，只需要修改这些参数即可，十分方便。

（2）调用数学公式　在"$ {}"语句中，不仅可以调用常量，还可以调用一些常用的数学运算，包括加、减、乘、除、负号、括号等，例如：

```
<origin xyz="0 $ {(motor_length+wheel_length)/2} 0" rpy="0 0 0"/>
```

所有数学运算都会转换成浮点数进行，以保证运算精度。

（3）使用宏定义　xacro 文件可以使用宏定义来声明重复使用的代码模块，而且可以包含输入参数，类似编程中的函数概念。例如，在机器人两层支撑板之间共需要八根支撑柱，它们的模型是一样的，只是位置不同，如果用 URDF 文件描述需要实现八次，在 xarco 中，这种相同的模型就可以通过定义一种宏定义模块的方式来重复使用。

```
<xacro:macro name="mrobot_standoff_2in" params="parent number x_loc y_loc z_loc">
<! -- params 表示入参有五个:parent, number, x_loc, y_loc, z_loc -->
<joint name="standoff_2in_${number}_joint" type="fixed">
<origin xyz="${x_loc} ${y_loc} ${z_loc}" rpy="0 0 0" />
   <parent link="${parent}"/>
   <child link="standoff_2in_${number}_link" />
  </joint>

<link name="standoff_2in_${number}_link">
<inertial>
<mass value="0.001" />
<origin xyz="0 0 0" />
   <inertia ixx="0.0001" ixy="0.0" ixz="0.0"iyy="0.0001" iyz="0.0"izz="0.0001" />
</inertial>

<visual>
<origin xyz=" 0 0 0 " rpy="0 0 0" />
<geometry>
<box size="0.01 0.01 0.07" />
</geometry>
<material name="black">
<color rgba="0.16 0.17 0.15 0.9"/>
</material>
</visual>

<collision>
<origin xyz="0.0 0.0 0.0" rpy="0 0 0" />
<geometry>
<box size="0.01 0.01 0.07" />
</geometry>
</collision>
</link>
</xacro:macro>
```

以上宏定义中包含五个输入参数:关节的父连杆,支撑柱的序号以及支撑柱在 x、y、z 三个方向上的偏移。需要该宏模块时,使用如下语句调用,设置输入参数即可:

```
<mrobot_standoff_2in parent="base_link" num="4" x_loc="${standoff_x/2}" y_loc="${standoff_y}" z_loc="${plate_height/2}"/>
```

2. xacro 文件引用

xacro 文件可以包含其他 xacro 文件,代码如下:

```
<xacro:include filename="$(find aubo_description)/urdf/* * * .urdf.xacro"/>
```

这行代码描述该 xacro 文件所包含的其他 xacro 文件，类似于 C 语言中的 include 文件。声明包含关系后，该文件就可以使用被包含文件中的模块了。

把机器人本体看作一个模块，如果要与其他模块集成，使用 xacro 文件引用方法不需要修改机器人的模型文件，只需要在上层实现一个拼装模块的顶层文件即可，灵活性更强。例如后续在机器人模型上装配传感器和夹爪的模型，就可以用这种方法来模块化实现。

3. 将 xacro 文件转换成 URDF 文件

使用如下命令可以将 xacro 文件转换成 URDF 文件：

```
$ rosrun xacro xacro.py test_robot.urdf.xacro > test_robot.urdf
```

当前目录下会生成一个转化后的 URDF 文件，然后使用 launch 文件可以将该 URDF 模型显示在 RViz 中。

8.3 机械臂仿真

8.3.1 RViz 平台

机器人系统中存在大量数据，这些数据在计算过程中往往都处于数据形态，如图像数据中 0~255 的 RGB 值。但是这种数据形态的值往往不利于开发者去感受数据所描述的内容，所以常常需要将数据可视化显示，如机器人模型的可视化、图像数据的可视化、地图数据的可视化等。

ROS 针对机器人系统的可视化需求，为用户提供了一款显示多种数据的三维可视化平台——RViz。RViz 很好的兼容了各种基于 ROS 软件框架的机器人平台。在 RViz 中，可以使用 XML 对机器人、周围物体等任何实物进行尺寸、质量、位置、材质、关节等属性的描述，并且在界面中呈现出来。同时，RViz 还可以通过图形化的方式，实时显示机器人传感器的信息、机器人的运动状态、周围环境的变化等。

总而言之，RViz 帮助开发者实现所有可监测信息的图形化显示，开发者也可以在 RViz 的控制界面下，通过按钮、滑动条、数值等方式，控制机器人的行为。

RViz 界面如图 8.13 所示。

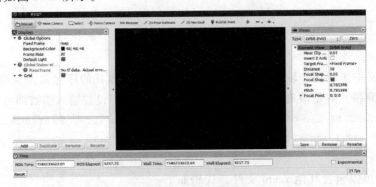

图 8.13 **RViz 界面**

SolidWorks 可以导出配置好 RViz 的 launch 文件，直接使用 roslaunch 命令即可打开。打开机械臂模型的 RViz 界面如图 8.14 所示，展示了 URDF 文件配置的机械臂三维模型。此时只能够展示机器人的三维模型，不可以直接对机械臂进行运动仿真。如果要进行运动仿真，需要进一步对模型进行 Moveit! 配置。

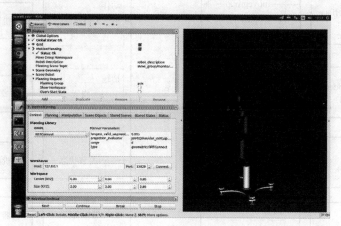

图 8.14　**RViz 中的机械臂模型**

RViz 界面展示出来的机械臂模型和 SolidWorks 工具下展示的机械臂模型的外观特征相似，通过创建 URDF 文件和 RViz 三维模型，这种可视化机械臂的方法能够为后续研究机械臂的运动学提供便利，方便直观地观察机械臂的运动控制效果。

8.3.2　Moveit! 架构

1. 运动组（move_group）

move_group 是 Moveit! 的一个核心节点，其本身不具备丰富的功能，但是可以综合其他功能组件为机器人控制提供帮助。如图 8.15 所示，move_group 可以通过话题和服务两种 ROS 分布式通信机制来接受机器人系统发布的信息，如来自深度传感器的点云信息、机器人的关节状态消息、机器人的坐标变换信息。move_group 需要 ROS 参数服务器提供机器人的运动学参数用于后续运动学解算，这些参数主要由生成的 URDF 文件来描述。

1）Moveit! 提供的用户接口有 C++、Python、GUI。C++使用了 move_group_interface 包提供的 API，Python 使用了 move_commander 包提供的 API，GUI 使用 Moveit! 的 RViz 插件。

2）ROS 参数服务器为 move_group 提供 URDF、SRDF 和 Config 三种信息。URDF 主要是对机器人模型的描述文件；SRDF 文件是 Moveit! 配置完成后生成的文件，描述了机器人自碰撞参数等；Config 文件比较复杂，是机器人的其他配置信息。

3）move_group 与机器人的交互通信方式是话题和动作。机器人状态信息发布者得到机器人传感器的值后，会将得到的机器人关节状态信息发送给 moveit_group 中心节点。深度传感器也会将采集到的点云数据发布给 move_group。利用获得的这些信息，move_group 会对机器人的运动进行规划，并把规划结果以动作的形式传递给机器人控制器，机器人控制器执行此结果，并且把执行情况再使用动作的形式反馈给 move_group。

2. 规划场景

如图 8.16 所示，规划场景主要用来为机器人运动创建一个工作环境，这个工作环境将

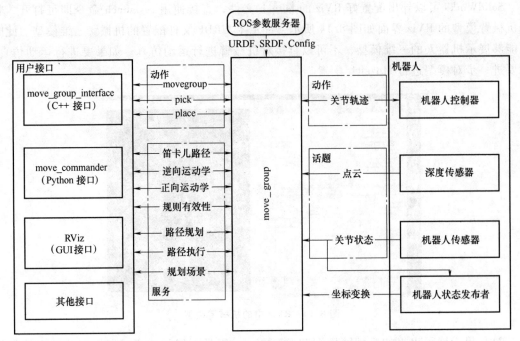

图 8.15　**Moveit！的中心节点 move_group 与其他节点的交互**

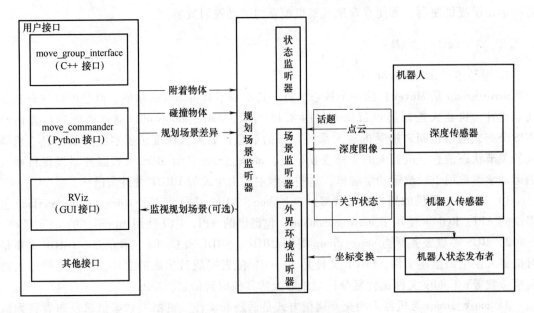

图 8.16　**规划场景模块的结构**

机器人本体及外部环境的物体都包含进来。规划场景模块主要是由规划场景监听器实现，能监听机器人的关节和传感器数据。

3. 运动规划器（motion_planner）

运动规划器能用来完成运动规划算法。机器人的 URDF 文件能够提供机器人本身的结构信息，视觉传感器可以提供机器人周围的环境参数。如果已知机器人的初始位姿状态、机器人的目标位姿、机器人的自身模型参数以及周围环境参数，利用适当的运动规划算法，就能够找到一条不发生自碰撞的、躲开所有障碍物的、能够到达目标点的路径。运动规划算法有很多种，move_group 默认使用的是一种基于采样的运动规划算法库（开源运动规划库，OMPL）。该算法库中使用比较广的是概率路标法（PRM）和快速扩展随机数法（RRT）。运动规划器收到运动规划请求后，会根据用户给定的一些约束条件进行运动学的解算。实际情况中的约束条件有很多种，如限制连杆的运动方向和区域、限制关节的运动范围。运动学解算完成后，运动规划器会将这个合适的运动轨迹发送给机器人的控制器。

4. 运动学求解器

运动学求解器是机器人运动规划算法实现的核心，包含了正向运动学（FK）和逆向运动学（IK）。开发者在选择运动学求解器时，可以选择 Moveit! 中的默认运动学求解器 KDL，同样也可以自己编写特定的运动学求解器。

5. 碰撞检测

Moveit! 中的碰撞检测使用 FCL 功能包实现，机器人的自碰撞和障碍物碰撞检测最消耗运动规划的时间。为了减少运算时间，可以在最初配置 Moveit! 工具包时，在 Moveit! Setup Assistant 中设计免检冲突矩阵（ACM）。如果机器人的两个关节轴之间的 ACM 数值设为 1，那么这两轴将不会相撞，这样就减少了碰撞检测时间，提高了路径规划的效率。

8.3.3 RViz+Moveit! 仿真过程

如图 8.17 所示，要想使用 Moveit! 实现机械臂的控制，首先要利用上述步骤创建机械臂的 URDF 文件，然后使用 Moveit! 自带的 Moveit! Setup Assistant 工具生成机械臂的运动配置文件，最后添加真实机械臂的控制器，实现对真实机械臂的控制。

使用 RViz 插件可以打开 URDF 文件对应的参数模型，为了使该仿真模型能够运动起来，可以使用 Moveit! Setup Assistant 对其进一步配置。如图 8.18 所示，Moveit! Setup Assistant 创建一个功能包，实现机械臂的仿真运动。

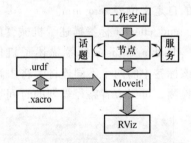

图 8.17 机械臂控制仿真流程示意

命令行启动 Moveit! Setup Assistant 后，首先在开始界面新建配置功能包，选择用于已经创建好的 URDF 文件。接下来配置自碰撞矩阵，可以选择设置随机采样点，Moveit! Setup Assistant 将会利用这些采样点生成碰撞参数，用来检测不会发生碰撞的连杆，从而简化运动规划时碰撞检测使用的时间。采样点数量默认值是 10000，如果选择过少，那么碰撞参数可能不够完整，无法避免所有的自碰撞；如果选择太多，碰撞参数将会计算很久，甚至计算不出来。

虚拟关节描述机械臂的基坐标系与 RViz 插件下的世界坐标系之间的关系。因为机械臂固定不动，所以可以跳过虚拟关节设计的这一步骤。

创建规划组，将机器人关联作用较大的部分设置为同一个规划组。如图 8.19 所示，将机械臂本体部分和机械臂执行器部分分别设为一个规划组，名字分别为 arm 和 gripper。arm 规划组将运动学解算器（kinematics solver）设置为了 kdl_kinematics_plugin，默认规划算法设置为 RRT 算法或 RRT_CONNECT 算法。gripper 规划组暂时不指定运动学解算器。

设置机械臂自定义位姿，这些位姿的设定可以在后续编程时直接调用。arm 规划组设置了一个所有关节旋转角都是零的零位位姿 zero_arm，gripper 规划组设置了一个全开位姿 open_gripper 和一个全关位姿 close_gripper。配置终端夹爪，将 gripper 规划组设置为终端夹爪。由于没有在规划组中使用用不到的关节，所以不需要配置无用关节。遵循机械臂工作空间命名规范，将这个包命名为 aubo_i5_moveit_config，生成机械臂的配置文件。

按照 Moveit! Setup Assistant 的配置步骤配置完成后，会自动生成了一个名为 aubo_i5_moveit_config 的功能包，这个功能包包括一个用于演示的 demo 和需要的配置文件和启动文件，配置文件主要在 config 文件夹中，启动文件主要在 launch 文件夹中。

图 8.18 **Moveit！Setup Assistant** 配置流程

1. 配置文件

Moveit! Setup Assistant 配置的机械臂本体的运动参数、执行器参数、arm 规划组、gripper 规划组以及自定义位姿等都储存在 SRDF 文件中，解决了 URDF 文件中缺少这些信息的问题。SRDF 文件和 URDF 文件类似，都是使用 XML 语言描述。SRDF 文件中主要有四种标签：group、group_state、end_effector、disable_collison。

group 标签描述了 Moveit! Setup Assistant 设置的 arm 规划组和 gripper 规划组。

group_state 标签描述了 Moveit! Setup Assistant 设置的 arm 规划组的自定义位姿 zero_arm。

end_effector 标签描述了机械臂的末端执行器。

disable_collison 标签描述了机械臂各个连杆的碰撞矩阵配置，在该标签中的两个不同连杆，将永远不会发生碰撞，不需要执行碰撞检测，可以节省路径规划的时间。

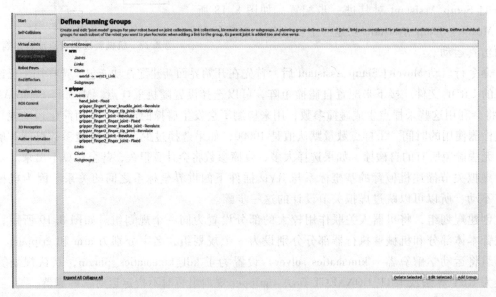

图 8.19 **Moveit！Setup Assistant** 配置过程

　　在 demo 中，只要给出仿真机械臂的末端姿态，Moveit！中的运动学解算器就能解算出一个合理的路径，虚拟控制器将路径传递给模型，从而使得模型能够按照规划的路径运动。fake_controllers. yaml 是虚拟控制器的配置文件，虚拟控制器的参数在该文件中配置。

　　joint_limits. yaml 文件主要用来设置各个关节的运动特征，决定机械臂的各个关节是否设定加速度限制和速度限制；如果设定限制，还可以设定加速度和速度的最大值。调试时减小这些值，可以限制机械臂的运动速度，在即将发生碰撞时提前紧急关闭机械臂，防止碰撞的发生。

　　Moveit！本身提供了一些能用于运动学解算的求解器，kinematic. yaml 存储了运动学解算器中的配置参数。此配置文件会在启动 move_group. launch 文件时加载。此配置文件主要是由 kinematic_solver、kinematic_solver_search_resolution、kinematic_solver_timeout、kinematic_solver_attempt 四种文件构成。kinematic_solver 设置运动学插件；kinematic_solver_search_resolution 设置逆运动学求解时使用的分辨率；kinematic_solver_timeout 设置逆运动学的求解时间，默认单位是秒；kinematic_solver_attempt 设置逆运动学的尝试求解次数，如果求解多次还没有规划出来路径，标志规划失败。

　　ompl_planning. yaml 文件储存了默认使用的 OMPL 的相关配置。

2. 启动文件

　　运行 demo. launch 后，可以进入如图 8.20 所示的 RViz 的仿真界面，打开的模型中加入了运动学的 Moveit！插件，通过 Moveit！插件，可以控制机械臂完成许多功能，如随机目标点的路径规划和碰撞检测等功能。

　　如图 8.21 所示，拖动机械臂的末端执行器部分，机械臂的姿态就会改变。单击 Planing 标签页中的 Plan 按钮，Moveit！会使用默认选择的 RRT 算

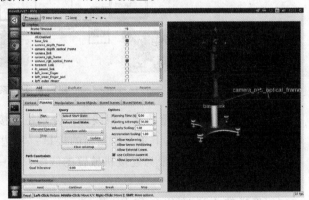

图 8.20　Moveit！demo 启动后的 RViz 界面

法开始路径规划，如果最终姿态是可以到达的，将会显示路径规划结果。单击 Execute 按钮，RViz 中的仿真机械臂将会按照 Plan 阶段规划出来的路径到达目标位姿。该功能包实现了一个简单的拖动规划例程。

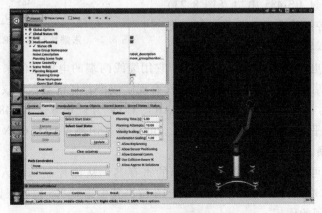

图 8.21　Moveit！简单的拖动规划

8.4 机械臂运行实验

8.4.1 系统连接与搭建

仿真的结果可以在机械臂的实际系统中实验运行。机械臂实验系统的结构如图 8.22 所示。

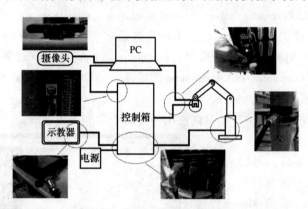

图 8.22 机械臂实验系统的结构

AUBO 机械臂控制箱共有三根线缆,分别是连接示教器的线缆、连接机械臂的线缆和供电线缆。图 8.22 所示右下角为控制箱的接口:左边第一根为连接示教器的线缆,另一端连在示教器上;左边第二根为连接机械臂的线缆,另一端连在机械臂上。控制柜和 PC 之间通过网线通信。

深度摄像头通过 USB 和 PC 连接。由于摄像头移动位置后需要重新标定,所以在摆放好摄像头以后,可以标记一下摄像头当前位置。

末端执行器的控制信号和电源集成在一根线缆中,信号线通过 RS-485 串口(图 8.23)输入输出。电源由控制箱上的 24V 供电接口提供,信号线通过串口转 USB 与 PC 相连。

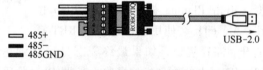

485+
485−
485GND
USB-2.0

引脚	信号名称	线缆
1	485+	白色
2	485−	绿色
3	485GND	屏蔽

图 8.23 末端执行器的 RS-485 串口示意图

RS-485 接口的电气特性与 RS-232 不同,它用缆线两端的电压差值来表示传递信号;并且仅仅规定了接收端和发送端的电气特性,没有规定或推荐任何数据协议。

图 8.24 所示为 RS-485 内部原理图。UART_CON 为低电平,RS-485 处于接收状态;UART_CON 为高电平,RS-485 处于发送状态。可以通过切换 UART_CON 的电平来达到 RS-485 收发状态的切换。

通过 RS-485,可以访问末端执行器内部的寄存器,从而控制其输入输出和工作状态。如图 8.25 所示,末端执行器内部寄存器共有 16 位,其中第 6~15 位为保留位,第 0~5 位在输入输出中起到不同的作用。

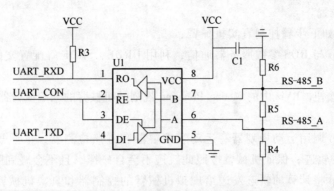

图 8.24　RS-485 内部原理图

在机器人输出（末端执行器输入）过程中，寄存器第 0 位为动作请求位，第 3 位为位置请求位，第 4 位为速度输入，第 5 位为力输入。

在机器人输入（末端执行器输出）过程中，寄存器第 0 位为夹爪状态表示位，第 2 位为错误状态表示位，第 3 位为位置请求回复位，第 4 位为返回的位置，第 5 位为当前电流。

寄存器	机器人输出/功能	机器人输入/状态
位0	动作请求	末端执行器状态
位1	预留	预留
位2	预留	错误状态
位3	位置请求	位置请求回复
位4	速度	位置
位5	力	电流
位6~15	预留	预留

图 8.25　末端执行器寄存器映射

8.4.2　机械臂运动控制

机械臂运动控制流程如图 8.26 所示。

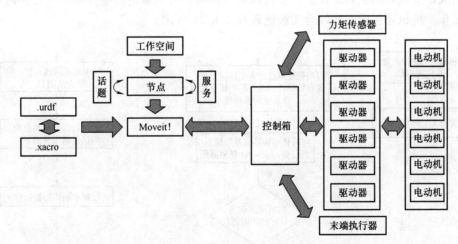

图 8.26　机械臂运动控制流程

下载 AUBO-i5 的 ROS 驱动文件，对硬件进行配置，就能够在仿真环境 RViz 中使用 motion planner 指定末端执行器的位姿。运行 RViz，单击 Plan 按钮，Moveit! 能规划机械臂的运动轨迹；单击 Execute 按钮，仿真机械臂在虚拟控制器的控制下按照规划好的轨迹运动到目标位置（图 8.27）。与此同时，真实机械臂也能在真实控制器的控制下，使末端执行器精确到达指定的目标位置。

Moveit！按照如下步骤控制真实机械臂：

① move_group 与 ROS 参数服务器通信，利用 URDF、SRDF 等配置文件建立机械臂的规划场景。

② 单击 Plan 按钮，RViz 中的 Motion Planning 规划的机械臂的末端执行器位姿输入到 move_group。

③ move_group 调用运动规划器、运动学求解器和碰撞检测器，依照规划场景，求解出合理的机械臂运动轨迹，保证机械臂按照此轨迹不会自碰撞，且不会碰到障碍物。

④ move_group 将计算的轨迹发送给虚拟机械臂的控制器和真实机械臂的控制器，控制机械臂末端运动到给定位置。

图 8.27　仿真机械臂和真实机械臂的联合控制

8.4.3　视觉抓取实现

在完成以上所有的准备工作后，就可以对目标物体可乐罐进行视觉定位，并让机械臂进行抓取工作。机械臂视觉抓取综合实验流程如图 8.28 所示。

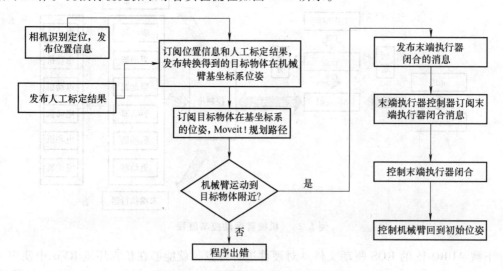

图 8.28　机械臂视觉抓取综合实验流程

上述的每一个方框都是一个 ROS 节点，各个节点之间靠订阅发布方式通信。首先是使用了 linemod 算法对抓取目标物体可乐罐进行识别和定位，发布可乐罐在相机坐标系的位姿信息。然后由 tf_listener 节点订阅上述位姿信息和人工标定结果进行坐标转换，求出目标物体在机械臂基坐标系下的位姿信息，并且将此信息发布出去。由机械臂控制器节点订阅目标物体在机械臂基坐标系下的位姿信息作为运动的终点位姿，使用 Moveit! 进行运动路径规划，规划成功后，驱动真实机械臂按照规划的路径进行运动。当机械臂到达目标物体周围时，发布末端执行器闭合的消息，末端执行器控制节点在订阅到末端执行器闭合的消息后，控制末端执行器闭合从而抓取到目标物体，最后使用 Moveit! 控制机械臂回到初始位姿完成该综合实验。图 8.29 所示为综合抓取实验平台。

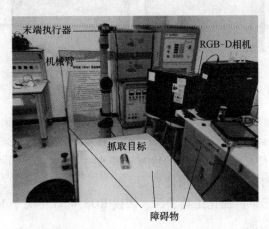

图 8.29　综合抓取实验平台

　　考虑到机械臂所处的环境周围有一些其他物体，为了防止机械臂碰到这些障碍物，可将这些障碍物加入到仿真环境中，这样 Moveit! 的运动学解算器在解算运动轨迹时，就会避开这些障碍物，从而达到避障的效果，防止机械臂碰撞损坏。

图 8.30 所示为 RViz 环境中加入障碍物前后的效果。

图 8.30　RViz 环境中加入障碍物前后的效果

　　经过解算，机械臂会按照一个合适的轨迹去抓取目标可乐罐，图 8.31 所示为机械臂抓取可乐罐过程，先从零位置移至可乐罐的上方，抓取可乐罐后，再回到原位置。

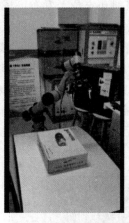

图 8.31 机械臂抓取可乐罐过程

思 考 题

1. 什么是 URDF 文件？URDF 描述的机械臂模型中都包括了哪些信息？利用 ROS 获取一款机器人的 URDF 文件，并分析其语法功能。

2. RViz 是 ROS 的三维可视化工具，深入阅读 ROS Wiki 中关于 RViz 的介绍，总结 RViz 在机器人仿真中的主要功能。

3. Gazebo 是 ROS 的三维物理仿真平台。查找资料了解 Gazebo 在仿真中的应用。Gazebo 和 RViz 有哪些区别和联系？二者怎么配合使用？

4. Moveit! 是 ROS 中集合了与移动操作相关组件包的运动规划库。查找 Moveit! 的使用案例，分析该案例中 Moveit! 都实现了哪些功能？

5. ROS 用于实现机器人的控制，因为包含了大量的算法和工具给开发带来了便利。请分析一下，ROS 适合应用于哪些情况？ROS 有什么缺点，哪些情况下不适合使用 ROS？

参 考 文 献

［1］ 熊有伦. 机器人学：建模、控制与视觉［M］. 2版. 武汉：华中科技大学出版社，2020.

［2］ 战强. 机器人学：机构、运动学、动力学及运动规划［M］. 北京：清华大学出版社，2019.

［3］ CRAIG J J. 机器人学导论：原书第3版［M］. 负超，王伟，译. 北京：机械工业出版社，2006.

［4］ LYNCH K M，PARK F C. 现代机器人学：机构、规划与控制［M］. 于靖军，贾振中，译. 北京：机械工业出版社，2020.

［5］ CRAIG J J. Introduction to robotics：mechanics and control［M］. 4th ed. New York：Pearson，2017.

［6］ 蔡自兴，谢斌. 机器人学［M］. 4版. 北京：清华大学出版社，2022.

［7］ NORTON R L. 机械原理：英文版 原书第5版［M］. 北京：机械工业出版社，2017.

［8］ 游有鹏，张宇，李成刚. 面向直接示教的机器人零力控制［J］. 机械工程学报，2014 50（3）：10-17.

［9］ 日本机器人学会. 新版机器人技术手册［M］. 宗光华，程君实，译. 北京：科学出版社，2007.

［10］ 阮毅，杨影，陈伯时. 电力拖动自动控制系统：运动控制系统［M］. 5版. 北京：机械工业出版社，2016.

［11］ SICILIANO B，KHATIB O. 机器人手册：第1卷 机器人基础［M］.《机器人手册》翻译委员会，译. 北京：机械工业出版社，2016.

［12］ SICILIANO B，KHATIB O 机器人手册：第2卷 机器人技术［M］.《机器人手册》翻译委员会，译. 北京：机械工业出版社，2022.

［13］ SICILIANO B，KHATIB O 机器人手册：第3卷 机器人应用［M］.《机器人手册》翻译委员会，译. 北京：机械工业出版社，2016.

［14］ 韩建海. 工业机器人［M］. 5版. 武汉：华中科技大学出版社，2022.